新型职业农民培育系列教材

——农业机械系列

农机维修人员技术指南

智刚毅　主编

中国农业大学出版社

·北京·

内 容 简 介

本书由六个部分组成，分别为农机维修基础知识、农机维修基本技能、农机维修工艺过程、拖拉机维修技术和农机具维修技术服务。本教材适合初中以上文化程度，从事或准备从事农机维修服务人员使用，也可作为农机管理人员和农业院校师生培训教材和参考用书。

图书在版编目(CIP)数据

农机维修人员技术指南/智刚毅主编，—北京：中国农业大学出版社，2016.1

ISBN 978-7-5655-1469-2

Ⅰ.①农… Ⅱ.①智… Ⅲ.①农业机械-维修-指南 Ⅳ.①S220.7-62

中国版本图书馆 CIP 数据核字(2015)第 319495 号

书　　名　农机维修人员技术指南
作　　者　智刚毅　主编

策划编辑　张　蕊　张　玉　　**责任编辑**　张　蕊
封面设计　郑　川　　**责任校对**　王晓凤
出版发行　中国农业大学出版社
社　　址　北京市海淀区圆明园西路 2 号　　**邮政编码**　100193
电　　话　发行部 010-62818525,8625　　读者服务部 010-62732336
编辑部 010-62732617,2618　　出　版　部 010-62733440
网　　址　http://www.cau.edu.cn/caup　　**e-mail** cbsszs@cau.edu.cn
经　　销　新华书店
印　　刷　北京俊林印刷有限公司
版　　次　2016 年 1 月第 1 版　　2016 年 1 月第 1 次印刷
规　　格　850×1 168　32 开本　9 印张　230 千字
定　　价　22.00 元

编写人员

主　编　智刚毅

副主编　路进乐　张利强

编　者　智刚毅　路进乐　张利强　刘淑军　王　朋

编写说明

近年来，随着《农业机械化促进法》等农机法律、法规政策的不断贯彻落实，特别是农机购置补贴等惠农政策的实施，极大地调动了广大农民购买和使用农业机械的积极性，尤其是一些节能、环保、高效的多功能、高科技、大型农业机械不断推广应用，对农机维修服务业提出了更新更高的要求。为使农机维修人员提高维修技能和职业素质，更好地为农业生产服务，我们参考农村劳动力转移培训阳光工程《农机维修培训规范》编写了这本培训教材。

本教材从农机维修人员必备的基础知识和基本技能出发，选编内容注重实用性、技能性和典型性，力求文字简练、条理清楚，图文并茂，通俗易懂，其中知识扩展、重要提示等以文本框形式插入，便于阅读。

本教材适合初中以上文化程度，从事或准备从事农机维修服务人员使用，也可作为农机管理人员和农业院校师生培训教材和参考用书。

本教材共6章，由河北省科技工程学校教师编写，主编智刚毅，副主编路进乐、张利强。编写人员智刚毅（第1、6章）、王朋（第2章）、张利强（第3章）、路进乐（第4章）、刘淑军（第5章）。全书由智刚毅统稿。湖南生物机电职业技术学院副院长、教授梁勇、农业部科技教育司推广处纪绍勤和原农业部农民科技教育培训中心陈肖安等同志对教材内容进行了审定，在此一并表示感谢。

本教材编写参考大量文献，一并致谢。由于编者水平所限，加之时间仓促，书中难免出现错误和不妥之处，恳请读者批评指正。

编　者
2015年9月

目　录

第1章　农机维修基础知识

农机维修人员应掌握的基础知识主要包括机电基础知识、农机产品标识、农机技术保养、农机维修术语和农机配件选购等内容。

一、机电基础知识

(一)计量单位

农机维修常用计量单位有长度、力、压力、功率和质量。

(1)长度。法定长度计量基本单位是米，符号为 m。机械工程图上标注的法定单位是毫米，符号为 mm。1 米＝1 000 毫米(mm)＝100 厘米(cm)；与英制单位换算，1 英寸＝2.54 厘米。

(2)力。法定单位是牛顿，符号为 N。与废除的千克力(kgf)的换算，1 kgf＝9.8 N。

(3)压力。法定压力计量单位是帕斯卡，符号为 Pa。与废除的每平方厘米千克力(kgf/cm^2)的换算，1 kgf/cm^2＝9.8×10^4 Pa＝98 kPa(千帕)。

(4)功率。法定功率的计量单位是千瓦，符号为 kW。与废除的马力的换算，1 千瓦 ＝ 1.36 马力，1 马力＝0.736 千瓦。

(5)质量。法定单位是千克(公斤)，符号为 kg。1 千克(kg)＝1 000 克(g)。

(二)公差配合

(1)尺寸。基本尺寸是指设计给定的尺寸；实际尺寸是指通过测量所得的尺寸；极限尺寸是指允许尺寸变化范围的两个界限值，其中数值大称为最大极限尺寸，另一个称为最小极限尺寸。零件实际尺寸应在两界限值之间，大于最大极限尺寸或小于最小极限尺寸的，都不合格。

(2)偏差与公差。偏差是指极限尺寸与基本尺寸的代数差。最大极限尺寸减去基本尺寸所得的代数差叫上偏差；最小极限尺寸减去基本尺寸所得的代数差叫下偏差。公差是指允许尺寸变动的量。它等于最大极限尺寸减去最小极限尺寸的代数差的绝对值，也等于上偏差与下偏差代数差的绝对值。配合中允许间隙或过盈的变动量称为配合公差，它等于相互配合的孔、轴公差之和，表示配合松紧的允许变动范围。

(3)配合。配合指基本尺寸相同、相互结合的孔和轴之间的关系。配合决定结合的松紧程度。配合分 3 种情况：

①间隙配合。孔的尺寸减去相配合轴的尺寸大于等于零的配合。即孔与轴之间配合总有间隙，如轴瓦与轴颈、活塞与气缸套等配合。间隙的作用为贮藏润滑油、补偿各种误差等，其大小影响孔与轴相对的运动程度。

②过盈配合。孔的尺寸减去相配合轴的尺寸小于等于零的配合，即孔与轴之间配合总有一定紧度。过盈配合中，由于轴的尺寸比孔的尺寸大，故需采用加压或热胀冷缩等办法进行装配。过盈配合主要用于孔轴间不允许有相对运动的紧固联接，如齿轮、带轮、滚动轴承与轴的联接。

③过渡配合。孔的尺寸减去相配合轴的尺寸可能大于等于零也可能小于等于零的配合，既可能是间隙也可能是过盈的配合，它介于间隙配合和过盈配合之间。过渡配合主要用于要求孔轴间有较好的对中性和同轴度且易于拆卸、装配的定位联接，如活塞销、活塞销座孔和连杆小头衬套孔的配合。

(三)零件材料

用于制造农业机械零件的材料,通常分为金属材料和非金属材料。

1. 金属材料

金属材料可分为黑色金属和有色金属。

金属材料机械性能的主要指标

金属材料在外力作用下抵抗破坏的性能称为机械性能,其主要指标:

* 弹性:金属材料受外力作用时产生变形,当外力去掉后能恢复其原来形状的性能。

* 塑性:金属材料在外力作用下,产生永久变形而不致引起破坏的能力。

* 刚度:金属材料在受力时抵抗弹性变形的能力。

* 强度:金属材料在外力作用下抵抗塑性变形和断裂的能力。

* 硬度:金属材料抵抗更硬的物体压入其内的能力。

* 冲击韧性:金属材料抵抗冲击载荷作用下断裂的能力。

* 疲劳强度:金属材料在重复交变力作用下不产生断裂的最大应力。

(1)黑色金属。钢、铁一类的金属被称为黑色金属。主要包括碳素钢、铸钢、合金钢和铸铁。钢铁材料的基本成分是铁和碳,所以又称为铁碳合金。含碳量小于 2.11%的铁碳合金是钢,含碳量大于 2.11%的铁碳合金是铁。

①碳素钢。碳素钢具有一定的机械性能、良好的工艺性能、价格低廉,是农业机械生产用量最大的金属材料。

按钢中碳的含量，可分为低碳钢、中碳钢、高碳钢。

低碳钢（含碳量小于 0.25%）的韧性、塑性好，易成型、易焊接，但强度、硬度低，需变形或强度要求不高的工件，如油底壳、风扇叶片、铆钉等。

中碳钢（含碳量 0.25%～0.60%）的强度、硬度较高，塑性、韧性稍低，但经热处理后有较好综合机械性能，用于制造曲轴、连杆、凸轮轴、连杆螺栓等。

高碳钢（含碳量 0.60%以上）的硬度高、脆性大，用于制作各种工、量、刃具和模具，经热处理后制造弹簧和耐磨件。

按钢的质量，可分为普通质量钢、优质钢、高级优质钢。

按钢的用途分为碳素结构钢、碳素工具钢和铸钢。铸钢主要用于制作形状复杂，难于用锻压等方法成形的零件，如拖拉机的桥壳等。

钢的牌号

一般采用“两位数字＋元素符号＋数字”表示。前两位数字表示钢中平均含碳量的万分之几，后面数字表示合金元素平均含量的百分数。如 45Mn，45 表示钢的含碳量为 0.45%、Mn 的含量为 0.7%～1%；12CrNi2，表示钢的平均含碳量为 0.12%、平均含铬量小于 1.5%、平均含镍量为 2%。

②合金钢。冶炼时在碳素钢中加入一种或多种合金元素，形成的钢称之为合金钢。合金钢常用于制造拖拉机上承受高速、重载、强冲击和剧烈摩擦的零件，如活塞销、收割机刀片、齿轮、半轴、连杆、转向节、轴类件和重要螺栓等。

此外，用来制造具有特殊性能零件的合金钢称为特殊性能钢，分为不锈钢、耐热钢和耐磨钢。不锈钢指含铬量≥13%，在大气中不生锈的合金钢，外表呈银亮色；耐热钢在高温下具有较高的强度和良好的抗氧化性，如发动机的气门；耐磨钢具有能承受强烈冲击摩擦和高的耐磨性，主要用于制造拖拉机的履带。

③铸铁。铸铁与钢相比，其强度低，特别是韧性、塑性差，但铸造性能优良、耐磨、切削加工性能良好。铸铁分为白口铸铁、灰口铸铁、可锻铸铁轴、球墨铸铁、合金铸铁等几种。

白口铸铁中碳以化合物状态存在，断口呈白色，硬度高而脆，很难切削加工，主要用来炼钢和不需要加工的铸件，如犁铧。

灰口铸铁中碳以片状石墨存在，断口呈灰色，具有良好的易铸造和切削性能，但脆性大、塑性差、焊接性差，在发动机上应用较多，如缸体、缸盖、飞轮等。

可锻铸铁中石墨为团絮状，具有较高的强度和韧性，可用于制作承受冲击和振动的零件，如后桥壳、轮毂等。

球墨铸铁中碳以圆球形石墨状存在，强度高，韧性、耐磨性较好，兼有铸铁和钢的理化性能、机械性能和工艺性能，也像钢一样可进行热处理，通过合金化和各种热处理后，可用来代替铸钢和锻钢制造一些受力复杂、性能要求较高的零件，如柴油机的曲轴、凸轮轴、齿轮和连杆等。

加入合金元素的铸铁为合金铸铁，如活塞环、缸套和气门座圈。

金属材料火花鉴别

火花鉴别是将钢件在高速旋转的砂轮上磨削，根据火花束特征可大致鉴别钢的成分。碳是火花的基本元素，含碳量不同火花形状也不同。

* 低碳钢：火花束较长，流线少，芒线稍粗，发光一般，带暗红色，花粉微少。

* 中碳钢：火花束稍短，流线较细长而多，发光较强，呈黄色。

* 高碳钢：火花束较短而粗，流线多而细，碎花多，发光较亮，呈橙红色。

* 铸铁：火花束很粗，流线较多，一般为二节花，尾部渐粗下垂呈弧形，颜色多为橙红。

(2)有色金属。除黑色金属材料之外的其他金属统称为有色金属。在农机制造中常用的主要是铝及铝合金、铜及铜合金、巴氏合金。

①铝及铝合金。铝合金具有良好耐蚀性，切削加工性和铸造性，可以实现柔性的强度设计，表面美观。铝合金用于制造散热器、冷凝器、活塞、缸盖、缸体、液压油泵壳体、油管等零件。

②铜及铜合金。农业机械上应用的铜及铜合金，主要是纯铜、黄铜、青铜等。纯铜又叫紫铜，具有优良的导电性、导热性、延展性和耐蚀性，主要用于制造电线、电刷、铜管等；黄铜是铜与锌的合金，即为铜锌合金，具有良好的冷加工性能，强度比纯铜高，塑性、耐腐蚀性好，用于制造发动机的连杆衬套、摇臂衬套、冷却系中的节温器、轴瓦、曲轴止推垫圈等零件；青铜一般是指铜锡合金，强度、韧性比黄铜差，但耐磨性、铸造性好，用于制造轴瓦、轴套、蜗轮、齿轮等零件。

③巴氏合金。巴氏合金即滑动轴承合金，是铅、锡、锑等元素的合金，有良好的减摩性能，分为锡基合金和铅基合金。锡基轴承合金的摩擦系数小，塑性和导热性好，用来制造重要的轴承，如拖拉机发动机上的曲轴、连杆等高速轴瓦。铅基轴承合金的摩擦阻力小，铸造性能好，但其强度、韧性及耐振能力都低于锡基轴承合金，适用于负荷小、速度较低的发动机上。

(3)钢的热处理。热处理是将钢件通过加热、保温、冷却，来改变其组织结构，获得所需性能的热加工工艺。如白口铸铁经过长时间退火处理可以获得可锻铸铁，提高塑性；齿轮采用正确的热处理工艺，使用寿命大幅提高。钢的热处理有以下几类：

①退火。将钢件加热到一定温度，保温一段时间，然后随炉慢

慢冷却到室温的热处理工艺。目的是降低材料硬度,改善切削加工性能,提高塑性和韧性,消除钢中的组织缺陷,消除内应力。

②正火。将钢件加热到临界温度以上 50～70℃,充分保温,然后在空气中冷却的热处理工艺。目的与退火基本相同,但正火后钢件的强度、硬度比退火后高。

③淬火。将钢件加热到临界温度以上 30～50℃,保温后在冷却介质中快速冷却的热处理工艺。常用的冷却介质有水、矿物油、盐、碱的水溶液等。淬火的主要目的是提高钢件的硬度和强度。

④回火。将淬火后的钢件再加热到临界温度以下的某一温度,保温一段时间,然后在空气或油中冷却的热处理工艺。目的是减少或消除内应力,提高韧性和塑性,调整硬度,降低脆性,保证钢件的形状、尺寸不变。

⑤调质。将钢件进行淬火及高温回火的双重热处理工艺。调质处理的钢称调质钢。多用于重要的结构件,如轴类、连杆、螺柱、齿轮等。

⑥时效处理。为消除零件制造中产生的内应力,防止或减少零件在使用中发生变形而采取的方法。在室温下进行的时效叫自然时效,在一定温度下进行的时效叫人工时效。

⑦表面淬火。将钢件的表面淬透到一定的深度,而中心部分仍保持未淬火状态的一种局部淬火方法。目的是使钢件表面获得较高的强度、耐磨性和疲劳强度,而中心部仍具有足够的塑性和韧性。

⑧化学热处理。化学热处理是将钢件置于某一介质中加热、保温和冷却,使介质中的某些元素渗入钢件表层,从而改善表层性能。主要有渗碳、氮化、碳氮共渗等。目的是提高钢件表层的硬度、耐磨性、耐腐蚀性和抗氧化性。如价廉的碳钢通过渗入某些合金元素就具有某些价昂的合金钢性能,可以代替耐热钢、不锈钢。

2. 非金属材料

农业机械的非金属材料主要是塑料、橡胶和石棉。

(1)塑料。塑料属轻质材料,比强度高、化学稳定性好、耐腐蚀、绝缘性好、耐磨性好、消声吸震性好、易加工成型。农业机械上常用的塑料制品有:仪表板及衬垫、转向盘、操纵杆、内饰板、座椅、扶手、密封条、软管、减震垫片、把手、各种传感器电器壳体、部分齿轮、电器元器件、塑料黏接剂等。

(2)橡胶。橡胶可分为天然橡胶和合成橡胶两类。天然橡胶综合性能好,主要缺点是易老化、不耐高温,时间增加,会出现变色、发黏或变硬、变脆龟裂。合成橡胶又称人造橡胶,主要性能特点是高弹性,能减振,耐蚀性、耐磨性、绝缘性好。农业机械常用的是合成橡胶,如轮胎、软管、皮带、密封件、防振件、衬垫类等。

(3)石棉。石棉是天然矿物纤维,具有绝缘、绝热、隔音、耐高温、耐酸碱、耐腐蚀和耐磨等特性,可织成纱、线、绳、布、盘根等,作为密封、传动、保温、隔热、绝缘等材料。农业机械的石棉制品主要有气缸垫、离合器片、制动带、制动片、绝缘板、配电板、仪表板等。

(四)常用油料

农机常用油料有柴油、汽油、润滑油和液压油。

1.柴油

(1)柴油种类。我国柴油分为轻柴油和重柴油。重柴油用于转速1 000转/分以下的中低速柴油机;拖拉机、农用车、联合收割机等动力机械都装用高速柴油机,使用的是轻柴油。根据GB 252—2006标准规定,轻柴油按凝点(柴油开始凝固的温度称为凝点)不同分为10、5、0、-10、-20、-35、-50七个牌号。牌号数字表示柴油的凝点。

(2)柴油选用。主要根据使用地区的气温选用,要求选用柴油的凝点应低于当地气温3~5℃,如10号柴油适用于环境温度12℃以上南方夏季使用,-10号适用于环境温度-5℃以上地区使用,以保证柴油在最低气温时不致凝固。

(3)加注柴油注意事项。一是每次加油要到正规的加油站,绝不能贪图便宜而使用劣质柴油，劣质柴油不仅可能对柴油机供油系统的精密部件造成严重的损坏，而且也可能导致柴油机动力不足或排气冒黑烟；二是柴油应存储在干净、封闭的金属容器中，使用前必须经过48小时的沉淀，然后抽上部柴油使用，加注柴油过程中，要防止杂质进入油中。

(4)柴油品质简易鉴别。在购买柴油时，一般可通过感官简易鉴别质量。好的柴油应该是淡黄色，红色或黑色的柴油相对就差一些。手摸应有黏度感，但太稠或太稀都不好，优质柴油手摸应具有一定的黏度。好柴油不应有刺鼻气味，闻到异味的柴油尽量不要购买。

2.汽油

(1)汽油牌号。汽油机使用的燃料为车用汽油或车用乙醇汽油。根据国家标准GB 17930—2006《车用汽油》标准规定，车用汽油牌号分为90号、93号和97号；车用乙醇汽油是在汽油中添加了一定比例的乙醇的汽油，我国乙醇汽油乙醇的添加比例一般为10%，用E10表示，乙醇汽油分为90号、93号、95号和97号四个牌号。数字表示汽油的辛烷值，它是汽油抗爆燃能力的指标，辛烷值越高表明它的抗爆震燃烧的能力越强。

(2)汽油选用。根据发动机压缩比选用汽油牌号。如发动机压缩比在7.5～8.0，选90号汽油；在8.0～8.5可选90～93号。汽油牌号越高，价格也越高，如选用不当，不仅增加成本，造成浪费，且容易产生爆燃、发动机功率下降、油耗增加、零件磨损加剧等不良后果。

(3)汽油一般颜色为淡黄色，无刺激性的气味，涂抹在指甲上，很快能挥发。

3.润滑油

农机常用的润滑油包括机油、齿轮油和润滑脂等。

(1)机油。机油分为柴油机油和汽油机油。其牌号有质量等级和黏度等级两种。质量等级有CA、CB、CC、CD、CE、CF六个级别(C代表柴油;第二个字母代表柴油的质量等级,字母越靠后排列,其质量等级越高),农用柴油机油多选用CC或CD级别。黏度等级分为单级和多级。单级分为冬季用和夏季用油牌号,冬季用油牌号有0W、5W、10W、15W、20W五种(W代表冬季,W前数字代表最低工作环境温度),数字越小,使用工作环境温度越低;夏季用牌号有20、30、40、50、60五种,牌号越高,黏度越大,最高工作环境温度越高。多级农用柴油机油有5W/30、5W/40、10W/30等牌号,可在不同地区四季通用。如使用环境温度-30～40℃的地区可选用5W/40,在四季通用。汽油机油的黏度分级与柴油机油相同。

机油的选择包括品质和黏度,其中品质是首选,品质选用应遵照产品使用说明书中的要求选用,还可结合使用条件来选择;黏度等级的选择主要考虑环境温度。

购买机油,可用观察颜色和闻气味的方法鉴别品质:国产散装机油多为浅蓝色,具有明亮的光泽,流动均匀,凡是颜色不均、流动时带有异色线条者均为伪劣或变质机油,若使用此类机油,将严重损害发动机。进口机油的颜色为金黄略带蓝色,晶莹透明,油桶制造精致,图案字码的边缘清晰、整齐,无漏色和重叠现象,否则为假货。合格的机油应无特别气味,只略带芳香。凡是对嗅觉刺激大且有异味的机油均为变质或劣质机油,绝对不可购买使用。

判断使用中农业机械更换机油的4种方法

* 搓捻鉴别。取出油底壳中的少许机油,放在手指上搓捻。搓捻时,如有黏稠感觉,并有拉丝现象,说明机油未变质,仍可继续使用,否则应更换。

* 油尺鉴别。抽出机油标尺对着光亮处观察刻度线是否清晰,当透过油尺上的机油看不清刻线时,则说明机油过脏,需立即更换。

＊倾倒鉴别。取油底壳中的少量机油注入一容器内，然后从容器中慢慢倒出，观察油流的光泽和黏度。若油流能保持细长且均匀，说明机油内没有胶质及杂质，还可使用一段时间，否则应更换。

＊油滴检查。在白纸上滴一滴油底壳中的机油，若油滴中心黑点很大，呈黑褐色且均匀无颗粒，周围黄色浸润很小，说明机油变质应更换。若油滴中心黑点小而且颜色较浅，周围的黄色浸润痕迹较大，表明机油还可以使用。

(2)齿轮油。通常把用于变速器、后桥齿轮传动机构的润滑油叫做齿轮油。

我国齿轮油分为普通车辆齿轮油(CLC)、中等负荷车辆齿轮油(CLD)和重负荷车辆齿轮油(CLE)三个品种。品质按次序后一级比前一级高，使用场合的允许条件一级比一级苛刻。CLC 用于手动变速器、螺旋伞齿轮的驱动桥；CLD 用于手动变速器、螺旋伞齿轮使用条件不太苛刻的准双曲面齿轮的驱动桥；CLE 用于使用条件苛刻的准双曲面齿轮及其他条件齿轮的驱动桥。黏度等级分为 70W、75W、80W、85W、90、140 和 250 七个黏度牌号，这些是单级油，还有多级油如 80W/90、85W/90 和 85W/140 等。

齿轮油应按产品用说明书的规定选用，也可以按工作条件选用品种，按气温选择牌号。

需要特别提醒的是：严禁用机油来代替齿轮油，或在齿轮油中掺配柴油和煤油，以免降低其黏度，减弱润滑性能，加速齿轮磨损。

(3)润滑脂。俗称黄油，常温下为黏稠半固体膏状。农机常用钙基润滑脂、钠基润滑脂和锂基润滑脂三种。

钙基润滑脂的工作温度－10～60℃，其特点是抗水性强、耐温性差，适用于润滑农机具大部分滚动轴承。

钠基润滑脂的耐温可达 120℃，但不耐水，适于工作温度较高而不与水接触的润滑部位。如发电机、磁电机等高温工作的轴承、离合器前轴承。

锂基润滑脂的抗水性好，耐热和耐寒性都较好，它可以取代其他基脂使用在拖拉机、联合收割机上。

润滑脂的牌号是按其稠度分为000、00、0、1、2、3、4、5、6共9个牌号，号数越大，润滑脂越硬。拖拉机、联合收割机上一般使用2号或3号。

4. 液压油

液压油是液压传动系统中传递能量的介质，在各部间件还起着润滑、防腐、冷却、冲洗等作用。液压油分为普通液压油(L-HL)和抗磨液压油(L-HM)。液压油应按照使用说明书规定，也可根据使用情况选用。使用温度低选低牌号的，使用温度高选高牌号的。

油料储存安全五防

* 防失火。及时处理可燃物、断绝火源和配备灭火设施等。

* 防变质。保持清洁、减少与空气接触、露天存放防晒降温、恶劣天气不在室外加油。

* 防混装。不同类的油料不能相互混入，更不能混装在一起。

* 防中毒。严禁用嘴吸取柴油、汽油；维修场所保持良好的通风；作业完毕后，及时用碱水或肥皂洗手。

* 防静电。输油管插入油桶底部；严禁使用塑料桶存储汽油；不穿易产生静电的服装等。

(五)常用标准件

标准件是指结构、尺寸、标记等已经完全标准化，并由专业厂生产的常用零件。常用标准件有螺纹连接件、滚动轴承、油封和键。

1. 螺纹连接件

螺纹连接是利用有螺纹的零件构成可拆式的连接。螺纹连接件包括螺栓、螺钉和螺母及防松件。

(1)螺栓、螺钉和螺母。

①螺栓。由头部和螺杆组成，配用螺母的圆柱形带螺纹的紧固件，用于紧固连接两个带有通孔的零件。这种连接结构简单，拆装方便，应用最广。按头部形状分圆头、沉头、六角头、方头等，如图 1-1 所示。

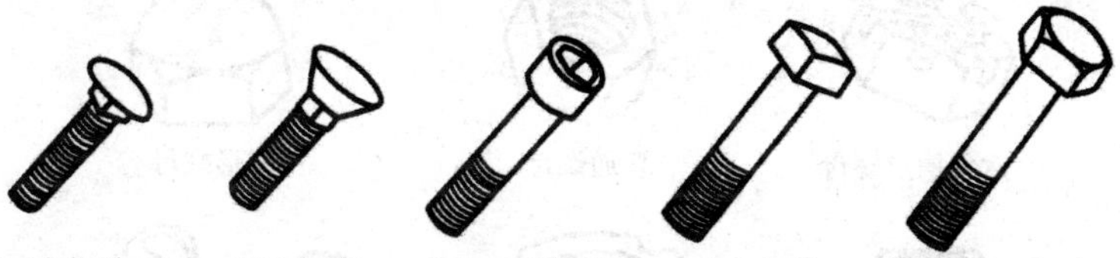

图 1-1　螺栓种类

双头螺柱一端拧紧在被连接件的螺纹孔内，另一端穿过被连接件的通孔，再旋上螺母。拆卸时，不必拧下双头螺柱，只需拧下螺母就能将被连接件分开，如气缸盖双头螺柱。

②螺钉。不用螺母，直接将螺纹拧入被连接件的螺孔中。按槽型分一字、十字、米字等，如图 1-2 所示。这种连接不宜经常拆装，以免加速螺纹孔损坏。

③螺母。常见种类，如图 1-3 所示。

普通螺母有六角螺母和方螺母两种，分粗牙和细牙螺纹；扁螺母比普通螺母薄，它可将一个螺纹件锁定在某位置作锁紧用；六角槽形螺母顶部有槽，用开口锁与螺栓穿在一起，防止螺母和螺栓产生相对位移而松动；圆形螺母多用于轴承的轴向定位，如小四轮拖拉机半轴轴承的定位；罩形螺母的螺纹为盲孔，与之配合的螺栓不

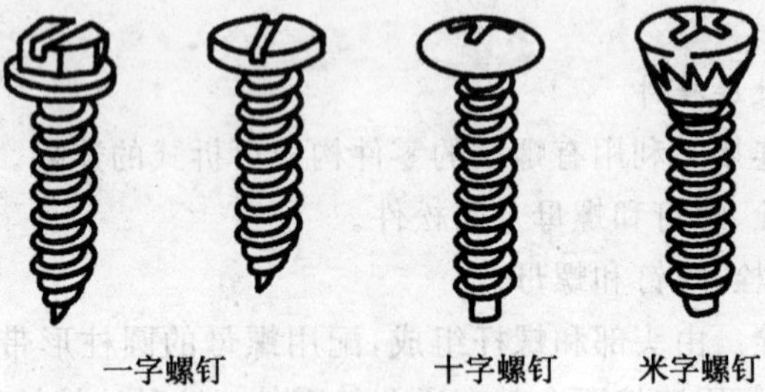

图 1-2 螺钉种类

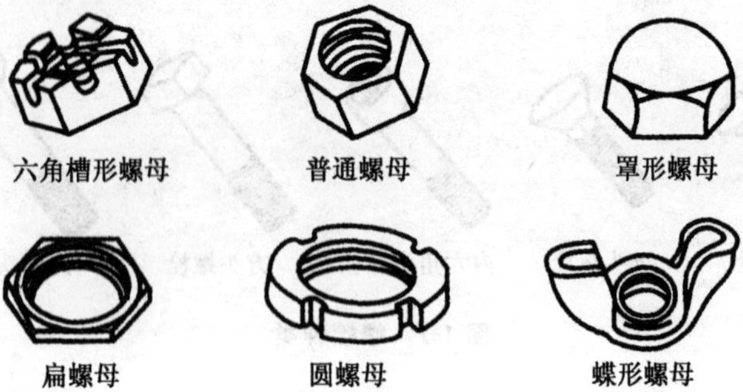

图 1-3 螺母种类

露头；蝶形螺母不用工具而用手拧紧，一般用在锁紧力要求不大的场合，如机器罩盖的紧固。

螺母的标记以螺纹大径表示，细牙螺纹还必须标出螺距。如 M10×1，表示直径为 10 毫米，螺距为 1 毫米，螺纹为细牙的六角螺母。

(2)防松标准件。螺纹连接件，在工作中由于振动、冲击而松动，必须采取措施加以防止，特别是与人身或机器的安全有关的地方。常用防松标准件有以下几种：

①弹簧垫圈。弹簧垫圈亦称开口垫圈，是最常用的螺纹连接防松标准件，如图 1-4 所示。安装时垫圈置于螺母或螺栓的下面，

当拧紧螺母或螺栓时，翘起的两切口锐边，一边咬入螺母或螺栓与之接触的表面，另一边嵌入连接零件的表面，防止螺栓或螺母的松动。

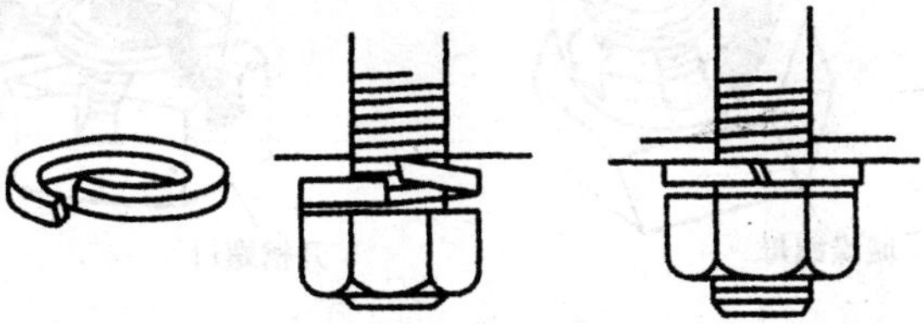

图 1-4　弹簧垫圈

②齿形紧固垫圈。在需要特殊牢固的连接时，通常采用齿形紧固垫圈，如图 1-5 所示。经热处理的齿尖咬入压紧它的表面，起到防松作用。

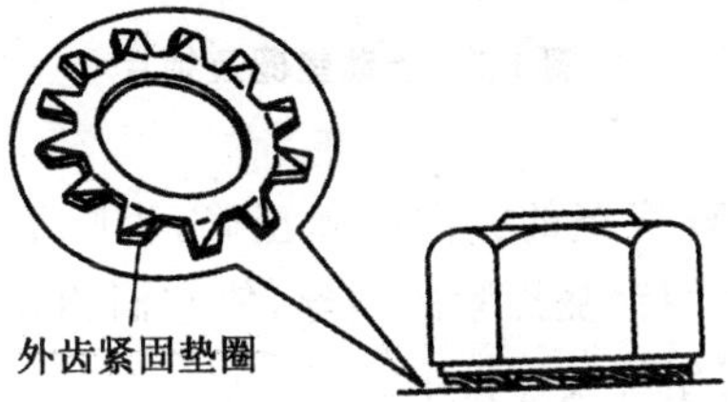

图 1-5　齿形紧固垫圈

③开口销及六角槽形螺母。将开口销横穿过螺栓端部的孔及槽形螺母的槽防松，如图 1-6 所示。为防止开口销脱落，将开口销端部劈开并弯曲。当螺栓孔与螺母上的槽不在一条直线上时，只允许再拧紧螺母，而不允许放松螺母使孔与槽对成直线。

④止动垫圈及锁片。在装配时先将止动垫圈的内翅插入螺杆的槽中，拧紧螺母后，再把垫圈的外翅弯入圆形螺母的外缺口中，防止螺母和螺栓松动，如图 1-7 所示。

⑤防松钢丝。用钢丝穿过一组带小孔的螺钉或螺栓头部，然

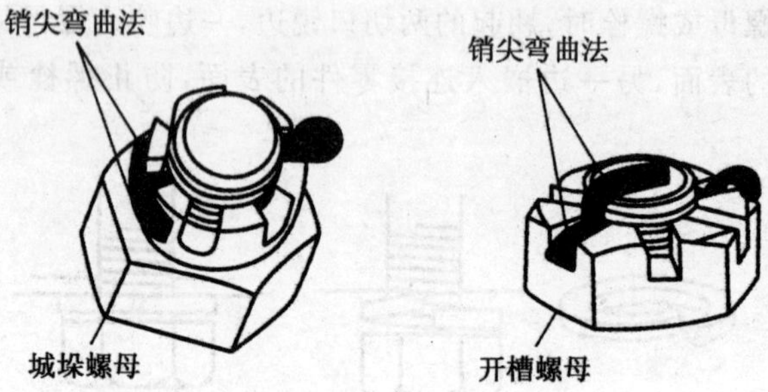

图 1-6　开口销及六角槽形螺母

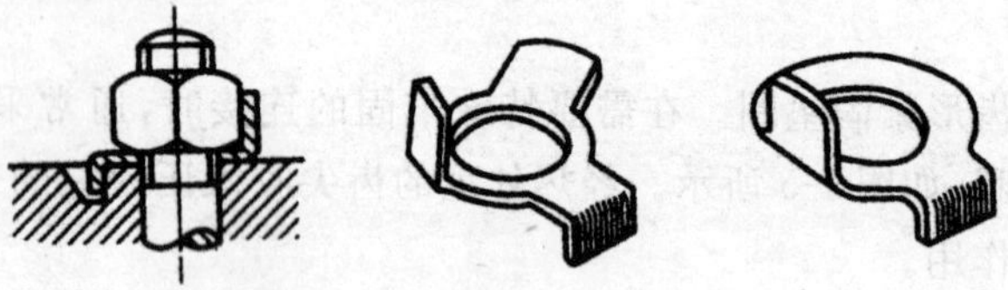

图 1-7　止动垫圈及锁片

后收紧钢丝，钢丝穿绕的方向必须正确，否则不能防松，如图 1-8 所示。原则是利用穿绕拉紧的钢丝，使它们相互牵制防松。适用于位置相近的成组螺纹连接中。

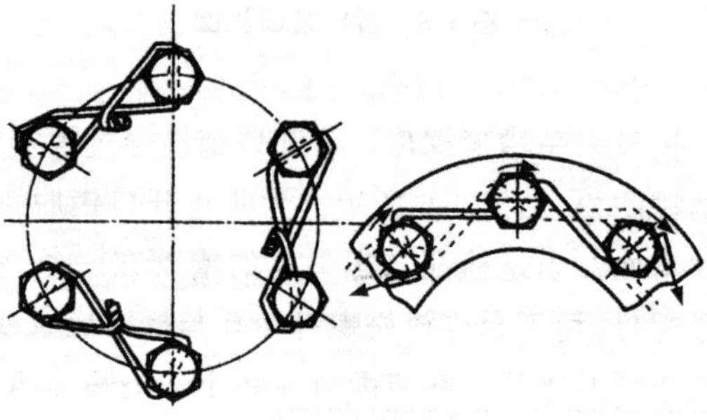

图 1-8　防松钢丝

⑥双螺母。在主螺母拧紧后，紧接着在主螺母上加上一防松

螺母并拧紧，产生对螺杆的两个相反拉力，增加锁紧力，防止松动，如图 1-9 所示。

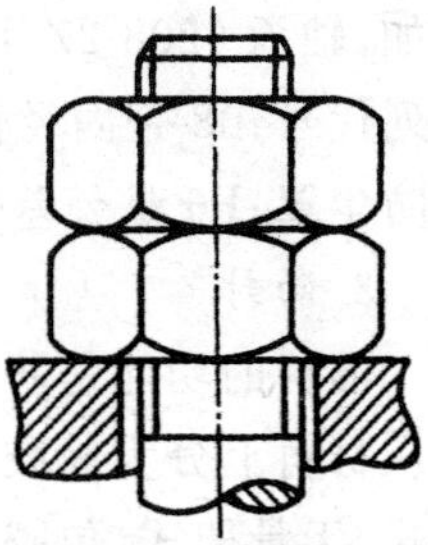

图 1-9　双螺母

2. 滚动轴承

滚动轴承是将运转的轴与轴座之间的滑动摩擦变为滚动摩擦，从而减少摩擦损失的一种精密的机械零件。滚动轴承一般由内圈、外圈、滚动体和保持架四部分组成，外圈装在轴承座孔内，一般不转动；内圈装在轴颈上，随轴转动；滚动体是滚动轴承的核心元件；保持架将滚动体均匀隔开，避免摩擦；润滑剂主要起润滑、冷却、清洗等作用。

(1)滚动轴承类型。按承受负荷的方向分为向心轴承、推力轴承和向心推力轴承。向心轴承主要承受径向负荷；推力轴承仅承受轴向负荷；向心推力轴承同时能承受径向和轴向负荷。

按滚动体的形状分为球轴承和滚子轴承。

按滚动体的列数分为单列、双列、多列轴承等。

按轴承能否调心分为调心轴承和非调心轴承。

按轴承直径大小分为微型(外径 26 毫米以下)、小型(外径 28～55 毫米)、中型(外径 60～190 毫米)、大型(外径 200～430 毫米)和特大型(外径 440 毫米以上)。

(2)滚动轴承代号。滚动轴承代号是用字母加数字来表示轴承结构、尺寸、公差等级、技术性能等特征的产品符号。国家标准 GB/T 272—93 规定轴承的代号由三部分组成：前置代号、基本代号、后置代号。前置代号和后置代号都是轴承代号的补充，一般情况可省略。基本代号表示轴承的基本类型、结构和尺寸，它由轴承类型代号、尺寸系列代号、内径代号构成。类型代号用数字或字母表示不同类型的轴承，尺寸系列代号 由两位数字组成；前一位数字代表宽度系列(向心轴承)或高度系列(推力轴承)，后一位数字代表直径系列；内径代号表示轴承公称内径的大小，用数字表示。

例如，轴承 6208-2Z/P6，6 是类型代号，表示深沟球轴承；2 是尺寸系列代号；08 是内径代号，表示内径为 40 毫米；2Z 是轴承两端面带防尘罩；P6 是公差等级符合标准规定 6 级。

3. 油封

油封的功能是防止润滑油泄漏和阻止异物侵入机器内部。油封从材料上分为橡胶油封、皮革油封和塑料油封；从结构上分为骨架式、无骨架式、包胶式和包铁式。农机上用得最多的是骨架式橡胶油封。

(1)骨架式橡胶油封。骨架式橡胶油封是在密封圈内加一个金属骨架。唇口的结构上又分为普通型及双口型，如图 1-10 所示。普通型只有一个唇口，并在唇口后面装有弹簧圈，以增加唇口对轴表面的压力，使唇口对轴径具有较好的自动补偿作用，故也称自紧油封，可存贮低黏度的润滑油。双口型油封具有两个唇口和轴颈接触，其中一道唇口有弹簧圈用以存贮润滑油，无弹簧圈的唇口则用以防止尘土侵入。

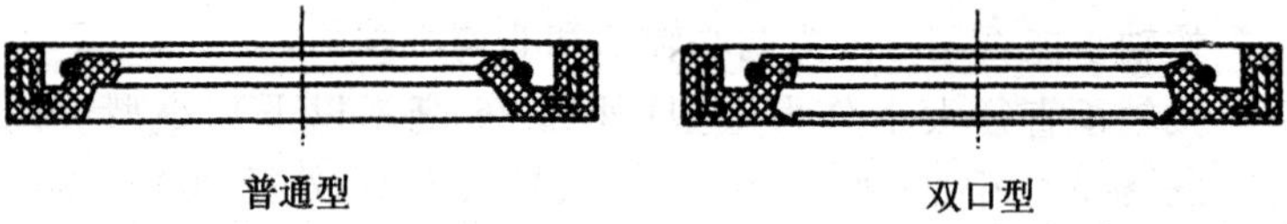

图 1-10 骨架式橡胶油封

(2)毡封油圈。毡封油圈属于软填料防尘密封。主要用在环境比较清洁、以油脂为润滑剂的轴承中。拖拉机上常用的为带铁皮外壳的毡封。

(3)橡胶 O 形密封圈。橡胶 O 形密封圈属于橡胶挤压型密封圈，装配时受到安装沟槽的预压缩，在密封面上产生初始接触压力，当受到密封介质(如润滑油、液体压油等)的压力作用后，引起 O 形圈进一步变形，产生自紧作用，加强了密封效果。

4. 键

键的功用是传递扭矩，例如，带轮、齿轮、链轮等与轴的连接，常用的有平键、半圆键、楔键等。

(1)平键。平键分为圆头、方头和单圆头三种类型，如图 1-11 所示。平键的断面形状有正方形和长方形两种，以侧面为工作面传递扭矩。平键制造简单，工作可靠，装卸方便，应用最多。

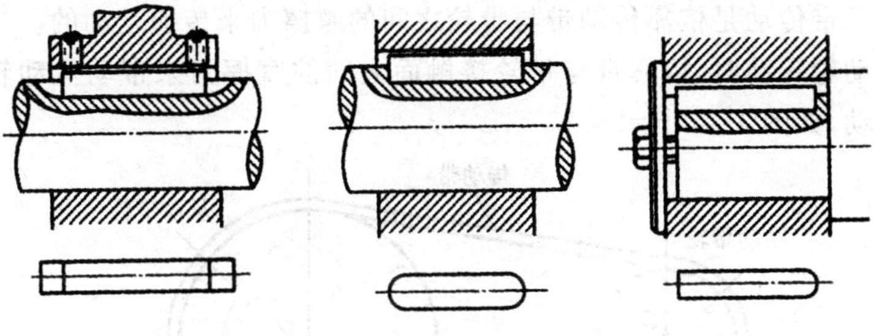

图 1-11　平键

(2)半圆键。半圆键是靠键的两侧面与键槽的两侧面互相接触而传递扭矩，如图 1-12 所示。其特点是装配方便，能绕其本身的圆心摆动而自动适应轮毂上键槽底面的斜度，常用于锥形轴端的连接。

(3)楔键。楔键靠键的上下面传递扭矩，键本身有 1∶100 的斜度，如图 1-13 所示。它可以承受单方向的轴向力，但是对中性不好，故一般用在承受单方向轴向力而对中性要求不严的连接，或

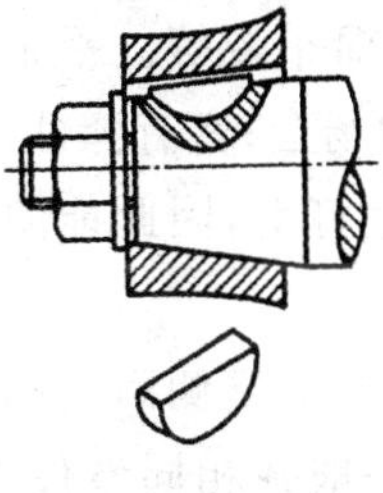

图 1-12　半圆键

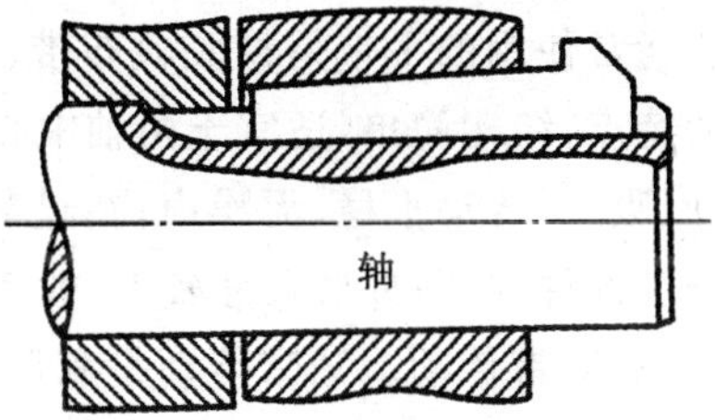

图 1-13　楔键

用于结构简单、紧凑、有冲击载荷的连接处。

(六)传动机构

农业机械的主要传动形式有带传动、链传动、齿轮传动、凸轮传动和液压传动等。

1. 带传动

带传动是依靠传动带与带轮之间的摩擦力来传递运动的。当主动轮转动时,依靠带与带轮接触面之间的摩擦力来带动从动轮转动,如图 1-14 所示。

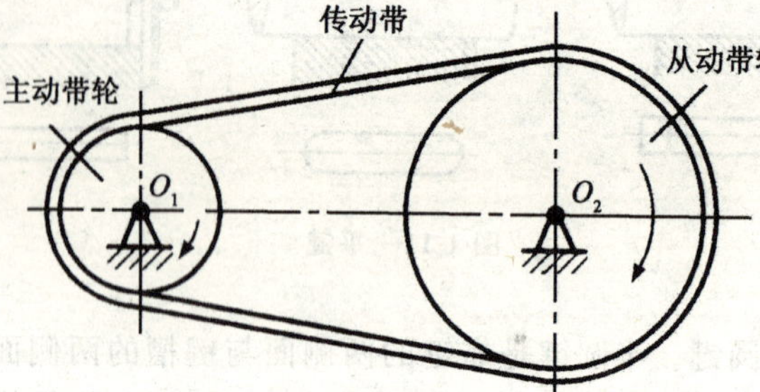

图 1-14 带传动

带传动有平带传动、V 带传动、圆带传动、同步带传动等类型,常用的是平带传动和 V 带传动。

(1)平带传动。平带传动在工作时,带的环形内表面与轮缘接触。通常使用的平带是橡胶帆布带、皮革带和棉布带等。平带传动的特点:结构简单,适宜于两轴中心距较大的场合;富有弹性,能缓冲、吸振,传动平稳、无噪声;在过载时会产生打滑,因此能防止薄弱零部件损坏;外廓尺寸较大,效率较低。

(2)V 带传动。V 带传动是利用带和带轮梯形槽侧面之间的摩擦力来传递动力的,传递的能力比平带高,一般在相同条件下,可增大 3 倍。V 带主要采用帘布结构和线绳结构,帘布结构用于一般传动，线绳结构比较柔软，适用于载荷不大、小直径带轮和转速较高的场合。

V带在使用中必须注意以下几点：

①正确选用V带型号和长度，以保证V带截面在轮槽中的正确位置。V带的外边缘应与带轮的轮缘取齐(新安装时可略高于轮缘)，这样，V带的工作面与轮槽的工作面才能充分接触。

②两传动带轮的轮轴中心线应保持平行，主动轮和从动轮的对应轮槽必须调整在同一直线上，这样才能延长V带的使用寿命。

③V带的张紧程度调控要适当。在中等中心距的情况下，V带的张紧程度以大拇指能按下15毫米左右即为合适，如图1-15所示。

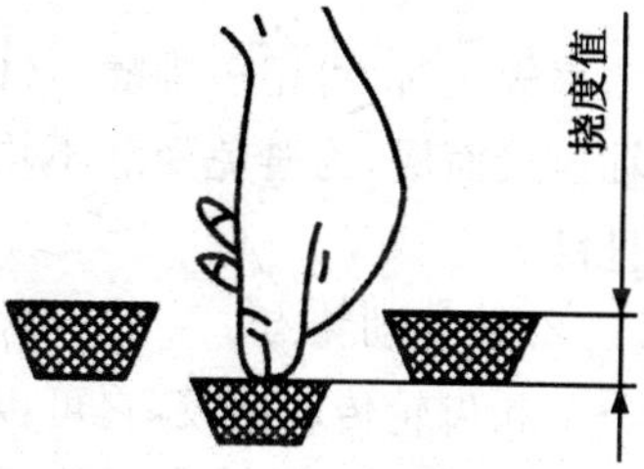

图1-15 带传动

④对V带传动应定期检查，及时调整。如发现有不能使用的V带，应及时更换，以免加重其他V带的负担。更换时，必须使一组V带中的各根带的实际长度尽量接近，以使每根V带传动时都受力均匀。

⑤V带传动装置还必须装安全防护罩。这样既可防止绞伤人，又可防止润滑冷却液和其他杂物等飞溅到V带上面而影响传动。

2.链传动

链传动是由一个具有特殊齿形的主动链轮，通过链条带动另一个具有特殊齿形的从动链轮，以传递运动和动力的一套传动装置，它是由主动链轮、链条和从动链轮组成。如图1-16所示。

(1)链传动类型。链传动按用途分为传动链、起重链和牵引链三种。传动链用来传递运动和动力；起重链用于起重机械中提升重物；牵引链用于运输机械驱动输送带等。若要承受较大载荷，传

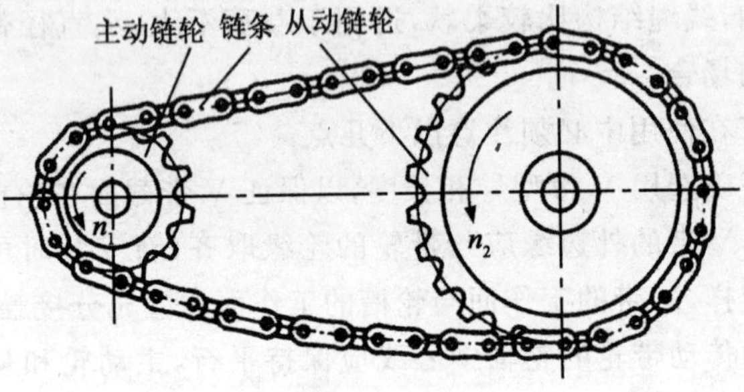

图 1-16　链传动

递功率较大时，可用多排链，它相当于几个普通单排链彼此之间用销轴连接而成，为避免受载不均匀，排数不能过多，常用双排链或三排链。

(2)链传动特点。

①和齿轮传动比较，它可以在两轴中心距较远的情况下传递运动和动力。

②和带传动比较，它能保证准确的传动比，传递功率较大，作用在轴和轴承上的力较小。

③能在低速、重载和高温条件下及尘土飞扬的不良环境中工作。

④传递效率较高。

⑤链条的铰链磨损后，使得节距变大，容易造成脱落现象。

3. 齿轮传动

齿轮传动是农业机械传动中应用最广泛、最主要的一种传动。齿轮传动是由齿轮副组成的传递运动和动力的一套装置，齿轮副是由两个互相啮合的齿轮组成的基本机构，两齿轮轴线相对位置不变，并各绕其自身的轴线转动。常见齿轮传动类型，如图 1-17 所示。

齿轮传动的特点如下；

能保证瞬时传动比恒定，平稳性较高，传递运动准确可靠。传

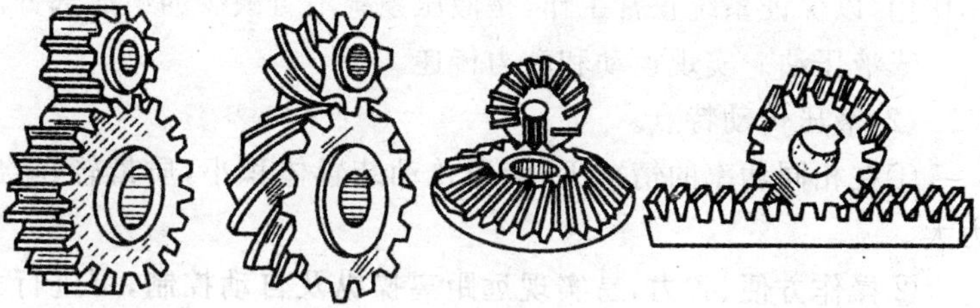

图 1-17　齿轮传动类型

递的功率和速度范围较大。结构紧凑，工作可靠，可实现较大的传动比。传动效率高，使用寿命长。齿轮的制造、安装要求较高。

4. 液压传动

液压传动是以液压油传递运动和动力的传动方式。工作时先将机械能转换为液体的压力能，再将液体的压力能转换为机械能。拖拉机的农具升降、全液压转向器、液压行走无级变速器等均为液压传动。

(1)液压传动组成。液压传动装置由动力元件、执行元件、控制调节元件、辅助元件和液压油组成。

①动力元件。即液压泵，常用齿轮泵和柱塞泵，它是液压系统的动力源，将原动机输入的机械能转换为液压能，为液压系统提供压力油。

②执行元件。是指液压缸和液压马达，它是将液体的液压能转换为机械能的装置，在压力油的推动下输出力和速度(或力矩和转速)，以驱动工作部件。

③控制调节元件。是指各种阀类元件，如溢流阀、节流阀、换向阀等。作用是控制液压系统中油液的压力、流量和方向，以保证执行元件完成预期的工作运动。

④辅助元件。指油箱、油管、管接头、滤油器、压力表、流量表等元件，分别起散热、贮油、输油、连接、过滤、测量压力和测量流量

等作用，以保证系统正常工作，是液压系统不可缺少的组成部分。

⑤液压油。实现运动和动力传递。

(2)液压传动特点。

①在相同功率的情况下，液压传动装置体积小，质量轻，输出力大。

②操作方便、省力，易实现远距离操纵及自动控制，可进行大范围无级调速。

③传动较平稳，能在低速时稳定运动，可频繁换向，能自动实现过载保护。

④液压元件易于实现标准化、系列化和通用化，制造精度和密封性要求高，加工、安装和维修较困难。

5. 凸轮传动

凸轮机构主要由凸轮、从动件和固定机架组成，如图 1-18 所示。凸轮通常作主动件并等速转动，当凸轮转动时，借助它的曲线轮廓，使从动件作相应运动。凸轮机构结构简单、紧凑，能适应高速运动，且动作准确可靠。但工作时，凸轮与从动件接触面积较小，难以保证良好的润滑，故容易磨损。

6. 曲柄连杆机构

曲柄连杆机构在机械中可传递动力和改变运动形式。机构工作时，通常将曲柄的回转运动转为连杆的往复运动，也可将连杆的往复运动变为曲柄的回转运动。如发动机的曲轴连杆机构，在做功行程，活塞的往复运动通过连杆带动曲轴旋转，其他行程则依靠曲轴和飞轮的转动惯性，通过连杆带动活塞往复运动，完成发动机的工作循环。谷物联合收割机驱动割刀的曲柄连杆机构则是把曲柄的回转运动转为的割刀往复运动。

(七)电工基础

1. 电路

电路是电流流过的回路。电路通常由电源、负载、开关和导

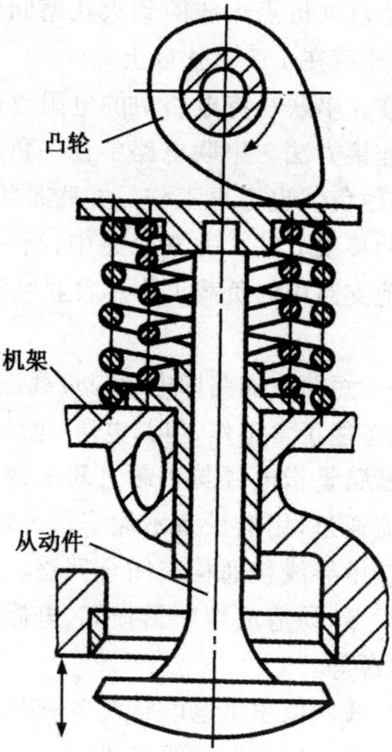

图 1-18　凸轮机构

线四部分组成。方向不随时间变化的电流称为直流电，直流电有正负极之分，直流电通过的电路称为直流电路。大小和方向都发生周期性变化的电流称为交流电，交流电通过的电路称为交流电路。

(1)直流电路。

①电路组成。农业机械的直流电源有蓄电池和硅整流发电机，电压有 6 伏、12 伏和 24 伏。用电负载有起动机、照明、信号装置等。开关有电源开关、起动开关、灯光开关等。导线分低压线和高压线，外部有绝缘层，内部由多股铜丝组成线芯。低压线按截面积、颜色不同有多种规格，不同的导线用绝缘材料包扎成线束，以

便安装和维修。小汽油机点火线圈到火花塞间的导线为高压线，其绝缘层很厚，耐压值在 1.5 万伏以上。

②串联和并联。串联是将电路中的电阻首尾依次相连，电流只有一条通路的连接方法。串联电路中任一负载损坏，整条电路处于断路状态，其他负载也不再工作。并联是将电路中若干个电阻并列连接起来的接线方法。并联电路中，当一条支路中的负载损坏不会影响其他支路中的负载工作。农业机械的用电设备均采用并联连接。

③通路、断路和短路。通路即电源与负载连成回路，电路中有电流流过，用电设备能正常工作，但其电压、电流、功率等数值不能超过其额定值。断路是指电源与负载之间未构成闭合回路，断路时电路中没有电流通过，用电设备不能工作。短路是指电源未经过任何负载而直接由导线接通构成闭合回路，短路时电路中电流比正常工作时大很多，易造成熔断器损坏、电源瞬间损坏、如温度过高烧坏导线、电源等。

(2)交流电路。我国低压供电电路大多采用三相四线制。如图 1-19 所示，由三根相线和一根零线组成，各相线间的电压有效值为 380 伏，各相线与零线间的电压有效值为 220 伏，频率为 50 赫兹。只有一根相线和零线组成的供电系统称为单相交流电；三根相线组成的供电系统称为三相交流电。

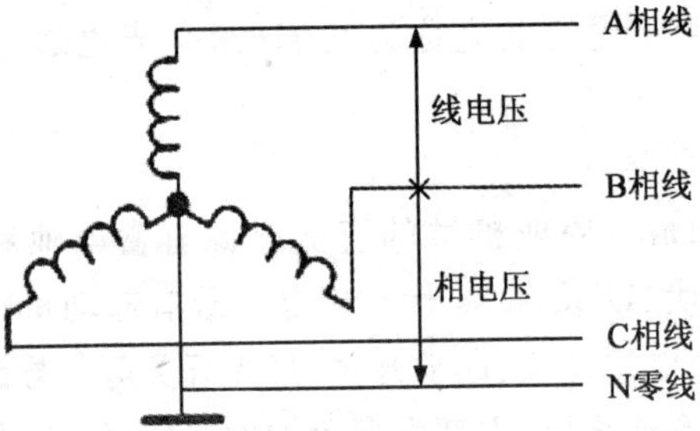

图 1-19　三相四线制交流电源

2. 电子元器件

农机电气系统，常用的电子元器件有电阻、电容、电感线圈、二极管、三极管和继电器，其图形符号如图 1-20 所示。

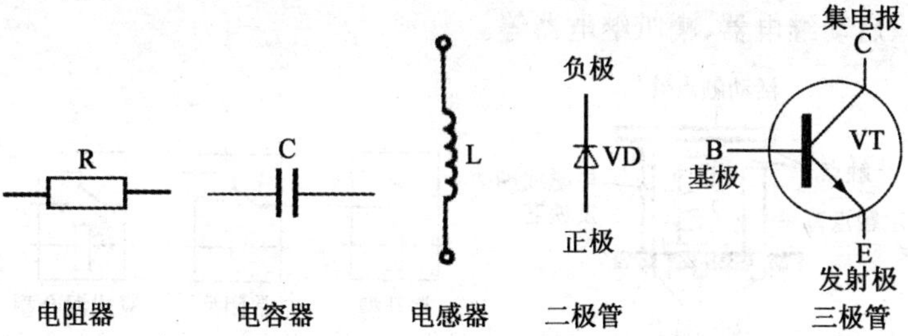

图 1-20　电子元件符号

(1)电阻。主要用来调节和稳定电流、电压，可作为分流器和分压器、电路匹配负载使用，用字母 R 表示，基本单位为欧姆(Ω)。

(2)电容。具有通交流、隔直流的特性，用字母 C 表示，基本单位为法拉(F)。

(3)电感线圈。用绝缘导线绕成一匝或多匝构成的电子元件，具有阻交流、通直流的特性，在电路中主要起到滤波、振荡、延迟、陷波等作用，用字母 L 表示，基本单位为亨(H)。

(4)二极管。由一个 PN 结构成的半导体元件，具有单向导电性，用字母 VD 表示。选用二极管，要注意最大整流电流与最高反向工作电压，若超过此值，会造成二极管损坏。在农机电气系统中，二极管常用于交流发电机的整流电路、电压调节器的稳压电路中。

(5)三极管。由两个 PN 结组成的半导体元件。两个 PN 结将三极管分为集电区、基区、发射区三部分。三极管具有放大、截止、饱和三个工作特性，用字母 VT 表示。拖拉机的晶体管式电压调节器就是利用三极管饱和导通、截止断开特性工作的。

(6)继电器。利用电磁原理实现自动接通或切断一对或多对触点，即用小电流控制大电流的一种“自动开关”，在电路中起自动调节、安全保护、转换电路等作用。继电器分为常开型、常闭型、复式混合型三种类型，如图 1-21 所示。如拖拉机的转向闪光继电器、启动继电器、喇叭继电器等。

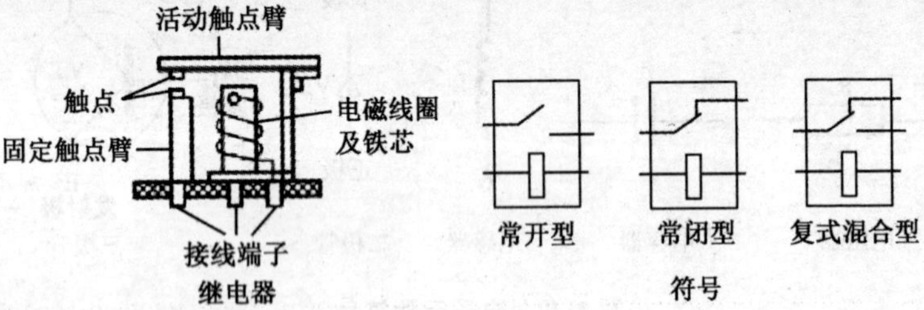

图 1-21　继电器及符号

3.安全用电

当遇到触电事故时，应迅速设法使触电者摆脱电源，立即组织抢救。触电事故分为电击和电伤两大类。人体不慎接触到带电体就会受到电击，当通过人体电流很小时，仅触电部分的肌肉发生痉挛；若通过人体的电流超过 50 毫安，则会导致人死亡。电伤是由于电流通过人体表面或人体与带电体之间产生电弧而造成体表创伤，情况严重也将导致死亡。通常规定 36 伏及以下电压为安全电压。

(1)触电主要原因。造成人体触电的主要原因是缺乏安全用电基本常识；忽视安全操作；违章冒险；输电或电气设备绝缘层损坏；人体触及带电裸漏导线或金属外壳等。

(2)预防触电措施。为保护电气设备的安全运行，防止触电事故发生，电气设备常采用保护接地和保护接零措施。

①保护接地。指将电气设备的金属外壳与大地牢固地连接起来，以保护人身的安全。常用于中性点不接地的、三相用电设备的安全防护。在三相异步电动机的使用过程中，通常采用保护接地

装置来确保三相电动机使用安全，如图 1-22 所示。

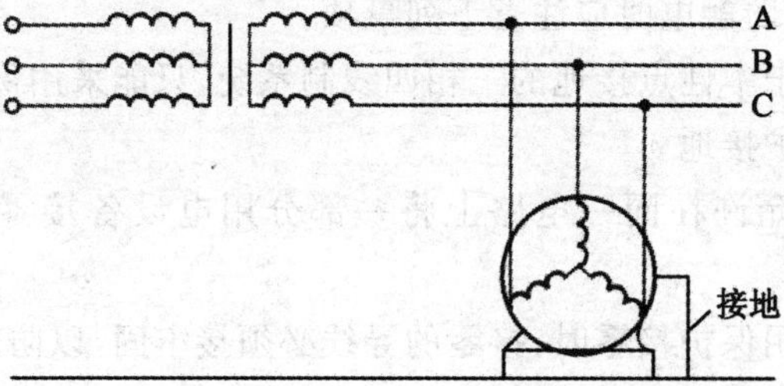

图 1-22　保护接地

②保护接零。指将电气设备的金属外壳与零线进行可靠连接，通常适用于中性点接地的三相四线制电气设备的安全防护，如图 1-23 所示。采取保护接零措施后，当电气设备由于绝缘损坏而与外壳相接时，就形成了单相短路，将使短路保护装置（漏电保护器、熔断器、熔断丝）迅速动作而切断电源，防止了触电事故的发生。单相电气设备的插头有三根引线，与三孔插座连接。这是因为电器设备的金属外壳已用导线连接到插头的顶部插脚相连，电器外壳就通过插座与电源的中性线连接，达到保护接零的目的。

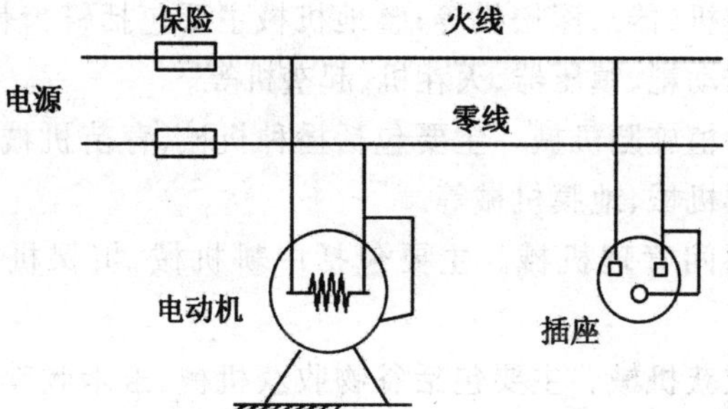

图 1-23　保护接零

(3)预防触电注意事项。低压三相四线制(如380/220伏)供电系统,预防触电时应注意下列事项。

①对于中性点接地的三相四线制系统,只能采用保护接零,不能采用保护接地。

②不允许在同一电路上将一部分用电设备接零,另一部分接地。

③采用保护接零时,接零的导线必须接牢固,以防脱线。在零线上不允许安装熔断器或开关,同时接零的导线阻抗不能太大。

④采用保护接零时,除系统的中点接地外,还必须在零线上一处或多处进行接地,即重复接地。

二、农业机械分类

农业机械是指用于农业生产及其产品初加工等相关农事活动的机械设备。根据《农业机械分类》农业行业标准(NY/T 1640—2008)的标准规定,按用途及农业生产过程将农业机械共分14个大类,57个小类,276个品目。

(1)耕整地机械。即耕地机械和整地机械的总称。耕地机械主要包括铧式犁、翻转犁、圆盘犁、旋耕机、耕整机、微耕机、田园管理机、开沟机(器)、深松机等;整地机械主要包括钉齿耙、圆盘耙、滚子耙、驱动耙、镇压器、灭茬机、起垄机等。

(2)种植施肥机械。主要包括播种机械、育苗机械设备、栽植机械、施肥机械、地膜机械等。

(3)田间管理机械。主要包括中耕机械、植保机械、修剪机械等。

(4)收获机械。主要包括谷物收获机械、玉米收获机械、棉麻作物收获机械、果实收获机械、蔬菜收获机械、花卉(茶叶)收获机械、籽粒作物收获机械、根茎作物收获机械、饲料作物收获机械、茎秆收集处理机械等。

（5）收获后处理机械。主要包括脱粒机械、清选机械、剥壳（去皮）机械、干燥机械、种子加工机械、仓储机械等。

（6）农产品初加工机械。主要包括碾米机械、磨粉（浆）机械、榨油机械、棉花加工机械、果蔬加工机械、茶叶加工机械等。

（7）农用搬运机械。主要包括运输机械、装卸机械、农用航空器等。

（8）排灌机械。包括水泵、喷灌机械设备等。

（9）畜牧水产养殖机械。主要包括饲料（草）加工机械设备、畜牧饲养机械、畜产品采集加工机械设备、水产养殖机械等。

（10）动力机械。主要包括拖拉机、内燃机、燃油发电机组等机械设备。

（11）农村可再生能源利用设备。主要包括风力设备、水利设备、太阳能设备、生物质能设备等。

（12）农田基本建设机械。主要包括挖掘机械、平地机械、清淤机械等。

（13）设施农业设备。主要包括日光温室设施设备、塑料大棚设施设备、连栋温室设施设备、生物质能设备等。

（14）其他机械。主要包括废弃物处理设备、包装机械、牵引机械等。

三、农机产品标识

农机产品标识是指用于识别产品及其质量、数量、特征、特性和使用方法所做的各种表示的统称。农机产品标识是农机产品的重要组成部分，是用户了解农机产品的质量信息、正确选购、使用和维修的重要依据，对保护企业、商家、用户的合法权益起着至关重要的作用。农机产品标识可分为识别标识、认证标识和安全警示标志。

(一)产品识别标识

农机产品识别标识主要包括全称、商标、标牌、质量检验、合格证、使用说明书和三包凭证等。

1.全称

农机产品全称包括牌号、名称和型号三部分,如丰收牌 2B-24 谷物播种机。

(1)产品牌号。主要供识别产品的生产企业用。产品牌号一般用地名、物名、厂名简称以及其他有意义的名词或汉语拼音字母表示,列于产品名称之前。例如,东风牌手扶拖拉机、太湖牌手扶拖拉机、金牛牌手扶拖拉机,这三种产品虽然名称相同,都是手扶拖拉机,但其牌号并不相同。它们虽然都是名牌产品,但其牌号和生产厂是不相同的。牌号在产品竞争、市场商品销售中很起作用,用户愿买名牌货,生产企业创名牌产品,都是用牌号来区分的。因此农机产品的牌号与商标一样,对促进商品生产和流通以及提高商品质量是很有意义的。产品牌号经常与产品名称组合在一起使用,牌号列于产品名称之前,如前所列的 3 种拖拉机实例。牌号应标注在产品的明显部位以及产品说明书上。产品的牌号一般说来是与商标相互适应协调一致的,因此有时在商标上常附注牌号。

(2)产品名称。说明产品的结构特点、性能特点和用途。一般由基本名称和附加名称组成。基本名称表示产品的类别,如拖拉机、播种机、犁、耙、播种机等;附加名称是以区别相同类别的不同产品而附加的名称,列于基本名称之前,附加名称应以产品的主要特征(用途、结构、动力型式等)表示,如船用柴油机、履带式拖拉机、棉花播种机等。

(3)产品型号。农机产品都应该有型号,型号主要是表示产品的类别和主要特征的(如用途、结构特点、尺寸和性能参数等),产品型号是便于使用、制造、型式等叙述而引用的一种代号,因此,它的使用范围很广。产品型号由汉语拼音字母(下称字母)和阿拉伯数字(下称数字)组成,依次由分类代号、特征代号和主参数三部分组成,分类代号和特征代号与主参数之间,以短横线隔开。

①分类代号。由大类代号和小类代号组成。大类代号由数字组成:1-耕耘和整地机械,2-种植和施肥机械,3-田间管理和植保机械,4-收获机械,5-脱粒、清洗、烘干和贮存机械,6-农副产品加工机械,7-运输机械,8-排灌机械,9-畜牧机械,(0)-其他机械;小类代号以产品基本名称的汉语拼音文字第一个字母表示。

②特征代号。由产品主要特征(用途、结构、动力型式等)的汉语拼音文字第一个字母表示。为了避免型号重复,可选取汉语拼音文字的第二个或其后面的字母。与主参数邻接的字母不得用"I"、"O",以免在零部件代号中与数字混淆。

③主参数代号。反映农机具主要技术特性或主要结构的参数,用数字表示。

④改进代号。改进产品的型号在原型号后加注字母"A"表示。进行几次改进,则在字母"A"后加注顺序号。如 2B-16A1 播种机,则表示是进行了第 1 次改进。

⑤联合作业机具或多用途作业机具型号中,主要作业机具的类别代号列于首位,其他作业机具的代号作为特征代号列于其后。如播种施肥机型号为 2BF-XX (B-播,F-肥,XX-行数)。

⑥产品型号在图样、技术文件、使用说明书、产品标牌上完全一致。

举例说明:1LS-320,由 3 部分组成:1 表示耕耘机械大类;L 是"犁"的拼音第一个字母;S 表示的是产品的特征"水"的拼音的第一个字母,表示该机具主要用于水田;3 表示这架犁的犁铧数量;20 表示单个犁铧的耕宽。所以,1LS-320 表示这是机引三铧犁,单铧耕宽 20 厘米。

2. 商标

农机产品商标是用来区别一个经营者的品牌或服务和其他经

营者的商品或服务的标记，由文字、图形、字母、数字、三维标志、颜色组合具有显著特征的标志，如图 1-24 所示。经国家核准注册的商标为“注册商标”，注册商标图标商标，是识别某商品、服务或与其相关具体个人或企业的显著标志。图形®常用来表示某个商标经过注册，并受法律保护。如果是驰名商标，将会获得跨类别的商标专用权法律保护。中国一拖集团有限公司，拥有的“东方红®”商标为中国“驰名商标”。商标应标注在产品的明显部位，产品说明书上也常附有商标。

图 1-24　农机产品商标

3. 标牌

农机产品投放市场后，固定在产品上向用户提供厂家商标识别、品牌区分、产品参数、生产日期、出厂编号、厂名厂址、联系电话等信息的标牌，又称铭牌。它主要用来记载生产厂家及标定工作情况下的一些技术数据，以供正确使用而不致损坏设备。标牌的材料多为铝、铜制品，如图 1-25 所示。

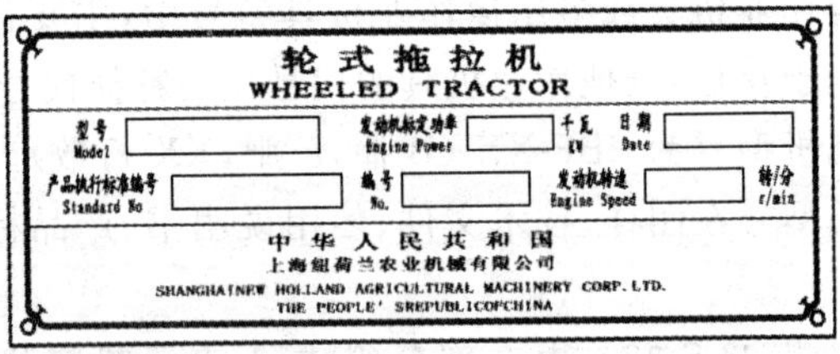

图 1-25　农机产品标牌

综前所述，在农机产品上应标注商标、牌号和名称，但产品牌号和名称前一律不标注型号，型号应标注在产品铭牌上。商标需要注册，而牌号、名称、型号也应先办理申请手续，经有关部门批准后方可使用。

4.质量检验合格证

质量检验合格证是指生产者为表明出厂的产品经质量检验合格,附于产品或者产品包装上的合格证书、合格标签或者合格印章。这是生产者对其产品质量作出的明示保证,是机车上户的重要凭证之一,也是法律规定生产者所承担的一项产品标识义务。

5.使用说明书

农机产品说明书是生产者按照国家或行业标准规定编写的,向用户全面明确地介绍产品名称、适用范围、规格型号、技术性能、工作条件、安全操作、警示标志、注意事项、产品三包说明、售后服务电话通讯地址等内容的随机技术文件。它是指导用户正确安装、使用操作、维修保养、运输和贮存机具的重要依据,也是解决产品质量纠纷的必要凭证。

6.三包凭证

三包凭证是生产者随机出厂,提供给用户进行修理、更换、退货重要的证明凭据。农机产品三包凭证一般有以下内容:

(1)产品基本信息。包括产品名称、规格、型号、产品编号等内容。

(2)配套动力信息(自走式产品或有配套动力产品)。包括牌号、型号、产品编号、生产单位等内容。

(3)生产者信息。包括企业名称、地址、电话、邮政编码等内容。

(4)修理者信息。指企业建立的维修服务网络。包括名称、地址、电话、邮政编码等内容。

(5)整机三包有效期。一般不少于1年;主要部件三包有效期,一般不少于2年。

(6)主要部件清单。清单上所列的主要部件应不少于国家三包规定的要求。

(7)修理记录内容。包括送修日期、修复日期、送修故障、修理情况、换退货证明等。

(8)不实行三包的情况说明。

(二)产品认证标识

1.3C 强制认证标识

3C 是中国强制性产品认证(英文缩写 CCC),它是我国政府为保护消费者人身安全和国家安全、加强产品质量管理、依照法律法规实施的一种产品合格评定制度,未通过 3C 认证的产品禁止生产和销售。

依据国家质量监督检验检疫总局颁布的《中国农机产品质量认证管理办法》的规定,以单缸柴油机或 25 马力及以下多缸柴油机为动力的轮式拖拉机以及植物保护机械(背负式喷雾喷粉机、背负式喷雾机、背负式喷雾器、背负式电动喷雾器、压缩式喷雾器、踏板式喷雾器、烟雾机、担架、手推、车载式机动喷雾机、喷杆式喷雾机、风送式喷雾机、其他植物保护机械)必须通过国家强制性产品认证才能进行销售,并在产品明显部位张贴 3C 强制认证标识,如图 1-26 所示。

需要注意的是,3C 并不是质量标志,而只是一种最基础的安全认证,它的某些指标代表了产品的安全质量合格,但并不意味着产品的使用性能也同样优异,因此,购买商品时除了要看它有没有 3C 标志外,其他指标也很重要。

2.推广鉴定标识

为促进先进农机产品的推广应用,确保农业机械的适用性、安全性和可靠性,维护农机使用者、生产者及销售者的合法权益。农机产品生产企业自愿申报,取得农业机械推广鉴定证书和标志,并在销售产品的明显部位张贴农业机械推广鉴定证章,如图 1-27 所示。通过推广鉴定的农机产品,可以依法纳入国家农机化技术推广的财政补贴、优惠信贷、政府采购、农机购置补贴产品目录等政策支持的范围。

图 1-26 农机产品 3C 强制认证标识

图 1-27 农机产品推广鉴定标识

3. 质量认证(CAM)标识

除了《中国农机产品质量认证管理办法》的规定农机产品必须通过强制认证以外,企业可自愿向中国农机产品质量认证中心申请其他类别的农机产品的质量合格认证和质量安全认证,合格后颁发相应证书,有效期为 5 年,如图 1-28 所示。建议用户购买农机时优选张贴 CAM 认证的产品。

中国农机产品质量合格认证标识

中国农机产品质量安全认证标识

图 1-28 农机产品质量(CAM)认证标识

(三)安全警示标识

安全警示标识的主要作用是提醒人们在进行机具操作时存在的危险或有潜在危险,指示危险,描述危险的性质,解释危险可能造成潜在伤害的后果,指示人们如何避免危险,确保人机安全。农机产品虽然通过产品设计或在危险部位加设防护装置,可基本满足安全方面的要求,但是由于产品结构本身或操作者在使用过程中忘记风险的存在，需要在机具适当的部位标注安全警示标识。安全标志一般根据危险情况的相对严重程度，以三个等级标志词警示，即危险、警告、注意，如图 1-29 所示。

图 1-29　农机产品安全警示标识

四、农机技术保养

农业机械在使用过程中，由于运转、摩擦、振动、负荷变化多种因素的作用，不可避免地出现燃料、润滑油、冷却液消耗，连接螺丝松动，零件磨损或损坏，各滤清器脏物堵塞等，使整机技术状态恶化，如功率下降，消耗增加，作业质量变坏。为维持农机完好技术状态或工作能力而进行的作业称为农机技术保养。技术保养是保证农业机械在作业时能始终保持正常的技术状态，是农业机械实现高效、低耗、优质、安全生产和延长使用寿命关键的技术措施。随着农业机械的不断大型化和性能多元化，其技术保养大多是由农机维修人员完成的。

(一)技术保养内容

农机技术保养的基本内容，可概括为：清洗、添加、紧固、调整、更换。

1. 清洗

清洗分外部清洗和内部清洗。

(1)外部清洗。一般采用清扫、擦拭和刷洗的方法。所用的清洗剂有清水、洗涤剂、柴油和汽油等。对于复杂表面、狭窄空间采用压力水冲洗或压缩空气吹洗效果较好。当用水清洗时,应对加油口、电气设备等部位加以保护,防止水侵入机械内部,同时应注意,如果机体过热,须降温后冲洗,冲洗后如果水分不易蒸发掉,须用布擦干,以防锈蚀。内部清洗有拆卸清洗和不拆卸清洗两种方法。

(2)内部清洗。

①拆卸清洗。将有关零部件从整机上拆下,置于柴油、汽油或金属清洗剂的容器中清洗,可采用刷洗、擦洗、压力油冲洗、压缩空气吹洗等方法。

②不拆卸清洗主要用于清洗机械内部腔室和管道,将内部腔室和管道内的原有工作液体放出来,加入合适的清洗剂,利用摇转曲轴或使发动机运转的方式,使清洗剂不断循环搅动,达到彻底清洗内部的目的。如后桥室、润滑油道、冷却水道等的清洗。

2. 添加

添加的物质有冷却水、燃油、润滑剂等。冷却水要添加软水,以避免产生大量水垢,影响散热性能。添加燃油要注意密封和过滤,以避免杂质混入,增加精密偶件的磨损。添加润滑油要严格保证净化和防止漏洒损失。添加润滑脂应当利用新注入的和内部未受污染的润滑脂,将表面上脏污失效的润滑脂排挤出去,使摩擦面间完全充满洁净的润滑脂,因此,润滑脂注入器必须保证能以一定的压力并按规定注入。

3. 紧固

连接件的松动会引起配合件相互位置改变,使机构运动和受力状况恶化。在技术保养中十分重视连接件的正确紧固。农业机械的连接件主要是螺钉、螺栓。

(1)对于受动载荷较大的固定螺栓,如连杆轴承、汽缸盖、车轮等的固定螺栓,其紧固力都有严格要求,应按规定扭矩拧紧。当螺栓变形生锈时，由于紧固阻力较大，会给人以已经拧紧的假象，对此必须予以注意。

(2)新的或大修后机械的某些螺栓，如缸盖螺栓，在试运转后会产生初始伸长现象，应及时予以再次拧紧。

(3)对固定螺栓螺母的防松装置，必须加以重视，切勿漏装。防松装置必须按规定选用，不合规定的应予以更换。当用弹簧垫圈防松时，垫圈应当完整，弹力足够，拧紧螺母后垫圈的两端面应贴合在零件与螺母上。当用锁紧螺母防松时，如果两个螺母厚度不同，锁紧螺母应当采用较厚的，以增加锁紧力。当用开口销子防松时，销子直径应与销孔紧密配合，销子头部应沉入到螺母切槽中，销尾沿螺栓的轴向分开，一端贴在螺栓上，另一端倒向螺母平面。当用钢丝串联拉住几个螺栓防松时，钢丝绕向应当这样选择：当有一个螺栓发生松动时，钢丝将会张紧，并拉着串联的其他螺栓向拧紧方向转动，使串联的螺栓彼此间相互制约，从而防止任何一个螺栓松动。

4. 调整

农业机械上需要调整的部位较多，调整参量有间隙、压力、转速、角度、张力、位移等。在使用过程中，由于多种因素的作用，这些参量会不同程度地偏离正常数值，因此，在技术保养中必须及时调整补偿，使机械性能得以保持或恢复。各种参量的具体调整方法和数据在生产厂的使用说明书中都有明确的规定。

5. 更换

技术保养中的更换包括更换新件和零件换位。

(1)更换新件。一些易损、易老化、起保洁作用的零件，必须及时定期更换新件，换件时最好采用与原件同一型号和规格的产品，如果采用代用品，则应当保证其结构和性能与原件相同。

(2)零件换位。一是转换一下安装方位，如气缸套转动 90 度；二是与其对称的零件互换安装位置，如左右车轮的调换，零件换位必须注意换位时间，适时进行，不要等到零件严重磨损时才换位。

（二）技术保养规程

农机技术保养，通常按照“防重于治、养重于修”的原则进行。各种农业机械的保养要求在其使用说明书中都有规定，如拖拉机的技术保养，要严格按照使用说明书规定的内容，由维修技术人员在室内进行。各种农业机械的具体结构不同，其保养内容也有所差别。但其技术保养规程是基本相同的。农业机械的技术保养规程包括日常保养、班保养、定期保养和技术保管。

农机技术保养标准

技术保养标准可概括为一正常、二完整、三不漏、四净、五良好。

* 一正常即整机工作正常，发动机容易启动，工作平稳，声音正常，调速器控制灵敏可靠，耗油率和功率合乎要求；

* 二完整即各部完整，护板、挡板、安全设备及随车工具齐全完整，车况完好，档案资料完整；

* 三不漏即不漏油，不漏水，不漏气；

* 四净即油净、水净、空气净、机车净；

* 五良好即调整良好，润滑良好，紧固良好，电系良好，仪表良好。

1. 日常保养

日常保养是以清洁、补给和安全性能检视为主要内容的维护作业。

2. 班保养

班保养是指在班前、班后或作业中进行的技术维护。其保养主要项目有：

(1)清除尘土和油污，如果工作环境尘土较多，还要清洗空气滤清器。

(2)检查水箱水面、燃油箱油面、曲轴箱油面、变速箱油面及液压油箱油面,不足时应添加。

(3)根据使用说明书的要求,向各润滑点加注黄油。

(4)检查螺栓、螺母有无松动,必要时紧固。

(5)检查和排除“三漏”(漏油、漏水、漏气)。

(6)检查轮胎气压,不足时应充气至规定值。

(7)观察机油压力表工作是否正常,禁止在润滑系统有故障的情况下工作。

(8)检查发电机、开关及前后灯工作是否正常。

(9)检查各操作机构工作情况,各部位有无不正常响声。

3.定期保养

定期保养是指按技术文件规定的工作时间或完成的工作量进行的技术维护。谷物联合收获机定期保养分1、2号保养;拖拉机定期保养分1、2、3、4号,1、2号为低号保养,3、4号为高号保养。高号保养包括低号保养的全部内容。目前,拖拉机生产企业将定期保养直接采用工作小时数,而没有低号保养和高号保养之分,通常规定50小时、100小时、500小时、1 000小时和1 500小时的保养内容。

(1)低号保养。低号保养包括1、2号保养,是指每经过100～500小时工作后进行的技术保养。其保养项目主要有:

①清理空气滤清器,清洗机油滤清器和柴油滤清器,清洗液压系统的滤油器。

②检查并调整气门间隙和离合器分离间隙。

③清洗燃油箱、水箱、液压油箱及液压系统管路;清洗喷油嘴,清除积炭并检查喷油情况,校准喷油压力;清洗曲轴箱,更换新机油;清洗正时齿轮室及凸轮轴总成;清洗变速箱并更换润滑油。

④检查并调整前轮前束值;检查调整转向盘空转角度。

⑤用汽油或肥皂水清洗制动蹄的摩擦片。

⑥给发动机轴承补加润滑油。

(2)高号保养。高号保养包括 3 号保养和 4 号保养，是指每经过 1 000～1 500 小时工作后进行的技术保养。其保养项目包含低号保养的所有项目，还有：

①逐个拆卸、清洗各主要零部件。

②检查各部件的技术状态及磨损情况，确定进行修理或更换。

③对各部件进行装配和重新调整。

④清洗发动机轴承，更换润滑脂。

⑤按规范进行试运转。

4. 技术保管

技术保管是指农机存放过程中，保持完好技术状态而进行的技术与组织活动。在入库停歇期间，空气中的灰尘和水汽容易从一些缝隙、开口、孔洞等处侵入机器内部，使一些零部件受到污染和锈蚀；相对运动的零件表面、各种流通管道和控制阀门，由于长期在某一位置静止不动，在长时间闲置期间失去流动且具有一定压力的油膜的保护，也会产生蚀损、锈斑、胶结阻塞或卡滞，以致报废。因此，技术保管要做到以下几点：

(1)建立健全技术保管制度。

(2)存放保管前必须进行技术保养。

(3)做好定期维护。如定期检查农机放置的稳定性，检查润滑油有无渗漏，轮胎气压等，发现问题，立即排除；定期检查拆下的总成、部件和零件，其中橡胶件每 2～3 个月拿出室外晾晒后重新放置，必要时擦干并涂敷上一些滑石粉；定期用干布擦拭蓄电池顶面灰尘，并检查蓄电池电解液的液面和比重，每月应对蓄电池补充充电 1 次；每月启动发动机或摇转发动机曲轴 1～2 次。

五、农机维修常用术语

(一)农机主要性能指标

农业机械性能主要指标有生产能力、能源消耗、工作速度、转速、转矩、功率及作业质量指标等。

1. 生产能力

生产能力指单位时间内所能完成的作业量，常用的有小时生产率和班次生产率，连续作业的农机，用日生产率表示。

2. 能源消耗

能源消耗指完成单位数量的作业所消耗的能源，如每亩的耗油量、每吨原料的耗电量、烘干机械中烘干每吨成品的煤耗等。

3. 工作速度

工作速度指单位时间内农业机械所走过的距离。常用单位是千米/小时(km/h)、米/秒(m/s)等。

4. 转速

转速是指单位时间内旋转部件所转过的圈数，用转/分(r/min) 表示。

5. 转矩

转矩是指在额定条件下运行时，旋转部件所能产生的最大转动力矩。常用的转矩单位为牛·米(N·m)。在标示转矩的同时须注明转速，如 125 牛·米(1 500 转/分)。

6. 功率

输出功率是指单位时间内原动机对外所发出的功率；输入功率是指从动机械单位时间内所吸收的功率。发动机通过飞轮对外输出的功率称为有效功率。

柴油机铭牌或使用说明书中所给出的功率是标定状况的有效功率即标定功率，按不同的作业用途和使用特点，标定功率有 4 种：

(1)15 分钟功率。发动机允许连续运转 15 分钟的最大有效功率。适用于需要有短时良好超负荷和加速性能的汽车、摩托车等。

(2)1 小时功率。发动机允许连续运行 1 小时的最大有效功率。适用于需要有一定功率储备以克服突然增加负荷的轮式拖拉机、机车、船舶等。

(3)12 小时功率。发动机允许连续运转 12 小时的最大有效功率。适用于需要在 12 小时内连续运转又需要充分发挥功率的拖拉机、排灌机械、工程机械等。

(4)持续功率。发动机允许长期连续运转的最大有效功率。适用于需要长期持续运转的农业排灌机械、船舶、电站等。

在标示功率的同时必须注明转速，如 125 千瓦(2 000 转/分钟)。

7. 排量与压缩比

发动机活塞从上止点到下止点所扫过的容积称气缸工作容积，多缸发动机各缸工作容积之和称为气缸容积或排量。排量越大，发动机输出功率就越大。活塞位于上止点时，活塞顶上方的空间为燃烧室容积，气缸容积与燃烧室容积之比称为压缩比。同排量的发动机，压缩比越高，输出功率越大。汽油机压缩比一般为 6～10，柴油机为 15～22。

8. 燃油消耗率

柴油机在 1 小时内所消耗的燃油重量叫做小时耗油量，单位为千克/小时(kg/h)。燃油消耗率是指柴油机在 1 小时内每发 1 个单位有效功率所消耗的燃油量，简称耗油率。单位为每千瓦·时克或每马力·时。通常在使用说明书中标明 12 小时功率(标定功率)时的耗油率。一般农用柴油机燃油消耗率为 170～220 克/(马力·小时)。耗油率越低，表明柴油机的燃料经济性越好。

(二)农机零件缺陷

缺陷是指农机零件任一参数不符合技术文件要求的状况。农机零件常见的缺陷形式主要是磨损、腐蚀、变形、疲劳、断裂和老化。

1. 磨损

磨损是指由于摩擦，工作表面上出现材料损耗的现象。

(1)按磨损程度可分为正常磨损、异常磨损、极限磨损和允许磨损。

①正常磨损。农机零件磨损率在设计允许或技术文件规定的范围内。

②异常磨损。农机零件磨损率超出设计允许或技术文件规定的范围。

③极限磨损。导致配合副进入极限状态,又不能保持技术文件规定的工作能力的农机零件磨损量。

④允许磨损。技术文件规定的不需修理或更换,仍可继续使用一个修理间隔期的最大磨损量。

(2)按磨损机理可分为磨料磨损、腐蚀磨损、黏着磨损和疲劳磨损。

①磨料磨损。是指间隙配合的零件在摩擦过程中磨粒或凸出物使表面材料耗失的一种磨损。如发动机的气门及气门座、气缸、活塞与活塞环磨损的主要形式是磨料磨损。使配合件产生磨料微粒来源主是来自零件表面磨损产生的金属微粒和来自机器外部,如空气、燃油、润滑油带入的杂质,制造或修理加工时未清除的金属屑和沙粒等。

因此,修理时,要保证配合件的合适间隙,认真做好装配零件清洁,彻底清洗各油道等。使用中,保证各润滑部位有清洁、充足的油脂润滑;加注清洁油料,定期清洗空气、燃油、机油的滤清器;避免发动机超负载工作,减少轴和瓦的磨损;发动机的工作温度要保持正常;及时调整、保养等措施可有效减少农机零件的磨损。

②腐蚀磨损。指在周围介质的作用下,摩擦表面发生的以化学或电化学反应为主的磨损。如齿轮面齿的腐蚀麻坑,齿面沿滑动方向并伴有磨蚀痕迹。由于进入润剂中的活性成分和轮齿材料发生化学和电化学反应,引起齿面腐蚀,在摩擦或冲刷作用而使蚀斑被磨失或冲掉,形成腐蚀磨损。

③黏着磨损。指两个固体摩擦表面在相对运动过程中,由于

固相焊合作用引起接触点材料由一个表面转移至另一个表面所造成的磨损。如发动机粘缸和烧瓦即为黏着磨损。

④疲劳磨损。是指配合表面由于交变接触应力的作用而产生表面接触疲劳，配合表面出现麻点和脱落。如滚动轴承、齿轮及凸轮的磨损大多是疲劳磨损。

2. 腐蚀

农机零件表面与周围环境中某种物质发生化学或电化学反应所引起的耗损现象。

(1)化学腐蚀。金属直接与周围介质起化学作用而引起的腐蚀。例如，润滑油中的酸碱杂质或在工作中机油被氧化而产生的有机酸，都会对金属零件产生化学腐蚀。金属在高温下氧化也是一种化学腐蚀现象，例如发动机的排气门、气门座、燃烧室的烧损。

(2)电化学腐蚀。金属与电解液(酸、碱、盐的水溶液)起电化学作用而引起的腐蚀。无任何保护而宜接暴露在大气中的金属零件将不可避免地遭受不同程度的电化学腐蚀；发动机在低温工作时，燃油中的硫与气缸壁表面的冷凝水形成酸，使气缸壁表面受到电化学腐蚀。

防止零件腐蚀的方法主要是防止腐蚀物质的产生和侵入，如正确地选用并及时更换润滑油，金属零件表面涂黄油、机油、油漆等，可以防止金属与腐蚀介质接触。

生锈专指钢铁和铁基合金而言，它们在氧和水的作用下形成了主要由含水氧化铁组成的腐蚀产物铁锈。有色金属及其合金也可以发生腐蚀，但并不生锈，而是形成与铁锈相似的腐蚀产物，如铜和铜合金表面的铜绿，也被称作铜锈。

3. 变形

变形是农机零件在使用过程中，其零件要素的形状和位置发生的变化。零件变形主要有弯曲和扭曲、翘曲、歪扭等形式。

(1)弯曲和扭曲。通常是长轴和杆件的变形形式。如四缸发动机的曲轴和连杆的变形，大多是弯曲或扭曲变形，或者弯曲和扭曲变形同时存在，它是气缸异常磨损的主要原因。

(2)翘曲。零件的平面发生变形的主要形式，如发动机气缸盖经常发生翘曲，这往往就是漏气漏水、压缩力不足的主要原因。

(3)歪扭。机构比较复杂的基础件变形的形式。如车架、发动机体、变速箱体等基础件经常会发生歪扭，这些基础件的歪扭变形对整台拖拉机或联合收割机来说，影响是极大的。

4. 疲劳

疲劳是农机零件在变动负荷下，经过较长时间工作而发生强度下降的现象。

5. 断裂

在外力作用下，零件产生裂纹以致断开的现象称为断裂。断裂又分为脆性断裂、韧性断裂和疲劳断裂，曲轴、连杆、连杆螺栓等零件是最容易产生疲劳断裂的。

6. 老化

农机零件材料的性能随保管或使用时间的增长而逐渐衰退的现象为断裂，如橡胶件变硬、塑料件变脆等属于老化。

(三)农机故障

农业机械由很多零件、组合件、部件及总成按照一定的技术条件组合而成，它们之间有严格的相互关系。如果相互关系破坏，以及零件出现缺陷，就会形成故障。农机故障是指农机完全或部分丧失工作能力的现象。

(1)轻微故障。不会导致停止工作和能力下降，不需要更换零件，用随车工具在很短时间内能容易排除的故障。

(2)一般故障。农机运行中能及时排除的故障或不能及时排除的局部故障。

(3)严重故障。导致农机或总成丧失工作能力，且无法排除的故障。

(4)致命故障。导致农机或总成重大损坏的故障。

农机故障形成的主要原因

* 零件间配合关系破坏。如气缸壁与活塞间隙变大。

* 零件间相互位置关系破坏。如变速器、后桥壳体发生变形。

* 零件及各机构间相互性能关系破坏。如配气相位、供油时间不正确。

* 零件出现缺陷。活塞环磨损,气缸体破裂,油封老化等。

* 使用操作不当。如超载速作业、润滑不良等会加剧零件损伤。

* 制造维修不当。零件制造不合格,选配、调整不当,装配质量差等。

(四)农机维修

农机维修是农机维护和农机修理的泛称。

1. 农机维护

农机维护是为维持农机及其组成部分正常技术状态和工作能力而进行的作业。

2. 农机修理

农机修理为恢复农机完好技术状况(或工作能力)和寿命而进行的维护性作业。

(1)农机大修。通过修复或更换农机零部件(包括基础件),恢复农机完好技术状态和完全(或接近完全)恢复农机寿命的修理。

(2)农机小修。通过修理或更换农机零部件,消除农机在运行过程、维护过程中发生或发现的故障及隐患,恢复农机工作能力的作业。

(3)总成修理。为恢复农机总成完好技术状态(或工作能力)和寿命而进行的作业。

(4)发动机检修。通过检测、试验、调整、清洁、修理或更换某些零部件，恢复发动机性能（动力性、经济性、运转平稳性等）的作业。

(5)发动机大修。通过修理或更换零部件，恢复发动机完好技术状态和完全恢复发动机寿命的修理。

(6)零件修理。恢复农机零件性能和寿命的作业。

(7)视情修理。按技术文件规定对农机技术状态进行检测或诊断后，决定作业内容和实施时间的作业。

(8)整车修理。用修理或更换零部件（包括基础件）的方法，恢复农业机械整车的完好技术状况和完全（或接近完全）恢复农业机械寿命的恢复性修理。

(9)局部性修理。用局部更换或修理个别零件的方法，保证或恢复农业机械工作能力而进行的修理。

3. 维修方式

(1)预防性维修。为防止农机性能劣化和降低农机使用中的故障概率，按事先规定的计划和技术要求进行的维修。

(2)视情维修。根据对农机技术检验所提供的信息决定维修内容和实施时间的维修。

(3)季节维修。为保证农时季节中农机可靠性而有计划按季节安排的维修。

(4)故障维修。农机出现故障后进行的维修。

(5)计划维修。按预先安排的或技术文件规定的时间和内容进行的维修。

(6)维持性修理。仅以维持被修农机产品的正常运转的修理。

(7)恢复性修理。使被修农机产品（整机、总成、部件）恢复或接近原有工作能力的修理。

4. 维修形式

(1)自修。由农机使用人员自己组织并实施的维修。

(2)送修。将农机送交维修网点，由专业维修人员进行的维修。

(3)专项维修。从事单项或以一项为主,兼营几项的农机维修业务。

(4)维修点等级。县级以上农机维修行业主管部门对辖区内农机维修点按规定的技术等级标准进行审定。

(5)维修网体制。地方性维修网体系、制造厂维修服务体系和专业化维修体系有机结合的综合性农机维修网体制。

(6)农业机械综合维修点。从事农业机械的整机、各个总成和主要零部件综合维修业务的企业和业户。农业机械综合维修点按维修作业的复杂程度分为三个等级。

一级农业机械综合维修点。从事农业机械整机维修竣工检验,以及二级农业机械综合维修业务的所有项目的农业机械综合维修点。

二级农业机械综合维修点。从事各种农业机械的整车修理和总成、零部件修理,以及三级农业机械综合维修业务的所有项目的农业机械综合维修点。

三级农业机械综合维修点。从事常用农业机械的局部性换件修理、一般性故障排除以及整机维护工作的农业机械综合维修点。

(7)农业机械专项维修点。从事农机电器修理、喷油泵和喷油器修理、曲轴磨修、气缸镗磨、液压系修理、散热器修理、轮胎修补、电气焊修理、钣金修理和喷漆等一项或多项农机专项维修的业户。

(五)报废

报废是指农机装备的技术状态或经济性等原因不宜进行修理后继续使用,必须退出服役的技术措施。

1. 拖拉机报废条件

国家规定,具有下列条件之一的拖拉机报废:

(1)使用年限:履带拖拉机超过 12 年(或累计作业超过 1.5 万小时);大、中型轮式拖拉机超过 15 年(或累计作业超过 1.8 万小时);小型拖拉机超过 10 年(或累计作业超过 1.5 万小时)的。

(2)严重损坏,无法修复的。

(3)在标定工况下,燃油消耗率上升幅度大于出厂标定值20%的。

(4)大、中型拖拉机发动机有效功率或动力输出轴功率降低值大于出厂标定值 15%的。小型拖拉机发动机有效功率降低值大于出厂标定值 15%的。

(5)预计大修费用大于同类新机价 50%的。

(6)未达报废年限,但技术状况差且无配件来源的。

(7)国家明令淘汰的。

2.联合收割机报废条件

国家规定,具有下列条件之一的联合收割机报废:

(1)使用年限:自走式超过 12 年;悬挂式超过 10 年。

(2)造成严重损坏无法修复的。

(3)评估大修费用大于同种新产品价格 50%的。

(4)国家明令淘汰的。

六、农机维修配件选购

农机维修配件质量的优劣不仅影响修理质量,而且直接关系到农机作业的安全和效益。目前我国农机维修以换件为主,配件使用量大,而农机维修配件市场鱼龙混杂,配件质量良莠不齐,假冒伪劣产品屡禁不止,因此,农机维修人员应熟悉机械常识、构造原理,掌握正确的选购方法,不断提高对劣质产品的识别能力,同时应了解农机产品质量投诉等相关法律法规,维护自身的合法权益。

(一)农机配件选购要点

1.正规店选购

即到原机生产厂或特约维修站及农机公司等有一定经营规

模、信誉好的农机配件经销店，选购原厂正品配件和整机配套厂生产的零配件。原厂配件无论在材料、尺寸和质量上都与农机有着最佳的匹配性，而且有完善的售后服务。

2. 摘记数据

在选购配件之前，根据产品说明书及零件图册等技术文件，摘记配件名称、型号、商标、单台数量、技术要求（如材料、尺寸、公差、机械强度及连接方式等）资料，以便购买时对照参考。要注意区别不同年代生产的配件规格差异，如新、老机型的同一种零件外形虽然相似，但只要编号改了，其参数就有变化。一定要弄清型号、生产年份，同时也要掌握选购配件的性能和参数。

3. 检查标识

法定标识主要有产品质量检验合格证，中文标明的产品名称、生产厂名和厂址，产品规格型号、等级和注册商标等。检查商标是否清楚、图案是否清晰、色彩是否鲜艳，厂名、厂址、等级和防伪标记是否真实。正规厂商在零配件表面有硬印或化学印记的商标，并注明了零件的编号、型号、出厂日期，一般采用自动打印技术，字母排列整齐，字迹清楚，小厂和小作坊一般是做不到的。还要注意识别不同厂家配件的特殊标记，如无锡威孚油泵油嘴厂的防伪标记是两台油泵试验台，且防伪标记是一次性的。洛阳拖拉机厂、青海油泵油嘴厂生产的柱塞呈黑色；兰州油泵油嘴厂生产的柱塞、油阀上都有一个弧形的退刀细印。

4. 检查包装

农机零配件如发动机配件的互换性很强，精度很高，为了能较长时间存放、不变质、不锈蚀，在出厂前用低度酸性油脂涂抹。正规的生产厂家，对包装盒的要求也十分严格，在箱、盒大都采用防伪标记，常用的有镭射、条形码、暗印等。国产农机配件有正厂配件、副厂配件；进口农机和中外合资厂生产的农机配件，除正厂配件、副厂配件外，还有国产配件。这些配件的共同特点是包装规范、有配件商标图案、零件号标注清楚。包装盒上有生产厂名、厂址、零件名称、零件编号，包装盒内附有合格证；进口配件有中文说明，有的还有产地、经销点等信息。

5.检查产品说明书

产品说明书是生产厂商进一步向用户宣传产品，一些大型或重要零部件出厂时还配有使用说明书、合格证和检验员印章，选购时应认清，以免购买假冒伪劣产品。

6.检查配件外观

打开包装应认真检查配件的表面，如铸件表面不允许有裂纹、孔眼、缩孔和疏松、夹渣，其加工面应平整、清洁，不应有磕碰、划痕、毛刺和锈蚀；冲压件表面应光滑，不得有皱折、裂纹和锈蚀；磨削加工件表面应光亮如镜，不得有划痕、黑点、碰伤、腐蚀，用放大镜检查时加工面不得有未磨光的部分；焊接件的焊缝厚度均匀整齐，表面无波纹、夹渣和裂纹。一般非配套厂生产的配件外表面粗糙度、尺寸精度、硬度达不到技术要求。由多个零件组成的配件，不允许连接件有松动现象，如油泵柱塞与调节臂，离合器从动鼓与钢片，摩擦片与钢片等，如有松动将影响零件的正常工作。还要特别“以次充好”的配件和“以旧充新”的翻新件。某些经维护换下的总成，可能通过更换简单的零件，外表重新油漆，充当新的配件出售。但只要仔细观察，就可以发现可疑处，如拆卸敲打的痕迹、未油漆处有油污等。

7.索要一票二证

一票即销售发票；二证是指产品合格证和“三包”凭证，这是“农业机械产品修理、更换、退货责任规定”的重要凭证。农机产品实行谁销售谁负责的“三包”原则，即销售者、修理者、生产者均应承担农机产品修理、更换、退货责任和义务。“三包”有效期内产品出现故障，可凭发票及“三包”凭证办理修理、更换、退货手续。

金属零配件保管要点

金属零件应放在阴凉干燥通风处,表面干净,必要时涂油或防护漆,防锈蚀。

* 精密零件:如喷油器偶件等,不用的切勿拆开原包装,要放在通风干燥处保存。用过的,应用清洁的柴油洗去积炭等污物,成对装配好后,放入盛有清洁机油的容器内。

* 轴类零件:表面精加工的部位都应涂上润滑脂后包好,放在干燥通风处保存。传动带、长刀杆件、较长的轴要平放或垂直放置,切忌斜放,以免变形。

* 滑动轴承:如轴瓦、铜套、粉末冶金衬套等应保持油蜡层完好,切忌与其他杂件、工具等混合存放,以免碰撞变形和锈蚀。

* 滚动轴承:暂不使用的切忌拆封,应放干燥通风处保存。用过的轴承应清洗掉油污,除上润滑脂,装入塑料袋或用牛皮纸封好保存。

(二)农机配件质量鉴别

1.假冒伪劣配件常见特征

假冒产品是指使用不真实的厂名、厂址、商标、产品名称、产品标识等从而使用户误以为该产品就是被假冒的产品。伪劣产品是指质量低劣或者失去使用性能的产品。

(1)假。假产品的标识不全,“三无”产品居多。有严重的超差和损坏,如配件尺寸、形状或位置超差,或有划痕、开裂、残缺不全以及严重锈蚀等。通常在结构比较简单、加工制造容易的主机和零部件中多见,如旋耕机刀片、粉碎机锤片、筛片等,这些产品在外观、尺寸、油漆色泽等方面相互间差异较大。

(2)冒。冒用正规厂家的注册商标、合格证和包装。这类产品在选材、加工工艺上偷工减料,如不按技术要求进行切削加工、热处理以及未按正确的方法进行连接等。这种情况主要发生在农机具的零配件当中,如柴油机的连杆、曲轴、喷油嘴等。因此,用户在选购时,不要只看包装而要看产品的技术文件和产品的外观、色泽,必要时,索要产品鉴定证书,也可以拿一个样品,做一下对比试验。

(3)伪。伪造商标、合格证和包装,用廉价的、易加工的材料代替原设计要求的材料,以次充好,以假充真,最常见的有用普通灰铸铁代替优质铸铁、铸钢、优质钢以及粉末冶金材料。

(4)劣。劣质配件是指配件在材料上存在缺陷,这些缺陷往往会影响配件的强度以及其他配件的配合关系。如铸件有严重的气孔、缩孔和裂纹等。

假冒伪劣农机配件之所以有市场,一是农机生产企业售后服务能力弱,不能及时提供维修配件。二是为获取高额利润,生产者减少生产成本,降低工艺标准,采用低劣材料加工配件或旧物翻新,以次充好、以假乱真或劣品优销;经营者通常以假标志、假包装、假证书、假广告等形式,甚至打着“名牌产品”、“专卖”或“特约经销”的牌子,采取“示真隐假暗中卖、真有一起卖、假品真价卖”等手段,欺骗诱惑用户。三是用户缺乏辨别能力或者是贪图便宜而吃亏上当。

2.配件质量鉴别方法

常用农机配件质量鉴别方法主要有目测法、触摸法、听声法、查询法、简单测试法、价格判断法和精确判断法。

(1)目测法。指通过眼睛来观察配件本身及附属物是否合格的方法。主要是通过检查配件的标识、包装、外观、使用说明书“三包”凭证等判断其真伪。如在观察金属配件切削加工面时,钢制件有较亮的光泽(但铸钢略暗),组织细密,磨削或铰削的表面亮如镜面;铬钢的磨削面常见细小的亮斑;灰口铸铁呈灰色,光泽很暗,表面看来较粗糙;球墨铸铁灰色,光泽较灰铁亮,表面粗糙程度似灰铁;铁基粉末冶金呈银灰色,组织细密,其光泽在钢、铁之间。

目测法的优点是比较直接，简便易行，对部分农机配件可以直接进行判断。如仿制较差的假冒产品，外观质量明显差的产品，从外观观察可以很容易进行判断；缺点是只看表面不能了解实质，有可能被表面现象所迷惑，尤其是一些仿制较好的假冒产品、外观质量区别不大的产品，仅靠外观观察就不能准确判断。因此，目测法是对要选购的配件有一个总体的了解，特别是从说明书和有关随机文件中，可以了解生产者的质量承诺，出现问题便于解决。目测法是判断假冒伪劣农机配件首选，也是最常用的方法。当目测法无法准确进行假冒伪劣产品的判断时，应结合其他方法进行判断。

(2)触摸法。指通过手直接触摸农机配件加工表面，以判断其质量的方法。触摸法可以判断机加工表面的粗糙度，一般机加工表面应光滑不刮手，如果刮手，而且手能明显感觉到粗糙，说明粗糙度太大了。如用手触摸钢件的切削加工面时感觉细腻光滑，灰口铸铁可使手染成黑灰色，且不易擦去，球墨铸铁也可使手染黑，但较灰口铸铁铁轻，而钢则不染手(灰尘除外)。如判断等离子淬火的气缸套时，用手伸入内孔触摸，应光滑一致，没有扎手的感觉，硬化带与非硬化带高度差手感分辨应不明显。

触摸法的优点是简便易行，缺点是应用产品范围较窄，对于粗糙度和机加工质量有特殊要求的产品，可以作为其首选的判断方法。

(3)听声法。可悬吊起配件，以受锤或其他金属物敲击，敲击力不要过大，并用耳朵贴近或被试件细听，它们所发出的声响是不同的。灰铁的声音低沉，持续时间极短。球铁的声音清脆，有余音，持续时间较短。钢的声音清亮，余音似细细的铃声，持续时间较长。例如，将一把旋耕刀扔在地上，听到“当”的清脆声说明质量好，声音“闷”说明刀的硬度不够好，听到“嗡”的声音说明刀身有裂纹。听声法简便易行，但需要有一定的经验。

(4)查询法。指购买农机配件产品时,从网上或农机管理部门查询确认配件生产企业的地址、电话、各种证章等信息真实性的判断方法。查询法的优点是通过查询确认信息的真伪,间接地获知产品的质量,上述企业信息及认证标志正确的产品,若是正规企业生产,其质量就有保证。缺点是比较费时,不够便捷,尤其是上网不方便的地区,不便于查询。查询法适用于购买较贵重的配件或是用来判断是否为假冒产品时使用。

(5)简单测试法。指在购买农机配件时,通过借助简单的工量具测试来判断产品质量的方法。用于判断偷工减料的农机配件可采用重量比较法和量尺寸、厚度法,鉴别配件材质可用破坏测试法。

①重量比较法。由于减料的农机配件重量下降,用衡器分别称出样件和被试件质量进行比较,如果两者一致,可视为合格,重量明显轻,肯定是减料的。

②量尺寸、厚度法。部分农机配件的尺寸或厚度有标准要求,可以用直尺测量判断。对于标准没有尺寸、厚度要求的农机配件,可以现场进行测量判断,标准中没有明确规定的,厚度要求不能过薄。如长度、厚度或孔距等超差,当尺寸与要求相差较大时,应放弃购买。

③破坏测试法。有的农机配件产品可进行破坏性试验以判断其质量好坏。例如,在确定购买及经销商方同意承担质量责任后,选择非配合表面用普通锉刀锉削金属配件。由于材质不同,各种金属材料在被锉削时的反应也不同。灰口铸铁的锉削阻力较小,锉削时发出“唰唰”声,锉刀面上基本不粘屑,屑末呈灰黑色,有少量银白亮点,细看颗粒大小不一,以小颗粒细末为主,用手指碾磨,很容易使手指染黑;球墨铸铁的锉削时阻力比灰铁略大,也有较明显的“唰唰”声,极少粘锉,屑末呈灰黑色,有细密的亮点,屑末颗粒大小不等,但以大颗粒为主,用手指碾磨屑末可使手指染黑,但较灰铁染黑程度轻;白口铸铁锉削时发出响亮的“咯咯”声,无屑末,

被锉处只见光亮,不见锉痕,锉刀面上可出现划痕。钢制件多数经过热处理,表面较硬,锉时也发出“呼呼”声,但较锉削白口铁时发声轻得多,被锉面光亮,锉削后,锉刀后粘有少量屑末,呈亮灰色,颗粒较均匀,手碾不染指。低碳钢在被锉削时发声很小,且有绵软感,下屑容易,被锉面留有较明显锉痕。铜件在锉削时,最明显的特征是锉刀易打滑,屑末易粘锉,被锉面呈明亮的铜黄色或铜红色。铝件锉削非常容易,下屑多而快,锉面呈灰白色或银白色,粘锉很重且不易刷掉。铁基粉末冶金的锉削阻力较小,手感同低碳钢,声音似灰铁,不粘锉,屑末颗粒类似球铁,颜色偏黑且染指,便较球铁略轻。

简单测试法的优点是能够比较准确地判断产品质量,缺点是必须具备相应产品的知识,针对产品的特点采取测试方法。简单测试法中的一些方法可以为一般用户购买时判断质量,如重量法、量尺寸、厚度法等,而破坏测试法必须事前征得经销商方同意后再进行测试。

(6)价格判断法。指通过在市场上比较同类型产品的价格来判断质量优劣的方法。假冒伪劣产品一般采用各种手段降低成本,牺牲产品质量,以低的价格销售,来迎合购买者买便宜货的心理。因此,应对选购农机配件的市场价格有个大致了解,一般低于市场价格20%以上的产品,则有假冒伪劣产品的嫌疑。但是价格受多种因素影响,不排除促销、以次充好出售等因素,若价格相差太大则要提高警惕,“一分钱一分货”,把配件低价卖给你肯定是有原因的。价格比较法可以作为一种辅助判断方法,初步判断农机配件的质量。

(7)精确判断法。即按照产品的相关标准进行关键性能指标的检测,通过检测值与标准值进行比较来精确判断产品质量。精确判断法一般由具有相应检验资质的检验机构进行。其优点是能够准确判断农机配件质量优劣,是否为假冒伪劣产品;缺点是成本太高，仅在大批量购买或是发生质量纠纷时采用。

非金属零配件保管要点

* 橡胶制品。即使是耐油橡胶制品，也应避免沾上油类，应避免曝晒、烘烤、受冻或浸水。

* 塑料制品。保持通风、干燥，远离火源，切勿曝晒或受冻，也不要与金属件混放或碰上酸碱类物质。

* 木质纺织件。放在室内干燥处，防虫鼠、防腐蚀、防霉烂。

(三)常用农机配件选购

(1)柱塞偶件。观察柱塞在柱塞套内活动是否灵活、表面是否有磨损痕迹，然后作滑动性试验：用手指拿住清洗后的柱塞套，倾斜 45°，轻轻抽出柱塞约 1/3，然后松开，柱塞应在自身重量下自由下滑落在柱塞套支撑面上，再将柱塞抽出，转动任何角度，用同样办法试验，结果应该相同。密封性实验：用一个手指堵住柱塞套的进油口，回油口及导向孔，另一只手拉出柱塞，并将它放在中等或最大供油位置，将柱塞由最下位置往外拉，拉出的距离以柱塞上沿不露出柱塞油孔为限，此时感觉到有明显吸力，松开柱塞时，柱塞能迅速地回到原来的位置。

(2)出油阀偶件。首先检查减压环带、密封锥面有无磨损，然后做滑动性和密封性试验。滑动性试验：拿住在柴油中清洗过的出油阀阀座，并在垂直位置抽出阀体的 1/3，松开阀体应能在自身重量下，自由落在阀座支撑面上，将阀体旋转任意角度，重复上述做法，结果相同为正品。密封性试验：密封锥面，用大拇指和中指拿住出油阀阀座，食指按住出油阀阀体下平面的孔，将出油阀阀体放入阀座中，当减压环带进入阀座时，轻轻按下阀体，若感觉到空气压缩力，松开手时，阀体应能弹出来。

(3)喷油嘴偶件。看外表如果有积炭形成的痕迹或针阀变黑则说明已经用过,在油嘴试验器上检查,在规定压力下喷油嘴喷油开始和终了应明显,不允许有滴油现象,喷油时应伴有清脆的声音,喷出的油束应均匀呈雾状,不应有明显的飞滴和浓淡不均的现象。

(4)滤清器。合格的滤清器滤纸微孔间隙为 0.04～0.08 毫米,滤纸排列有序,质硬坚挺,吸油后不变形;滤芯的中心管材料为优质钢,管上网孔大小适中,经得起油压力,不易变形。若滤纸较软,装排无序,网孔大小不一,滤纸与上下接盘接不牢,说明质量不佳。

(5)活塞环。合格件表面精细光洁,无制造缺陷,无扭曲变形、弹性好,用断茬的钢锯条划活塞环的棱角时,环的棱角无破损现象;若活塞环无弹性,表面粗糙,棱角有破损,则说明活塞环质量差。

(6)V 带。合格的 V 带表面光滑,接头胶接无缝外缘表面有清晰的商标、规格及厂家名称等标识,同一型号的 V 带长度应一致。若 V 带外观粗糙,胶接头不平或开口,边缘有帘线头露出,无标识或标识字迹模糊及各 V 带间长短不一,则为伪劣品。

(7)V 带轮。合格的 V 带轮表面无气孔、裂纹,带槽光滑,V 带、扣住带槽时,V 带略高出槽口且 V 带底部不与槽底接触,若发现轮槽气孔等缺陷或槽面形状与合格的 V 带不配套等现象,则为劣质件。

(8)链条。农机商品链条都涂有防锈油,附有合格证,连接板光滑、无毛边,圆柱销两端铆痕均匀,部分连接板上印有牌号。将链条摆在玻璃板上(销轴垂直),用两个手指夹住链条中部慢慢上提,当链条两头开始离开玻璃面时,停止上提,这时链条中部离玻璃板应在规定的最大范围内,否则说明间隙过大。

(9)齿轮。合格的齿轮包装应完好,齿面应光滑无切削痕迹、无毛刺并涂有防锈油(或打蜡),齿轮侧面一般都有代号。用断茬钢锯条划齿轮的工作面,应无划痕或仅有较细的划痕。若齿轮面有毛刺、切痕或锈蚀，挫划时有屑末和划痕（硬度不足），则质量较差。

（10）油封。合格的橡胶油封表面应平整光滑，无缺损变形，侧面有代号、规格及生产厂家等标识，油封的圆周刃口形状、厚度应一致，与配套件试装时，刃口在轴颈上应严密贴合；带骨架的油封形状应端正，端面呈正圆形，能与平板玻璃表面贴合无挠曲；无骨架油封外缘应端正，手握使其变形，松手后能恢复原状；带弹簧的油封弹簧应无锈蚀、无变形，弹簧紧扣在刃口内无松弛，若油封有外形不正、缺损，弹性减弱，刃口厚薄不均，弹簧锈蚀等现象，说明质量不合格。

（11）螺纹件。合格品外表面应光洁无锈蚀，螺纹无缺陷、连续，无毛刺，无裂纹。将被试件与标准配件旋合在一起，应能旋到终端，且在旋进过程中无卡滞现象。旋合后扳动连接件应无晃动和撞击声，若螺纹件有锈蚀、裂纹或毛刺等缺陷，旋合后扳动连接件会晃动，则为劣质品。

（12）滚动轴承。合格的滚珠轴承是用优质轴承钢制成，其内外环及保持架在擦去防锈油后外观应光亮如镜，手摸时应如玻璃般平滑细腻。轴承外环端面上应刻有代号、产地及出厂日期等标识，且清晰显眼，保持架间的铆钉铆接应均匀，铆钉头形状端正。检查轴承转动时，用手指套住轴承内圈，在外圈做一记号，多次随意转动轴承，每次记号停止位置不同者为正品。两手分别捏住内外环，使之在径向和轴向上做相对移动，应无间隙感，较大的轴承方可感觉出间隙，但应无金属撞击声。在完成上述检查并决定购买后，可进行硬度试验（与商家先商定好，如硬度不符合要求则退货）。用锉刀或断茬钢锯条去锉划轴承内外环，应发出“咯咯”声且无屑、无划痕或仅有不明显的细痕。若轴承标识模糊、外观无光泽、晃动有间隙打拨外环时外环在同一位置停旋、锉划时有屑末或划痕以及保持架有锈渍等，说明轴承质量不合格。

(13)轮胎。合格的轮胎外胎两侧面都有商标、型号、规格、层数和帘线材料等标识,且清晰、醒目,有的还印有生产号和盖有检验合格章;内胎表面应光洁有亮度,手握有弹性。若外胎表面标识不全或模糊,内胎无光泽,胎体薄且厚度不均,手握无弹性,则为次品。

第2章　农机维修基本技能

农机维修作业是一项技术性很强的工作。农机维修人员必备的基本技能主要包括常用工具、量具、钳工、黏接、焊修、喷漆等使用操作技术。

一、常用工具使用

农机维修常用工具主要有手动工具、电动工具和气动工具。

(一)手动工具

手动工具主要包括扳手、钳子、螺丝刀、锤子、千斤顶、扭力扳手、拉拔器、台虎钳和手链葫芦等。

1. 扳手

扳手主要用来紧固和拆卸螺栓、螺母或带有螺纹的零部件。常用扳手种类,如图 2-1 所示。

(1)开口扳手。开口扳手两端均为“U”形钳口,开口宽度是固定的,其大小与螺母或螺钉头部的对边距离相适应,如图 2-1 所示。开口扳手的钳口与手柄存在一定的角度,这样可以通过反转开口扳手来增加适用空间,开口扳手主要适用于无法使用套筒扳手和梅花扳手操作的位置。

选择开口扳手时,要根据螺栓头部的尺寸来确定合适的型号,并确保钳口与螺栓头部配合无间隙,才能进行操作。防止松动打滑,损坏扳手或螺栓。紧固燃油管、空调管路等的螺栓时,为防止零件相对转动,需要用两个开口扳手配合使用,一个扳手固定一端

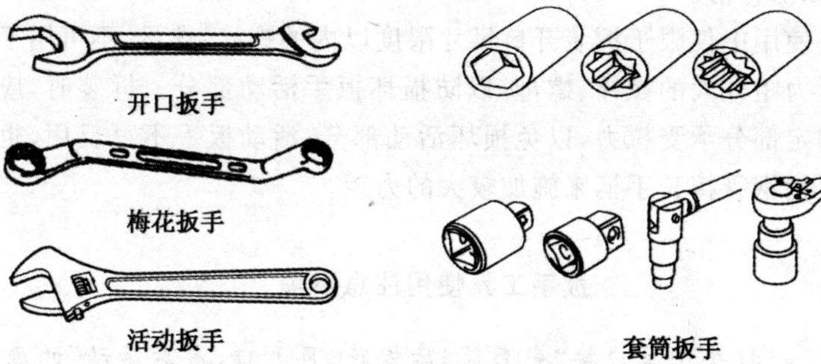

图 2-1　扳手工具

螺栓,另一个扳手紧固或拆卸另一端螺栓。

(2)梅花扳手。梅花扳手两端呈花环状,其内孔是由两个正六边形相互同心错开 30°而成。使用时,扳动 30°后,即可换位再套,多数梅花扳手有弯头,弯头角度为 10°～45°,因而梅花扳手适用于狭窄或凹陷的位置使用。使用时,一定要确保扳手和螺栓的尺寸及形状完全配合,否则会因打滑而造成螺栓损坏和人身伤害。

(3)套筒扳手。套筒扳手是拆卸螺栓最方便且安全的工具,由多个带六角孔或十二角孔的套筒并配有手柄、接杆等多种附件组成。使用套筒扳手不易损坏螺母的棱角,使用方便,工作效率较高。使用时根据螺栓螺母尺寸选择合适的套筒,配合手柄使用,并根据需要连接长接杆或短接杆。用棘轮手柄扳转时,不能拆装过紧的螺栓螺母,以免损坏棘轮手柄。

(4)活动扳手。活动扳手又叫活络扳手,其开口宽度可以调节,能拆装一定尺寸范围内的螺栓或螺母,对不规则的螺栓、螺母,更能发挥作用。活动扳手是用来紧固和拧松螺母的一种专用工具。拆装大螺母时,手应握在接近手柄尾处;拆装较小的螺母时,手应握在接近头部的位置。施力时手指可随时旋调蜗轮,收紧扳唇,以防打滑。

使用中仅限于拆装开口尺寸限度以内的螺栓、螺母,不可用于拧紧力矩较大的螺栓、螺母,以防损坏扳手活动部分。拆装时,应使固定部分承受拉力,以免损坏活动部分;活动扳手不可反用,也不可用钢管接长手柄来施加较大的力矩。

扳手工具使用注意事项

* 扳手工具应按"先套筒、后梅花、再开口、最后活动"的原则选用。

* 使用扳手时,用力方向应朝向自己,防止滑脱而造成受伤。

* 禁止将扳手当撬棍使用。

* 禁止在扳手上加长管增加力矩或锤击,以免损坏扳手或损伤螺栓螺。

* 严禁使用带有裂纹和内孔已经严重磨损的扳手。

2. 钳子

钳子主要用于弯曲或切断小的金属材料,夹持扁形或圆形零件等。常用钳子种类,如图 2-2 所示。

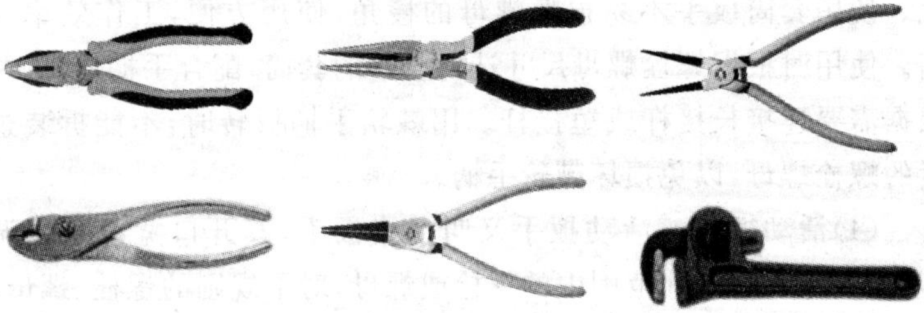

图 2-2　钳子

钢丝钳是最常见的一种钳子，用来切断金属丝或夹持零件，当用于切断较硬的金属丝时，禁止使用锤子击打钳体来增加切削力，防止损坏钢丝钳。

鲤鱼钳主要用于夹持、弯曲和扭转工件。鲤鱼钳手柄一般较长，可通过改变支点上槽孔的位置来调节钳口张开的程度。

尖嘴钳钳口细长，适合在狭窄空间使用，严禁对钳口施加过大的压力，以防止钳口扁形。

卡簧钳是专门用来拆卸和安装卡簧的工具。根据使用范围不同，卡簧钳可分为轴用和孔用两种，这两种卡簧钳均有直嘴和弯嘴两种结构。轴用卡簧钳可用于将卡簧张开，以便将卡簧从轴上拆下，孔用卡簧钳可以将卡簧收缩，以便将卡簧从轴孔内取出。在拆装卡簧时，可先使用卡簧钳将卡簧旋转后进行拆卸，避免因工件生锈而增加操作难度。

管钳主要用于拆装管状零件，管钳的头部有活动钳口和固定钳口两部分，活动钳口可根据使用情况进行调整。管钳使用时要选择合适的规格，钳头卡紧工件后再用力扳，防止打滑伤人。用加力杆时，长度要适当，不能用力过猛，防止过载损坏。管钳牙和调节环要保持清洁，不能作为锤头敲击。

此处，还有用于拆装发动机活塞环的活塞环拆装钳，如图 2-3 所示。使用时，将拆装钳上的环卡卡住活塞环开口，握住手把稍稍均匀地用力，使拆装钳手把慢慢地收缩，环卡将活塞环徐徐地张开，使活塞环能从活塞环槽中取出或装入。使用活塞环拆装钳拆装活塞环时，用力必须均匀，避免用力过猛而导致活塞环折断，同时能避免伤手事故。

3. 螺丝刀

螺丝刀常用的是一字形和十字形两种。一字螺丝刀主要用于拆装一字槽的螺钉等；十字螺丝刀专用于拆装十字槽的螺钉。选用螺丝刀时，应先保证螺丝刀头部的尺寸与螺钉的槽部形状完全配合，选用不当会损坏螺丝刀。

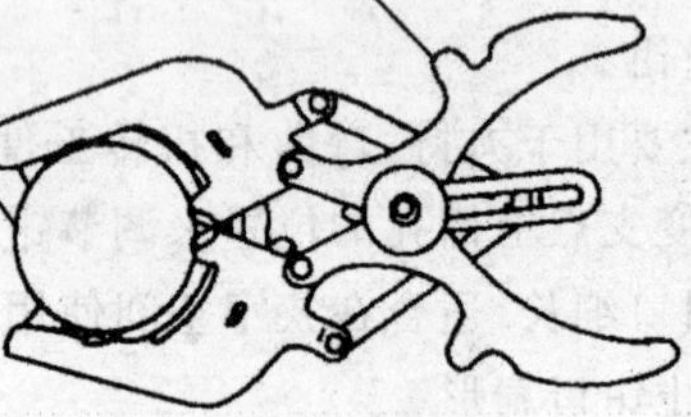

图 2-3　活塞环拆装钳

使用螺丝刀时，应右手握住螺丝刀，手心抵住柄端，螺丝刀与螺钉的轴心必须保持同轴，压紧后用手腕扭转，拆卸时螺钉松动后用手心轻压螺丝刀，并用拇指、食指、中指快速旋转手柄。使用较长螺丝刀时，可用右手压紧和转动螺丝刀柄，左手握在螺丝刀柄中部，防止螺丝刀滑脱，以保证安全。

在使用过程中，要尽量避免将螺丝刀当撬棒，否则会造成螺丝刀的弯曲甚至断裂。禁止将普通螺丝刀当作錾子使用(通心式螺丝刀除外)，否则会造成头部缩进手柄内或断裂和缺口。

4. 锤子

锤子是击打工具，由锤头和锤柄组成。常用的有圆头槌、橡胶锤和尖头锤，如图 2-4 所示。尖头锤也叫检修锤，常用于焊修时敲焊渣和锤击焊缝等。

使用锤子应注意，在使用前检查手柄是否松动，以免头部滑脱而造成事故；清除锤面和手柄上的油污，以防敲击时锤面从工作面上滑下造成伤人和机件损坏。

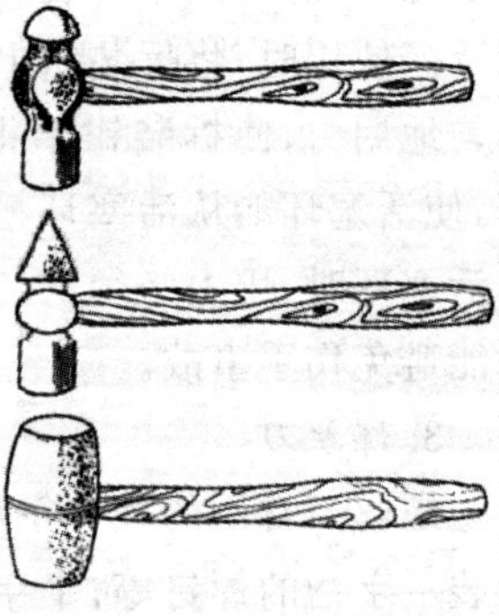

图 2-4　锤子

5. 千斤顶

千斤顶是一种小型举升设备，有液压式千斤顶和机械式千斤顶两种，如图 2-5 所示。

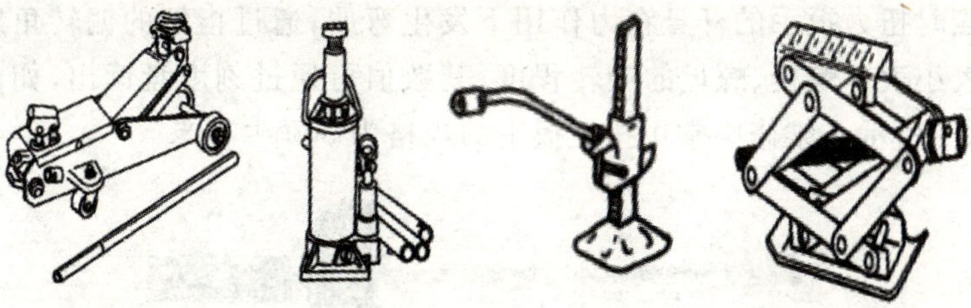

液压式千斤顶　　机械式千斤顶

图 2-5　千斤顶

千斤顶使用注意事项：

(1)使用前必须检查各部分是否正常。

(2)使用时应严格遵守主要参数中的规定，切忌超高超载，否则当起重高度或起重吨位超过规定时，油缸顶部会发生严重漏油。

(3)重物重心要选择适中，合理选择千斤顶的着力点，底面要垫平，同时要考虑到地面软硬条件，是否要衬垫坚韧的木材，放置是否平稳，以免负重下陷或倾斜。

(4)使用摇臂匀速给小活塞施加力，严禁使用猛力压摇臂以免引起泄压，工件落地伤人。

(5)使用时顶升高度不得超过活塞上的红线或活塞高度的 3/4。

(6)泄压的时候必须保证工件能安全着地时才能泄压。

(7)千斤顶不可作为永久支承。如需长时间支承，应在重物下边增加支承部分，以保证千斤顶不受损坏。

6. 扭力扳手

扭力扳手主要用于有规定扭矩值的螺栓和螺母装配，如气缸盖、连杆、曲轴主轴承等处的螺栓。常用的扭力扳手有指针式和预置力式两种。

(1)指针式扭力扳手。其结构简单,有一个刻度盘,当紧固螺栓时扭力扳手的杆身在力作用下发生弯曲,通过指针的偏转角度大小表示螺栓、螺母的旋转程度,其数值可通过刻度盘读出,如图2-6所示。维修中常用扭矩扳手的规格为300牛·米。

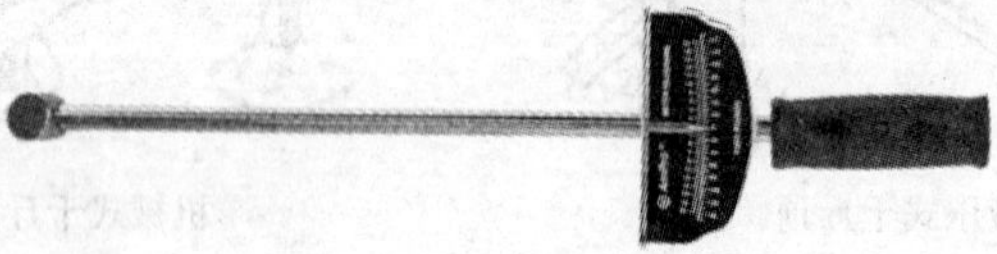

图 2-6 指针式扭力扳手

使用指针式扭力扳手时,应注意左手在握住扳手与套筒连接处时不要碰到指针杆,否则会造成读数不准。

(2)预置力式扭力扳手。可通过旋转手柄预先调整设定扭矩,达到设定扭矩时,扳手会发出警告声响以提示用户,如图2-7所示。当听到"卡塔"声响后,立即停止旋力以保证扭矩正确,当扳手设在较低扭力值时,警告声可能很小,所以应特别注意。

图 2-7 预置力式扭力扳手

此外,还有数显扭力扳手,如图2-8所示。当施加的扭矩达到设定值时,扳手会发出"卡塔"声响,通过数字显示屏提示使用者,扭矩设定通过按键和数字显示屏完成,比非数显扭力扳手更方便更易于操作。

7. 拉拔器

拉拔器主要用于轴承、带轮、齿轮等过盈配合件的拆卸,有两

图 2-8　数显扭力扳手

爪和三爪两种，如图 2-9 所示。使用拉拔器拆卸不会破坏工件配合性质和工作表面，如拆卸曲轴皮带轮、齿轮等零件应选用三爪拉拔器，而拆卸轴承等零件最好用两爪拉拔器。使用时，拉臂能抓住所要拆卸的部件，使用扳手旋进中心螺杆，随着中心螺杆的旋入，拉臂上就会产生很大的拉力，直到把部件拆下。

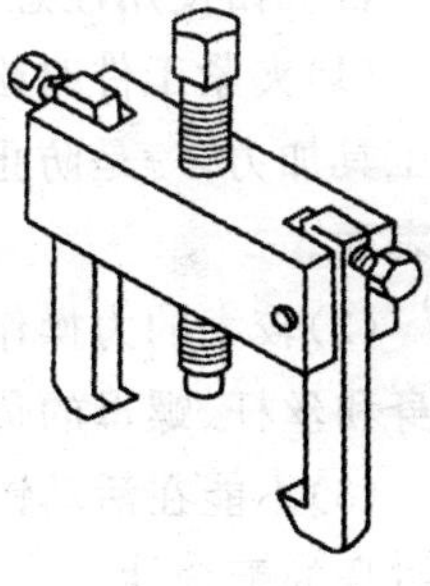

图 2-9　拉拔器

8. 台虎钳

台虎钳是用来夹持工件的夹具，有固定式和回转式两种，如图 2-10 所示。其规格用钳口宽度表示，常用的有 100 毫米、125 毫米、150 毫米等。

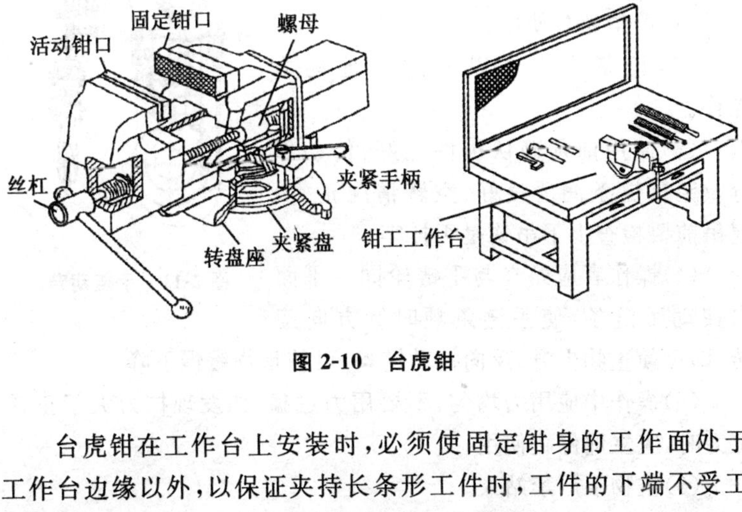

图 2-10　台虎钳

台虎钳在工作台上安装时，必须使固定钳身的工作面处于工作台边缘以外，以保证夹持长条形工件时，工件的下端不受工作台边缘的阻碍。工作台装台虎钳时，为使操作者工作时的高度比较合适，一般多以钳口高度恰好与肘齐平为宜，即肘放在台虎钳最高点半握拳，拳刚好抵下颚，工作台的长度和宽度则随工作而定。

台虎钳使用注意事项：

(1)夹紧工件时松紧要适当，只能用手力拧紧，而不能借用助力工具加力，一是防止丝杆与螺母及钳身受损坏，二是防止夹坏工件表面。

(2)较大的力操作时，受力方向应朝固定钳身，以免增加活动钳身和丝杆、螺母的负荷，影响使用寿命。

(3)不能在活动钳身的光滑平面上敲击作业，以防破坏它与固定钳身的配合性。

(4)丝杆、螺母等活动表面，应经常清洁、润滑，以防生锈。

9. 手链葫芦

手链葫芦是一种使用简单、携带方便的手动起重机械，也称“倒链”，如图 2-11 所示。使用注意事项：

(1)严禁超载使用。

(2)严禁用人力以外的其他动力操作。

(3)使用前须确认机件完好、传动部分及起重链条润滑良好、空转情况正常，起吊前要检查上下吊钩是否挂牢。

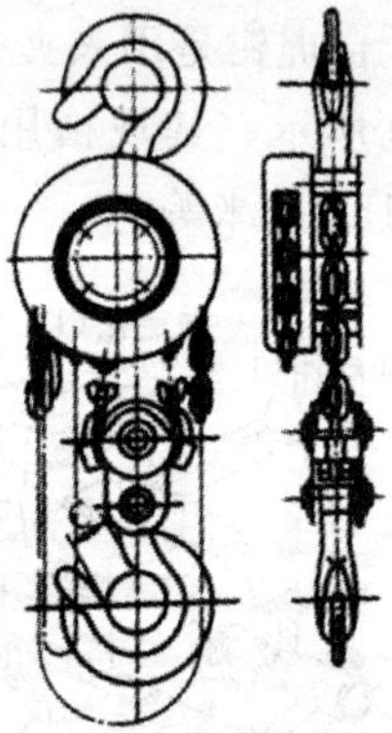

图 2-11　手链葫芦

(4)操作者应站在与手链轮同一平面内拽动手链条，使手链条顺时针方向旋转，即可使重物上升；反向拽动链条，可使重物缓慢下降。

(5)操作中应用力均匀，不要用力过猛，如发现拉力大于正常拉力时，应立即停止使用。

(6)重物下严禁站人。

(二)电动工具

电动工具是指以电动机为动力,通过传动机构驱动工作头进行作业的手持式或可移式的机械化工具。具有携带方便、操作简单、功能多样等特点。农机维修中常用砂轮机、手电钻、砂轮切割机和角向磨光机。

1. 砂轮机

砂轮机主要由电动机、砂轮、机体(机座)、托架和防护罩组成,如图 2-12 所示。砂轮质地较脆,工作转速高,使用时用力不当会发生砂轮碎裂造成人身事故。因此,应严格遵守以下安全操作规程:

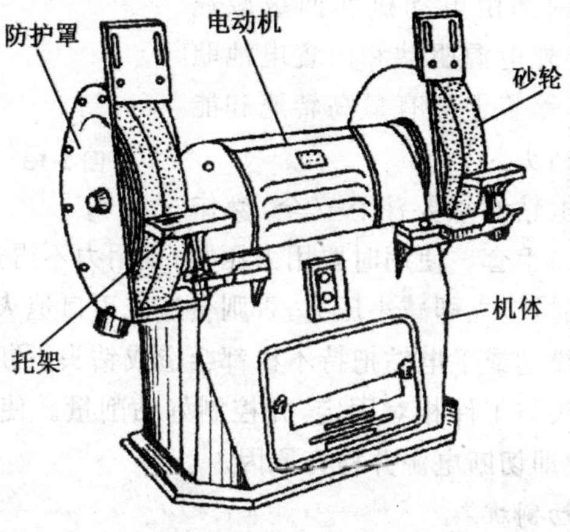

图 2-12　砂轮机

(1)安装砂轮时一定要使砂轮平衡,装好后必须先试转 3～4 分钟,检查砂轮转动是否平稳,有无振动与其他异常现象。砂轮机启动后,应先观察运转情况,待转速正常后方可进行磨削。

(2)砂轮的旋转方向应正确,以使磨屑向下方飞离砂轮。使用砂轮时,要戴好防护眼镜。

(3)磨削时，工作者应站立在砂轮的侧面或斜侧位置，不要站在砂轮的正面。

(4)磨削时不要使工件或刀具对砂轮施加过大压力或撞击，以免砂轮碎裂。

(5)应保持砂轮表面平整，发现砂轮表面严重跳动，应及时修整。

(6)砂轮机的托架与砂轮间的距离一般应保持在3毫米以内，以免发生磨削件轧入而使砂轮破裂。

(7)应定期检查砂轮有无裂纹，两端螺母是否锁紧。

2. 手电钻

手电钻主要用于钻孔，如图 2-13 所示。手电钻内部由电动机和两级减速齿轮组成，有外电源驱动和内置电池驱动两种形式，铭牌上标有最高转速和能使用的最大钻头。

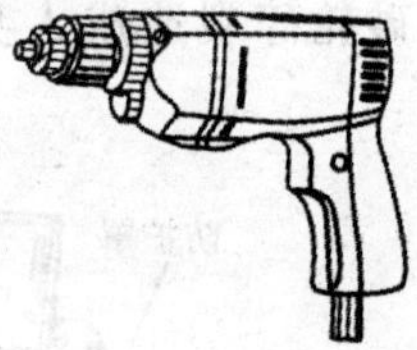

图 2-13　手电钻

使用手电钻必须要注意安全，操作时要戴上绝缘手套。使用时要用力压紧，且用力不得过猛，发现电钻转速降低时，应立即减小压力，否则会造成刃口退火或损坏手电钻。若工件松动或手电钻把持不稳都会造成钻头折断，所以，钻孔时要保持钻头与工件相对固定，并控制好钻削量。使用中电钻突然停转，应立即切断电源并检查原因。

3. 砂轮切割机

砂轮切割机(图 2-14)可对金属方扁管、方扁钢、工字钢、槽型钢、圆管等材料进行切割。

砂轮切割机安全操作注意事项：

(1)使用时严禁戴手套，戴首饰或留长发；严禁切割盛化学品的桶，防止火花发热引燃化学品。

(2)在潮湿地方工作时，必须站在绝缘垫或干燥的木板上进行；切割时操作者必须偏离砂轮片正面，必须戴好护眼镜。

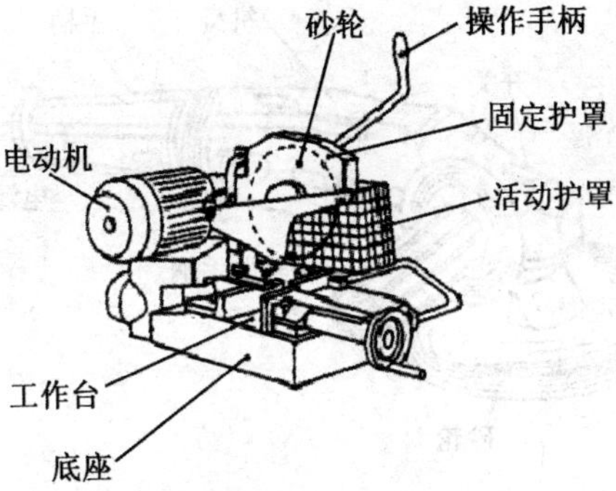

图 2-14　砂轮切割机

(3)严禁在砂轮平面上,修磨工件的毛刺,防止砂轮片碎裂;严禁使用砂轮切割机切割木材、塑料等非金属物品。

(4)使用砂轮切割机应使砂轮旋转方向尽量避开附近的工作人员。

(5)防护罩未到位时不得操作,不得将手放在距锯片 15 厘米以内。不得探身越过或绕过锯机,操作时身体斜侧 45°为宜。

(6)移动式切割机底座上支承轮应齐全完好,安装牢固,转动灵活。安置时应平衡可靠,工作时不得有明显的震动。

4. 角向磨光机

角向磨光机利用高速旋转的薄片砂轮以及橡胶砂轮、钢丝轮等对金属构件进行磨削、除锈、磨光加工,如图 2-15 所示。角磨机适合用来切割、研磨及刷磨金属与石材,作业时不可使用水。

角磨机安全操作注意事项:

(1)带保护眼罩,长发者一定要先把头发扎起。

(2)打开开关之后,要等待砂轮转动稳定后才能工作。

(3)切割方向不能对着人。

(4)连续工作 30 分钟后要停 15 分钟。

(5)不能用手捏住小零件用角向磨机进行加工。

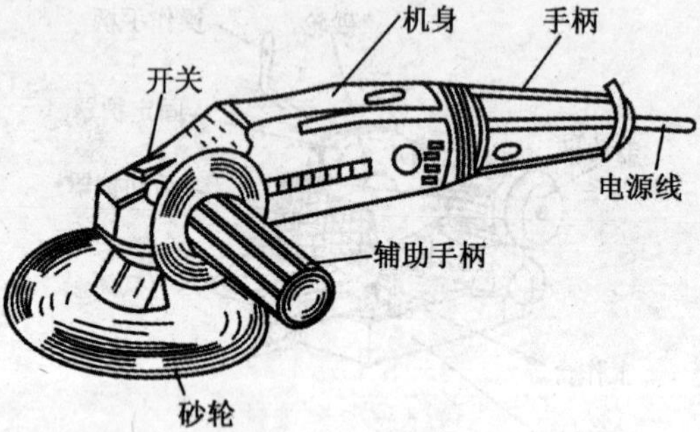

图 2-15　角向磨光机

电动工具安全使用注意事项

＊ 接线应符合标准。要确保电动工具使用的电线或插头完好无损，绝缘层无脱落，无金属丝外露。

＊ 确保工作环境干燥。工作环境干燥无积水，避免电动工具及其连接线与水接触。

＊ 使用三相插头确保插座已连接好保护零线。操作电动工具时最好穿橡胶底鞋。

＊ 通电之前要确保开关处于关闭状态。用设备开关开关电源，不能采用插上或拔下电源插头的方式来代替开关。

＊ 严格按照使用说明书和安全操作规程使用电动工具，并定期对电动工具进行安全检查。

(三)气动工具

气动工具是指以空气压缩机产生的高压空气为动力带动工作头的手持式工具。农机维修中主要有气动扳手、气动螺丝刀、气动研磨机、气动喷枪。空气压缩机还是轮胎充气、清洁零件的气源。

1. 空气压缩机

空气压缩机将驱动机(电动机或柴油机)输出的机械能转化为气体的压力能,为气动系统提供动力,如图 2-16 所示。

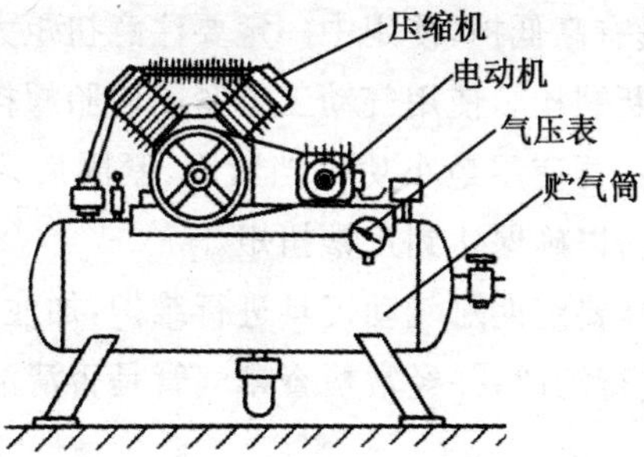

图 2-16　空气压缩机

空气压缩机安全操作规程:

(1)开机前应检查曲轴箱机油是否达到油位标位,检查各部件,紧固螺丝是否松动,检查风扇皮带紧度并调整合适。

(2)压力表、安全阀应保持良好技术状态。安全阀应调整在规定的压力位置,防止空压机超压运行。

(3)开机时注意电机,压缩机的运转是否正常,有无异响,如发现不正常情况应立即停机检查,待运转正常开机后才离开。

(4)定期排放贮气筒的油、水,停机后要切断总电源,并清洁整机。

(5)贮气筒应按规定进行水压试验。

2. 气动扳手

气动扳手是一种用于快速拆装螺栓或螺母的操作工具,工作时噪声较大,俗称风炮。根据所拆卸的螺栓力矩大小不同,所采用的气动工具也不相同,如图 2-17 所示。

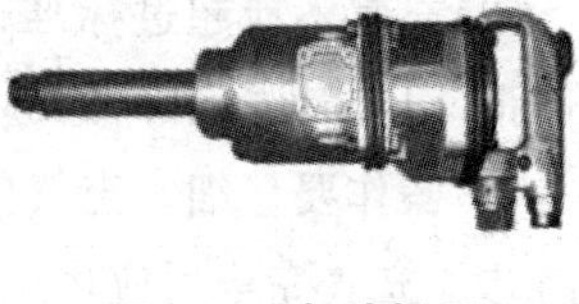

图 2-17　气动扳手

使用气动扳手时，一定要握紧，并站在一个安全舒适且容易施力的位置，用手按动气源开关，在气压作用下，使套筒带动螺栓、螺母自动拧紧或拧松。

气动扳手设有高低挡，使用中一定要注意扭矩大小，如果扭矩过大，可能会拧断螺栓。使用气动工具紧固轮胎螺栓时，要先用手拧上部分螺纹后，再使用最小功率挡紧固，紧固后，要使用专用扭力扳手进行复查，以确保达到正常扭矩。

使用过程中，要定期对气动工具进行维护，加注专用气动工具油为气动扳手进行润滑，并经常检查排气管是否清洁，同时检查外形是否损坏。

3. 轮胎气压表

轮胎气压表是轮胎充气常用工具，如图 2-18 所示。

图 2-18　轮胎气压表

充气注意事项：

(1)检查气门嘴。气门嘴和气门芯如果配合不平整，有凸出凹进的现象及其他缺陷，都不便于充气和量气压。

(2)要充清洁气体。充入的空气不能含有水分和油液，以防内胎橡胶变质损坏。

(3)充气不应超过标准过多。因为超标准过多会促使帘线过分伸张，引起其强度降低，影响轮胎的寿命。

(4)操作要仔细。充气前应将气门嘴上的灰尘擦净，不要松动气门芯。充气完毕后应用肥皂沫抹在气门嘴上，检查是否漏气，如果漏气会产生连续小气泡。而后将气门帽拧紧，防止泥沙进入气门嘴内部。

气动工具安全使用注意事项

* 使用高速旋转的气动工具时，不允许戴围巾、领带及手套，若长发应戴安全帽，以免造成人身伤害。

* 使用前检查空气软管及接头有无漏气及松动。

* 选用合适气动工具，工具过大容易损坏工件，过小容易损坏工具。非气动工具附件一律不得用于气动工具上。

* 使用过程中应轻拿轻放，不得带病作业，更不得抛、扔、摔、砸等。

* 定期检查、保养工具，添加黄油于轴承等转动部位。

* 使用完毕后应及时擦净工具表面污物等，并及时注油保养。

* 对于已不能修复和已到报废期的气动工具，不能继续使用。

二、常用量具使用

农机维修常用量具主要包括钢直尺、厚薄规、游标卡尺、千分尺、百分表、气缸压力表和万用电表等。

(一)钢直尺

钢直尺是最简单的长度量具。钢直尺用于测量零件的长度尺寸，测量时读数误差比较大，只能读出毫米数，即它的最小读数值为 1 毫米，比 1 毫米小的数值，只能估计而得。

如果用钢直尺直接去测量零件的直径尺寸(轴径或孔径)，则测量精度更差。其原因是：除了钢直尺本身的读数误差比较大以外，还由于钢直尺无法正好放在零件直径的正确位置。所以，零件直径尺寸的测量，也可以利用钢直尺和内外卡钳配合起来进行。

(二)厚薄规

厚薄规也称塞尺,主要用来检验结合面之间的间隙大小。由许多层厚薄不一的薄钢片组成,如图 2-19 所示。每个薄钢片具有两个平行的测量平面,且都有厚度标记,以供组合使用。

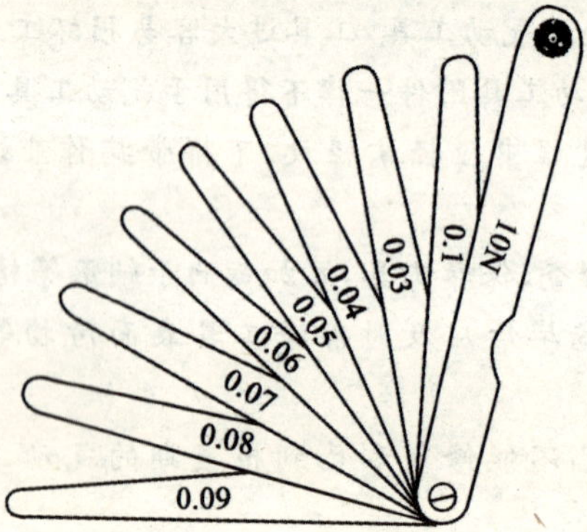

图 2-19 厚薄规(单位:毫米)

测量时,根据结合面间隙的大小,用一片或数片重叠在一起塞进间隙内。例如用 0.03 毫米的一片能插入间隙,来回轻轻抽动钢片,感到有轻微阻力,这说明间隙为 0.03 毫米。

使用厚薄规时要根据结合面的间隙情况选用钢片片数,但片数愈少愈好;由于厚薄规钢片很薄,测量时不能用力太大,以免钢片遭受弯曲和折断;厚薄规用完之后,应及时擦净表面,合到夹板中去,以免损伤薄钢片。

(三)游标卡尺

游标卡尺是一种测量精度较高,如图 2-20 所示。可直接测量工件的外径、内径、宽度、长度、深度尺寸等,其读数精度有 0.1 毫米、0.05 毫米和 0.02 毫米三种。

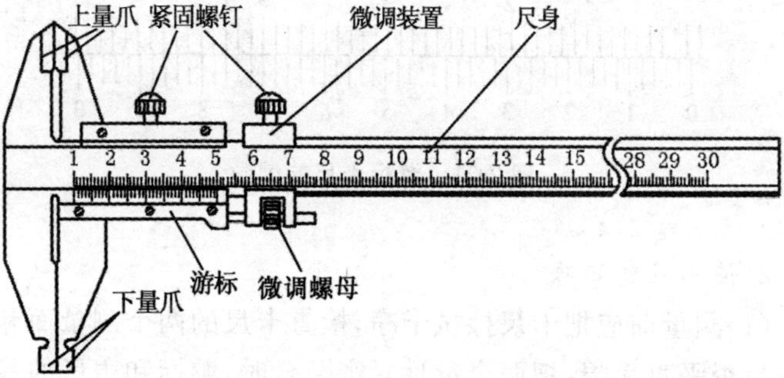

图 2-20　游标卡尺示意图

1. 读数方法

游标卡尺的读数装置，是由尺身和游标两部分组成，当尺框上的活动测量爪与尺身上的固定测量爪贴合时，尺框上游标的"0"刻线与尺身的"0"刻线对齐，此时测量爪之间的距离为零。测量时，需要将尺框向右移动到某一位置，这时活动测量爪与固定测量爪之间的距离，就是被测尺寸。

游标卡尺读数时可分三步：

(1)先读整数。看游标零线的左边，尺身上最靠近的一条刻线的数值，读出被测尺寸的整数部分。

(2)再读小数。看游标零线的右边，数出游标第几条刻线与尺身的刻线对齐，读出被测尺寸的小数部分(即游标卡尺精度值乘其对齐刻线的顺序数)。

(3)得出被测尺寸。把上面两次读数的整数部分和小数部分相加，就是卡尺的所测尺寸。

如图 2-21 所示，游标零线左侧对应的主尺刻线数值为 5 毫米，即被测尺寸的整数部分为 0 毫米；游标尺第 37 条刻线与主尺刻线对齐，即被测尺寸小数部分为 37×0.02＝0.74 毫米；则被测尺寸为 0＋0.74＝0.74 毫米。

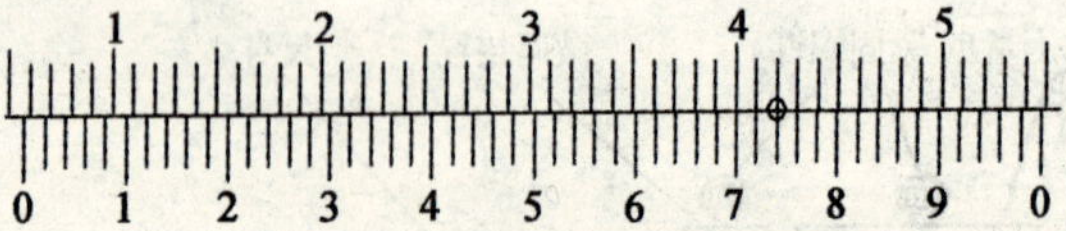

图 2-21 游标卡尺的读数

2.使用注意事项

(1)测量前应把卡尺擦拭干净,检查卡尺的两个测量面和测量刃口是否平直无损,把两个量爪紧密贴合时,游标和主尺的零位刻线要相互对准。这个过程称为校对游标卡尺的零位。

(2)当测量零件的外尺寸时,卡尺两测量面的连线应垂直于被测量表面,不能歪斜。

(3)在游标卡尺上读数时,应使视线尽可能和卡尺的刻线表面垂直,以免由于视线的歪斜造成读数误差。

(4)为了获得正确的测量结果,可以多测量几次。对于较长零件,则应当在全长的各个部位进行测量,务使获得一个比较正确的测量结果。

数显游标卡尺,在测量零件尺寸时,直接用数字显示出来,避免读数误差,使用方便,如图 2-22 所示。

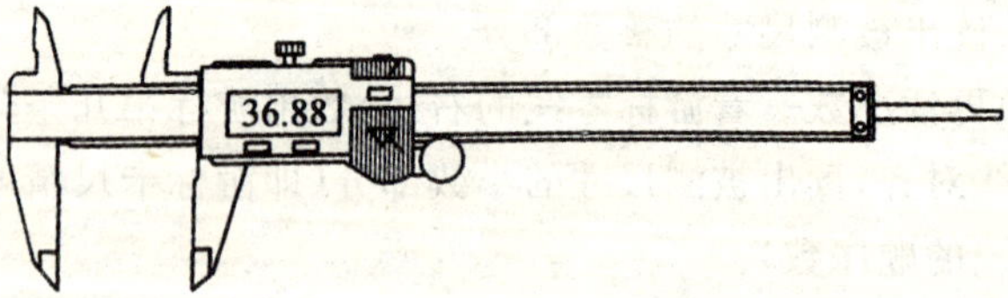

图 2-22 数显游标卡尺

(四)深度尺和高度尺

1.深度尺

深度尺用于测量零件的深度尺寸、台阶高低或槽的深度,如

图 2-23 所示。

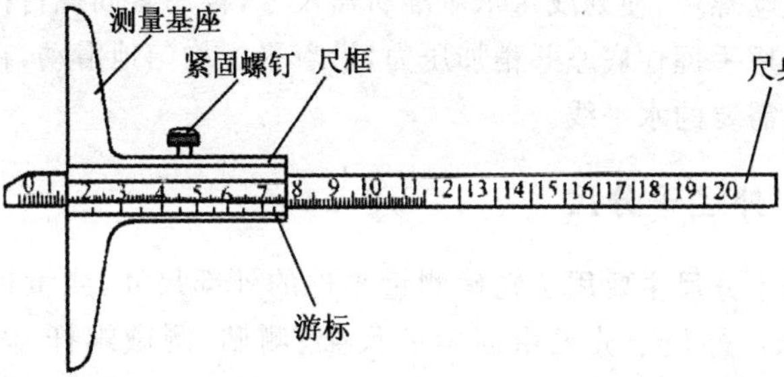

图 2-23　深度尺

深度尺尺框的两个量爪连在一起成为一个带游标测量基座，基座的端面和尺身的端面就是它的两个测量面。如测量内孔深度时应把基座的端面紧靠在被测孔的端面上，使尺身与被测孔的中心线平行，伸入尺身，则尺身端面至基座端面之间的距离，就是被测零件的深度尺寸。其读数方法和游标卡尺相同。

2. 高度尺

高度尺用于测量零件高度和精密划线，如图 2-24 所示。测量时，高度尺应放在平台上，当量爪的测量面与基座的底平面位于同一平面时，主尺与游标的零线相互对准。在测量高度时，量爪测量面的高度，就是被测量零件的高度尺寸，其读数方法和游标卡尺相同。

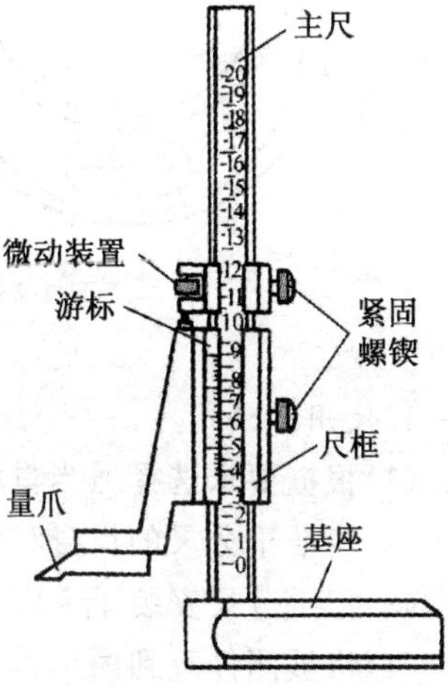

图 2-24　高度尺

用高度尺划线时，要把被测件放置在平板上，移动尺框使划线量爪接近于需要的高度尺寸，在拧紧微动装置上的紧固螺钉，然后旋转微动螺母，使划线量爪对准所需尺寸，再用紧固螺钉把尺框固定好。用手握住底座并稍加压力，沿着平板均匀地滑动，在被测件上划出需要的水平线。

(五)外径千分尺

外径千分尺主要用于精确测量零件的外部尺寸，测量精度是0.01毫米。外径千分尺由固定的尺架、测砧、测微螺杆、固定套管、微分筒、测力装置、锁紧装置等组成，如图2-25所示。固定套管上有一条水平线，即基准线，这条线上、下各有一列间距为1毫米的刻度线，上面的刻度线恰好在下面二相邻刻度线中间。微分筒上的刻度线是将圆周分为50等分的水平线，它是旋转运动的。

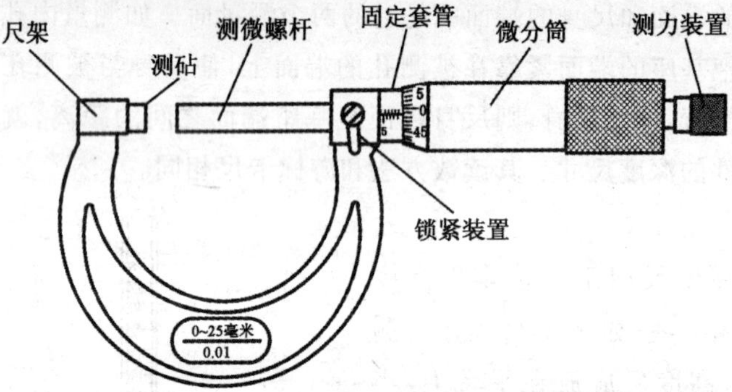

图2-25　外径千分尺

1. 使用方法

(1)根据要求选择适当量程的千分尺。

(2)清洁千分尺的尺身和测砧。

(3)把千分尺安装于卡座上固定好然后校对零线。

(4)将被测件放到两工作面之间，调微分筒，使工作面快接触到被测件后，调测力装置，直到听到三声“咔、咔、咔”时停止。

2. 读数方法

(1)由固定套筒上露出的刻度线读出工件的毫米整数和半毫米数。

(2)看微分筒上哪一条刻线与固定套筒上的基准线对齐，读出小数部分(百分之几毫米)，不足一格的数(千分之几毫米)可用估读法确定。

(3)将两次读数值相加就是工件的测量尺寸。

如图 2-26 所示，微分筒左侧刻度为 5＋0.5＝5.5，读基准线与 46 对齐，就是 46×0.01＝0.46，读数为 5.5＋0.46＝5.96 毫米。

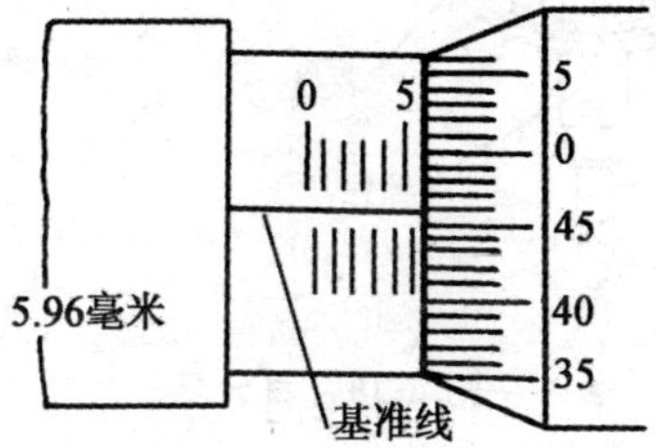

图 2-26　读数方法

数显千分尺，其读数准确，使用方便，如图 2-27 所示。

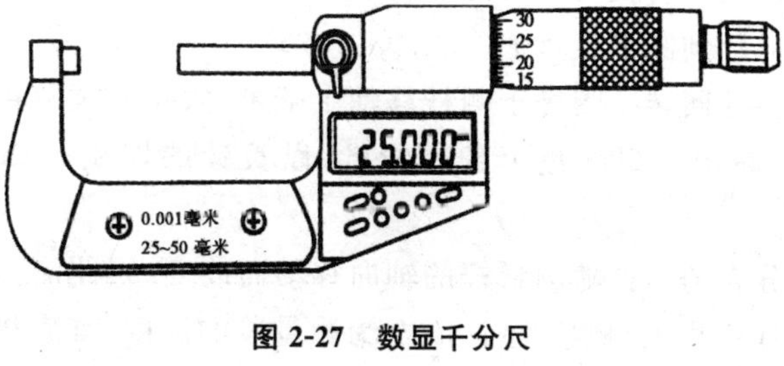

图 2-27　数显千分尺

(六)百分表

百分表主要用于校正零件的安装位置，检验零件的形状精度和相互位置精度，以及测量零件的内径等。百分表由表盘、表圈、测量杆、测量头、主指针、转数指针等组成，如图 2-28 左所示。数显百分表显示精确，读数一目了然，如图 2-28 右所示。

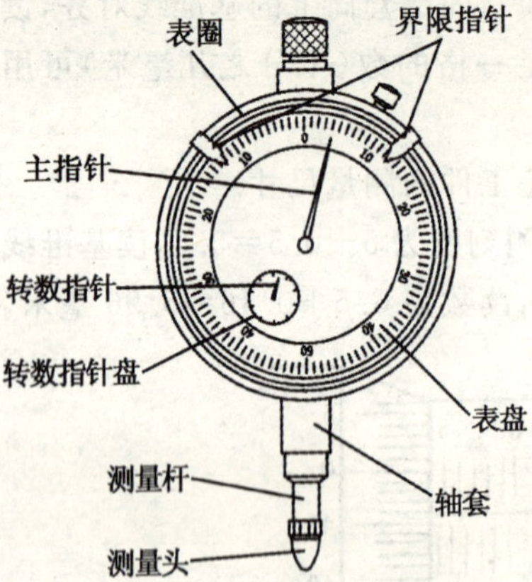

图 2-28　百分表

1. 使用方法

百分表的带有测头的测量杆，对刻度圆盘进行平行直线运动，并把直线运动转变为回转运动传送到长针上，此长针会把测杆的运动量显示到圆形表盘上。

大指针回转一圈等于测杆移动 1 毫米，大指针读数可以精确到 0.01 毫米。刻度盘上的小指针，以长针的回旋一圈为一个刻度。

百分表的指针随测量杆的轴向移动而改变，因此测量时只需读出指针所指的刻度，图 2-29 左为测量段的高度，首先将测头接触到下段，把指针调到"0"位置，然后把测头调到上段，读指针所指示的刻度即为高度值。若长针指到 10，台阶高差是 0.1 毫米。

2. 使用注意事项

(1)测量面和测杆要垂直，如图 2-29 右所示。

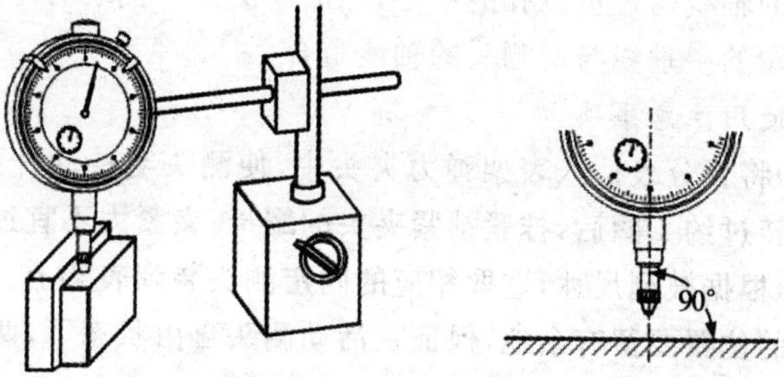

图 2-29　百分表的使用方法和读数

(2)使用规定的支架。

(3)测头要轻轻地接触测量物。

(4)测量圆柱形零件时,测杆轴线与产品直径方向一致。

(七)量缸表

量缸表即内径百分表,是由百分表和带有杠杆传动的表架组成的,如图 2-30 所示。可用比较法测量精度较高的孔径,如测量气缸套内径、圆柱度、圆度,检验主轴瓦、连杆轴瓦的圆度等。

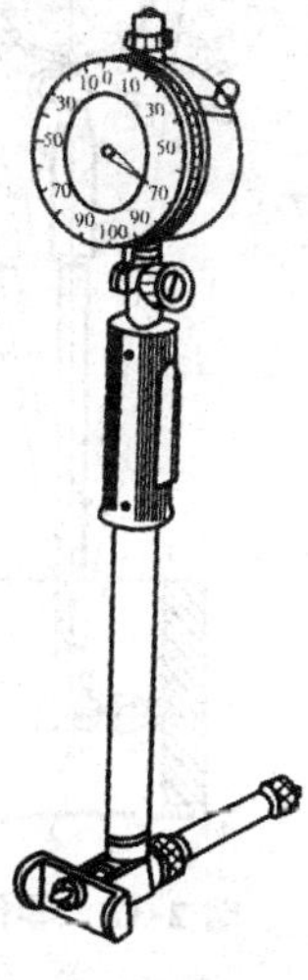

图 2-30　量缸表

1. 读数方法

当表架下端的活动测头被压缩时,通过等臂杠杆(杠杆比为 1∶1 无放大作用),经传动杆推动百分表测杆,在百分表上指示出的数值,就是活动测头的位移量。

表架下端的活动测头与固定测头处在同一轴线上。为了扩大测量范围,固定测头备有若干可换测头,在测头上各自标有测量范围,可按所测尺寸选换或调整其伸出长度。在更换与调整固定测头后,要拧紧测头的锁紧螺母,以免在测量过程中再有变动。为使两测头的轴线通过被测孔的中心，在活动测头一侧装有定位板，定位板两端的中垂线与两测头的轴线重合。

2. 使用注意事项

(1)将百分表插入表架弹力夹头中，使测头与传动杆接触，在大指针转过约 1 圈后，拧紧锁紧夹头的螺母，夹紧力不宜过大。

(2)根据被测尺寸，选取相应的固定测头装到表架上。固定测头调节的位置要留有余地，保证在活动测头自由状态下，两测头间的距离大于被测孔径 1 毫米左右。

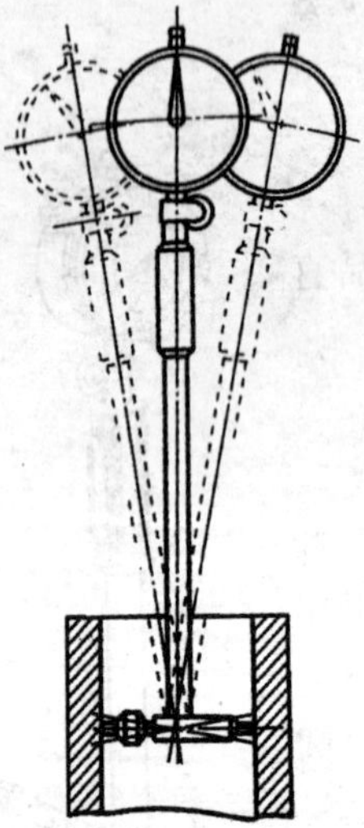

图 2-31 零位调整

(3)用百分表按被测孔的基本尺寸来调整内径百分表的零位。调整时为避免测头在百分表的两测量面间歪斜，应微微来回摆动内径百分表，找出百分表大指针摆动的极限位置（“拐点”，即其最小指示值），如图 2-31 所示。转动百分表表圈，使刻度盘零线对准指针摆动的极限位置。再摆动几次测头，检查零位是否稳定。

(4)使用内径百分表时，手应握在隔热手柄上。当把测头伸入被测孔径时，应将活动测头和定位板稍微压缩，然后使固定测头进入，以免损伤测头。

(5)为得到被测孔的径向平面上的直径，需要将内径百分表微量摆动。在摆动过程中，读取大指针摆动在极限位置时的读数。如果大指针摆动的极限位置在刻度盘上正对零线，说明被测孔径与基本尺寸相同，实际偏差为零。若是大指针摆动的极限位置没有达到或超越了零线，说明被测孔径大于或小于基本尺寸，在刻度盘上可读出对基本尺寸的正偏差或负偏差。

(6)内径百分表使用完毕后，要擦拭干净，卸下固定测头，在用过的测量工作面上涂上防锈油，将表架和所有附件放回专用盒内。

(八)气缸压力表

气缸压力表主要用于检测气缸压力，如图 2-32 所示。检测气缸压力时，需使发动机正常运转，水温达 75℃以上。停机后，拆下空气滤清器，用压缩空气吹净喷油器周围的灰尘和脏物，拆下喷油器上的高压油管和回油管接头，拆下喷油器，并将喷油泵操纵杆置于停油位置，排除气缸内的废气，将带有螺纹接口的气缸压力表接头旋入喷油器座孔内，用起动机带动柴油发动机运转 3～5 秒，转速保持在 500 转/分，气缸压力表指针不再上升为止，此时压力表所指压力值就是该缸压缩压力。为使测得的数据准确，每个气缸测量时，该缸活塞必须运动 3 个压缩行程以上，每缸测量两次以上。

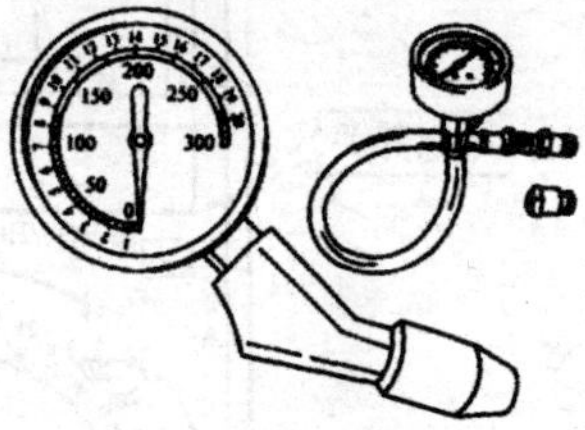

图 2-32　气缸压力表

(九)万用电表

万用电表主要用于电流、电压、电阻以及导线通断性的测试和电子元件的检测。常用的万用电表有数字式和指针式两种。数字式万用电表灵敏度高，准确度高，显示清晰，过载能力强，便于携带，使用更简单，如图 2-33 所示。

1. 使用方法

(1)电压测量。

①将黑表笔插入 COM 端口，红表笔插入 VΩ 端口。

②功能旋转开关打至交流或直流电压挡，并选择合适的量程。

③红表笔探针接触被测电路正端，黑表笔探针接地或接负端，即与被测线路并联。

④读出 LCD 显示屏数字。

(2)电阻测量。

①关掉电路电源。

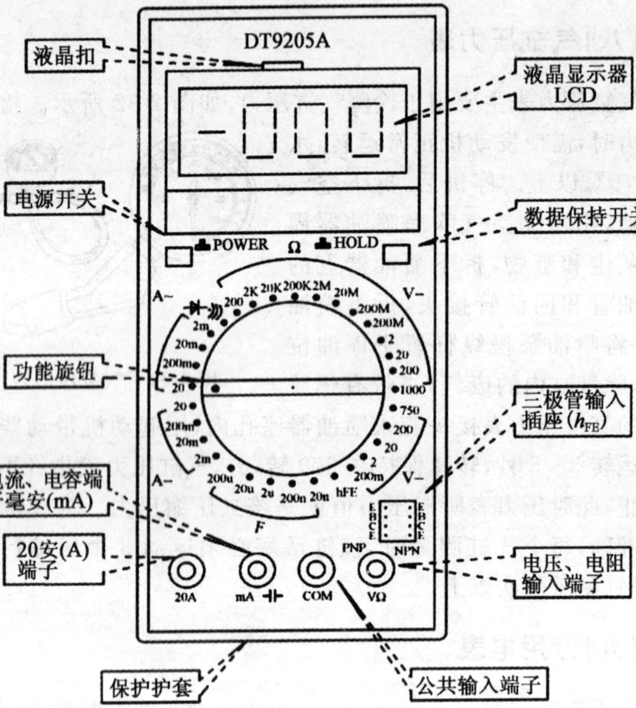

图 2-33　万用电表

②选择电阻挡(欧姆)。

③将黑表笔插入 COM 插口,红表笔插入 VΩ 端口。

④将探头前端跨接在器件两端,或你想测电阻的那部分电路两端。

⑤查看读数,确认测量单位——欧姆(Ω)、千欧(kΩ)或兆欧(MΩ)。

(3)电流测量。

①断开电路。

②黑表笔插入 COM 端口,红表笔插入毫安(mA)或者 20 安

(A)端口。

③功能旋转开关打至电流挡，并选择合适的量程。

④断开被测线路，将数字万用电表串联入被测线路中，被测线路中电流从一端流入红表笔，经万用电表黑表笔流出，再流入被测线路中。

⑤接通电路。

⑥读出 LCD 显示屏数字。

(4)短路检查(判断线路通断)。将转盘打在短路(—▷|—)挡，将黑表笔插入 COM 端口，红表笔插入 VΩ 端口。用两表笔的另一端分别接被测两点，若此两点确实短路，则万用电表中的蜂鸣器发出声响。

2. 使用注意事项

①如果无法预先估计被测电压或电流的大小，则应先拨至最高量程挡测量一次，再视情况逐渐把量程减小到合适位置。测量完毕，应将量程开关拨到最高电压挡，并关闭电源。

②满量程时，仪表仅在最高位显示数字“1”，其他位均消失，这时应选择更高的量程。

③测量电压时，应将数字万用电表与被测电路并联。测电流时应与被测电路串联，测直流量时不必考虑正、负极性。

④当误用交流电压挡去测量直流电压，或者误用直流电压挡去测量交流电时，显示屏将显示“000”，或低位上的数字出现跳动。

⑤禁止在测量高电压(220 伏以上)或大电流(0.5 安以上)时换量程，以防止产生电弧，烧毁开关触点。

⑥在超出 30 伏交流电压均值，42 伏交流电压峰值或 60 伏直流电压时，使用万用电表应请特别留意，该类电压会有电击的危险。

⑦测试电阻、通断性、二极管或电容以前，必须先切断电源，将所有的高压电容放电。

⑧使用测试表笔的探针时，手指应当保持在表笔保护盘的后面。

三、钳工技术

农机维修中常用的钳工技术主要包括锯削、锉削、钻孔、攻丝和套扣等。

(一)锯削

锯削是指利用锯条锯断金属材料(或工件)或在工件上进行切槽的操作。手工锯削用锯弓和锯条。锯弓是用来夹持和拉紧锯条的工具,有可调式和固定式两种,如图 2-34 所示。常用锯条是长 300 毫米、宽 12 毫米、厚 0.8 毫米。

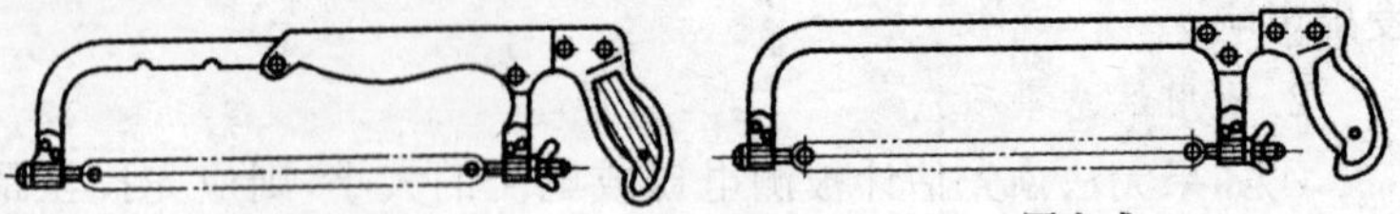

图 2-34　锯弓示意图

锯削操作要点:

(1)夹紧工件。

(2)安装锯条时应锯齿向前,锯条的松紧要适当。

(3)两腿自然站立,身体重心稍微偏于后脚,身体略向前倾,如图 2-35 所示。

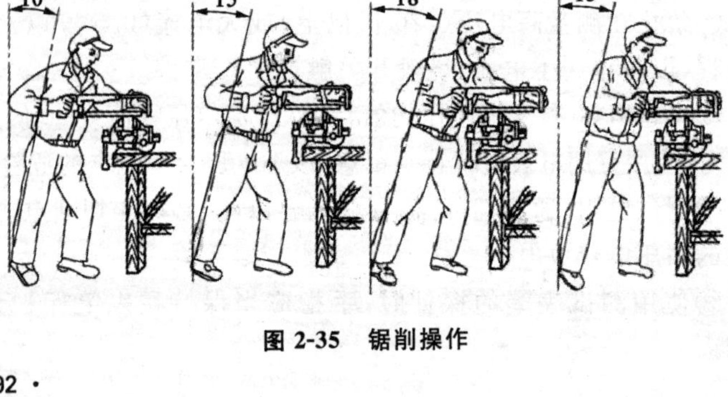

图 2-35　锯削操作

(4)推锯时身体上部稍向前倾,给手锯以适当的压力而完成锯削。拉锯时不切削,锯割时,右手握住手柄向前施加压力,左手轻扶在弓架前端,稍加压力。

(5)锯割到材料快断时,用力要轻,以防碰伤手臂或折断锯条。

(二)锉削

用锉刀对工件表面切削加工的方法称为锉削。锉刀由锉身和锉柄两部分组成。

1.锉削操作要点

(1)工件必须牢固地夹在虎钳钳口的中部,需锉削的表面略高于钳口夹持已加工表面时,应在钳口与工件之间垫以铜片或铝片。

(2)右手推动锉刀并决定推动方向,左手协同右于使锉刀保持平衡。

(3)两腿自然站立,身体重心稍微偏于后脚,略向前倾,膝盖处稍有弯曲,保持自然视线要落在工件的切削部位上。

(4)锉削时右手的压力要随锉刀推动而逐渐增加,左手的压力要随锉刀推动而逐渐减小。回程时不加压力,以减少锉齿的磨损。推出时稍慢,回程时稍快,动作要自然协调。

2.锉削安全注意事项

(1)锉刀必须装柄使用,以免刺伤手腕。松动的锉刀柄应装紧后再用。

(2)不准用嘴吹锉屑,也不要用手清除锉屑。当锉刀堵塞后,应用钢丝刷顺着锉纹方向刷去锉屑。

(3)对铸件上的硬皮或黏砂、锻件上的飞边或毛刺等,应先用砂轮磨去,然后锉削。

(4)锉削时不准用手摸锉过的表面,因手有油污、再锉时打滑。

(5)锉刀不能作橇棒或敲击工件,防止锉刀折断伤人。

(6)放置锉刀时,不要使其露出工作台面,以防锉刀跌落伤脚;也不能把锉刀与锉刀叠放或锉刀与量具叠放。

(三)钻孔

用钻头在实体材料上加工孔叫钻孔。常用的钻床是台式钻床,简称台钻,如图 2-36 所示。

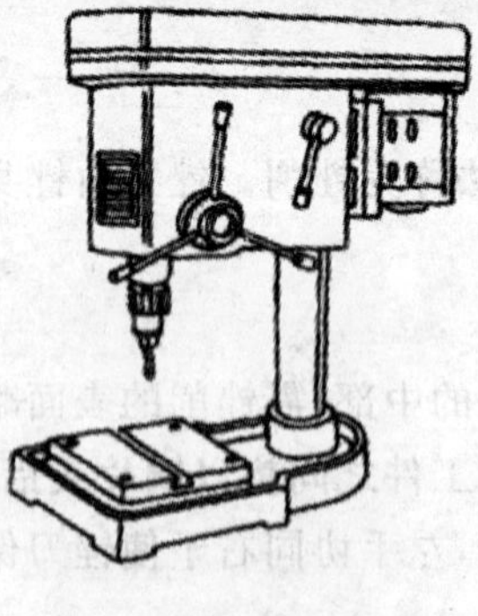

图 2-36　台式钻床

图 2-37　麻花钻

台钻是一种在工作台上作用的小型钻床,其钻孔直径一般在 13 毫米以下台钻小巧灵活,使用方便,结构简单,主要用于加工小型工件上的各种小孔。

钻头是在实体材料上钻削出通孔或盲孔,并能对已有的孔扩孔的刀具。常用的钻头是麻花钻头,如图 2-37 所示。

1. 钻孔操作要点

(1)钻孔前一般先划线,确定孔的中心,在孔中心先用冲头打出较大中心眼儿。

(2)钻孔时应先钻一个浅坑,以判断是否对中。

(3)在钻削过程中,特别钻深孔时,要经常退出钻头以排出切屑和进行冷却,否则可能使切屑堵塞或钻头过热磨损甚至折断,并影响加工质量。

(4)钻通孔时,当孔将被钻透时,进刀量要减小,避免钻头在钻穿时的瞬间抖动,出现“啃刀”现象,影响加工质量,损伤钻头,甚至发生事故。

(5)钻削直径大于 30 毫米的孔应分两次钻削，先选用 0.5～0.7 倍的钻头直径钻底孔，然后再用所需直径钻头扩孔。

(6)钻削时的冷却润滑：钻削钢件时常用机油或乳化液；钻削铝件时常用乳化液或煤油；钻削铸铁时则用煤油。

2.钻孔安全注意事项

(1)操作钻床时不可戴手套，袖口必须扎紧，女工必须戴工作帽。

(2)用钻夹头装夹钻头时要用钻夹头钥匙，不可用扁铁和手锤敲击，以免损坏夹头和影响钻床主轴精度。工件装夹时，必须做好装夹面的清洁工作。

(3)工件必须夹紧，特别在小工件上钻较大直径孔时装夹必须牢固，孔将钻穿时，要尽量减小进给力。在使用过程中，工作台面必须保持清洁。

(4)开动钻床前，应检查是否有钻夹头钥匙或楔铁插在钻轴上。使用前必须先空转试车，在机床各机构都能正常工作时才可操作。

(5)钻孔时不可用手和棉纱头或用嘴吹来清除切屑，必须用毛刷清除，钻出长条切屑时，要用钩子钩断后除去。钻通孔时必须使钻头能通过工作台面上的让刀孔，或在工件下面垫上垫铁，以免钻坏工作台面。钻头用钝后必须及时修磨锋利。

(6)操作者的头部不准与旋转着的主轴靠得太近，停车时应让主轴自然停止，不可用手去刹住，也不能用反转制动。

(7)严禁在开车状态下装拆工件。检验工件和变换主轴转速，必须在停车状况下进行。

(8)清洁钻床或加注润滑油时，必须切断电源。

(四)攻丝和套扣

攻丝和套扣是手工加工螺纹的方法。用丝锥在孔内加工螺纹的操作称为攻丝；用板牙在圆柱杆加工外螺纹的操作称为套扣。

丝锥和板牙攻丝和套扣的专用工具，如图 2-38 所示。丝锥是用来加工较小直径内螺纹的成形刀具，通常 M6～M24 的丝锥一套为两支，称头锥、二锥；M6 以下及 M24 以上一套有三支，即头锥、二锥和三锥；铰扛用来夹持丝锥，常用的是可调式铰扛。板牙相当于一个高硬度螺母，螺孔周围有排屑孔，螺孔两端磨有切削锥，圆板牙应用最广，规格范围为 M0.25～M68 毫米，板牙架用来夹持板牙。

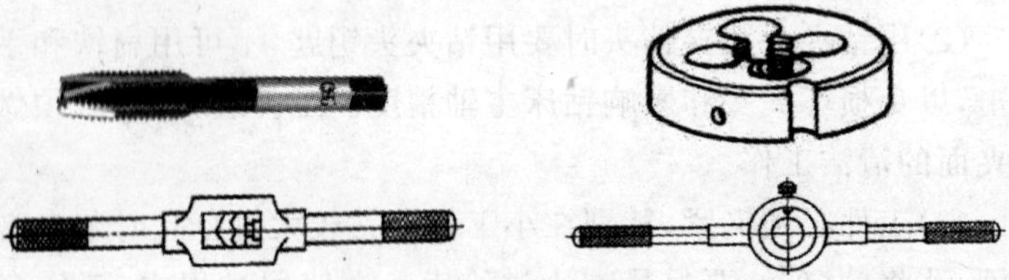

图 2-38　丝锥和板牙

1. 攻丝操作要点

(1)根据查表或计算得出底孔直径，进行钻孔。钻孔直径一定要大于螺丝标准中规定的内螺纹内径，但也不能大得太多，否则攻出的螺牙太浅不能使用。在攻制不通孔的螺纹时，因丝锥起刃部分不能攻出完整螺纹，故钻孔深度应等于需要攻出的螺丝深度加上起刃的长度，起刃长度约等于螺纹外径的 0.7 倍。

(2)在底孔的两端倒 45°角，以便于攻丝时切削。

(3)先用头锥切削。丝锥刚进入孔时，两手用力轻而均匀，使它垂直于工作表面。当丝锥已开始切削时，就不必再施加压力了，用扳手转动丝锥，注意每转一圈或半圈应回转 1/2 或 1/4 圈，以便切断切屑并从孔中排出。

(4)攻不通孔，要经常退出丝锥，排出孔中的切屑，尤其当将要攻到孔底时，更应及时清除积屑，避免丝锥攻入时被轧住。

(5)攻塑性材料的螺孔时，要加煤油或机油等切削液，以减少切削阻力、减少螺孔的表面粗糙度和延长丝锥的使用寿命。

(6)攻螺纹过程中换用丝锥时，要用手将丝锥先旋入已攻出的螺纹中，至不能再旋进时，然后继续用二锥、三锥按上述方法进行攻丝，直至完成。

2. 套扣操作要点

(1)选择直径合适的圆杆。套扣的圆杆直径应略小于螺纹外径，并将端部倒角 15°，以便于起削，否则，会造成套扣歪斜的现象。

(2)垫上软钳口，将圆杆夹正、夹牢。

(3)将板牙装在板牙架上，当板牙套住圆杆后，应垂直于圆杆轴线，即可施加适当压力均匀扭转。套出几个螺纹后，就不需要施加压力，只要旋转板牙，每转一圈或半圈应退回 1/2 或 1/4 圈，以折断切屑，并排出孔外。

(4)套扣时，要随时采用机油或煤油冷却润滑，以减少摩擦和螺纹的粗糙度，延长刃具使用寿命。

四、黏接技术

黏接是利用化学黏结剂与零件之间所起的复杂的结合作用，来黏结零件或粘补零件裂纹、孔洞等缺陷的一种修复工艺。

1. 黏接应用

在农机维修中，黏接主要用来修复各种零件的裂纹和孔洞，滚动轴承与座孔的过盈配合，堵塞三漏，可用于修复电器零件或易受腐蚀的零件，也可用来代替铆接(如黏接离合器摩擦片)或提高零件的绝缘性能和抗腐蚀性能等。

黏接主要优点是能黏接各种金属和非金属零件；不需加热或只需低温加热，不引起零件金属组织改变和变形；操作简单，工艺简单，成本低廉。其缺点是胶黏一般不耐高温、有机胶黏剂的最高使用温度一般在 100～150℃，无机胶黏剂最高只能达 800℃；黏接胶层易老化，黏接强度会下降；黏接接头的抗冲击、抗弯曲能力较差，所以对受力较大的部位需辅以机械加固。

常用胶黏剂分为结构胶黏剂、通用胶黏剂和特种胶黏剂。

(1)结构胶黏剂。能在一定的温度范围内显示出高黏接力的胶黏剂，通常能在较高的负荷下使用，用于黏接受力的结构件，如J-04。

(2)通用胶黏剂。黏接强度一般，使用工艺简便(通常是在室温即可固化的)、综合性能较好、价格较低，适合于黏接多种金属材料和非金属材料，黏接金属零件的受力不大的部位，或修补壳体裂纹，如农机1号胶、农机2号胶。

(3)特种胶黏剂。具有某些特殊性能的胶黏剂，如导电胶、耐高温胶、耐低温胶、水中黏接用胶等。

2. 黏接工艺

(1)选胶。选用黏接剂的主要根据是被黏接零件的材料、受力情况、工作温度、外形尺寸等。如果果零件受力较大，工作温度较高，则应选用高强度，耐高温的结构胶黏剂；如果零件外形很大，不便加温，则应选用常温固化型的通用胶黏剂；如果有特殊性能要求，选用特殊胶黏剂。成品胶的使用非常方便，打开封装，搅拌均匀即可使用。

(2)黏接前准备。

①清洁与检查。除去零件表面的油泥、污物，检查破坏部位和范围，制定胶黏工艺方案。

②机械处理。用钢丝刷、粗砂纸或钢锉、手砂轮等除去表面油漆、锈迹，露出基体金属光泽，进行表面粗糙；对于裂纹，可先在裂纹两端钻直径3～5毫米的止裂孔，防止裂纹延伸发展。然后沿裂纹开出V形槽，槽深为壁厚的1/2～1/3，并在槽的两侧打磨出一定宽度的黏接面；如金属孔洞，也须在孔洞边缘打磨出金属光泽。如采用镶、铆、焊等辅助加强工艺方案，在准备工作中要统筹考虑。

③除油处理。黏接表面必须保证无油、无锈、无水、无污物，否

则会使黏接强度下降，甚至失败。除油的方法可以是用碱性溶液清洗，也可用有机溶剂擦拭（如丙酮、无水乙醇等）。

(3)调胶。调胶工具可用陶瓷或玻璃容器，使用前要保持清洁。当室温低于 20℃时，环氧树脂黏度较大，调胶时不易调匀，且易裹入气泡，可用水浴法将环氧树脂加热，但不允许用明火或电炉直接加热。按选用胶黏剂的规定配比称量或挤出定量包装的各组分，置于调胶容器中。调胶时调胶量不宜过大，加入固化剂时，环氧树脂的温度不宜高于 40℃，否则可能在搅拌过程中发生固化。调胶后立即进行黏接，最好在半小时之内使用完，否则黏结强度会降低。

(4)涂胶。用刮抹工具涂胶，涂胶要均匀，并使胶液与黏接面充分浸润，不得有缺胶和气孔。如果对接和套接，胶层厚度以 0.1～0.2 毫米最好。胶层过厚，易在胶层内产生气孔。一般说胶层越厚，黏接强度越低。粘补裂纹时，先涂一层胶液，并边涂边用手锤敲打工件，使胶液渗入裂缝中去。如部位允许，最好在破损处覆盖 1～2 层脱碱去脂的玻璃丝布，玻璃丝布要用胶液充分浸润，并注意不要裹入气泡。

黏接以后的零件已处于固化过程中，不允许再错动黏合面。用手指蘸丙酮轻轻擦抹黏接表面，以使黏接表面平整光亮。

(5)固化处理。固化规范对黏接强度有很重要的影响，固化规范的主要参数是压力、温度和时间。不同品种的胶都要按照规定的规范进行固化处理。一般要求在室温下固化 6 小时或在 60℃下固化 2 小时。加温固化有利于提高黏接强度，零件黏接前加温或固化加温时，最好用红外线灯、电吹风，也可用电炉或喷灯烘烤；对胶黏接头加压固化可以使黏接表面相互贴紧，利于排出气体，保持胶层厚度和工件黏接后的形状。

检查黏接表面是否已完全固化，可采用脱脂棉蘸丙酮擦拭黏接层来观察。若发现有溶解现象，即说明未完全固化。用环氧树脂黏接的零件，允许对黏接层进行机械加工，如车、铣、磨、钻、锉等整形加工，但要注意吃刀量不可过大，速度不可过高，刀具应较锋利，不可冲击或敲打。

(6)质量检验。黏接常采用外观检验，胶层表面应光滑，无翘起、剥离、气孔、裂纹。严禁用锤击、剥皮、刮削等破坏性试验办法来检验黏接强度。

五、焊修技术

农机维修中常用的焊修方法有电焊、气焊、气割和钎焊。

(一)电焊

电焊就是利用电弧的热量加热并熔化金属进行的焊接。手工电弧焊设备简单，操作方便，是最常用的焊接方法。

1. 焊接设备

手工电弧焊焊接设备主要有电焊机和电焊条。

(1)电焊机。手工电弧焊所用的电焊机有交流电焊机和直流电焊机两种。

①交流电焊机。交流电焊机是一种特殊的降压变压器，将220伏或380伏交流电变为低压的交流电，又称焊接变压器。电流的调节分为两级：一级是粗调，常用改变输出线头的接法；另一级是细调，常用改变电焊机内“可动铁芯”或“可动线圈”的位置，细调节的操作是通过旋转手柄来实现的，当手柄逆时针旋转时电流值增大，手柄顺时针旋转时电流减小，细调节应在空载状态下进行。

②直流电焊机。直流电焊机焊接时，焊件接正极(＋)，焊条接负极(－)时叫作正接法；反之叫反接法，如图2-39所示。正接法焊件温度较高，熔化速度较快；反接法焊件温度较低，熔化速度较慢。一般根据焊件的材料、厚度与焊条进行选择。

图 2-39　直流电焊机接法

(2)电焊条。电焊条由焊丝和药皮组成。焊丝主要起填充焊缝金属和传导电流的作用,它的化学成分直接影响焊缝的质量。不同的焊接材料需要选择不同的焊丝;药皮主要作用是保证焊缝金属有合乎要求的化学成分和机械性能,并使焊条有良好的焊接工艺性能。

电焊条的牌号以汉语拼音的大写字母加上二位数字表示。字母表示电焊条的大类,三位数字中前二位数字表示焊缝强度,第三位数字表示药皮类型及电源种类。例如 J422 焊条,"J"表示结构钢用焊条,前二位数字"42"表示焊缝金属的抗拉强度大于 420 兆帕,第三位数字"2"表示药皮类型是钛钙型,电源种类是交直流两用。

2. 焊接工艺

(1)接头型式。常用的焊接接头型式有对接接头、角接接头、T 字接头和搭接接头。

(2)焊接规范。手工电弧焊的焊接规范主要指焊条直径、焊接电流和焊接速度等。

①焊条直径。主要取决于焊件的厚度,厚度越大所选用的焊条直径越粗。但焊厚板时,对接接头坡口内的第一焊层要用较细的焊条。

②焊接电流。根据焊条直径选择焊接电流。焊接低碳钢时,按下面经验公式选择焊接电流:电流为 30～50 倍焊条直径。增大

焊接电流能提高生产率。但电流过大易造成焊缝咬边、烧穿等缺陷；电流过小易造成夹渣、未焊透等缺陷，且降低生产率。故应适当地选择电流。

③焊接速度。指焊条沿焊接方向移动的速度，手弧焊时，焊接速度由操作者凭经验来掌握。

(3)施焊要领。

①引弧。引燃并产生稳定电弧的过程称为引弧。引弧方法有敲击法和摩擦法两种。引弧时焊条提起动作要快，否则容易粘在焊件上。

②运条。焊接时，焊条应有三个基本运动：焊条向下送进，以便弧长维持不变；焊条沿焊接方向向前运动；横向摆动，焊条以一定的运动轨道周期地向焊缝左右摆动，以获得一定宽度的焊缝。

③收尾。在焊缝焊完时，如果收尾时立即拉断电弧，则会在焊缝尾部出现低于焊件表面的弧坑，所以焊缝的收尾不仅要熄弧，还要填满弧坑。

④焊前点固：为了固定两焊件的相对位置，焊前要在焊件两端进行定位焊(通常称为点固)。点固后要把渣清理干净。若焊件较长，则可每隔200～300毫米点固一个焊点。

3. 操作安全要求

(1)焊前应熟悉所使用的设备、器具的性能，遵守操作规程，预防设备事故或人身事故的发生。应使焊接场所的焊件、用具、工具等放置合理，并检查设备，注意电气连线及保护接地线正确可靠，电线接线点应接触良好，以免发热或产生火花。

(2)焊接过程中，要注意避免被灼热的焊条头及焊件烫伤。更换焊条时，身体不可直接触及焊钳与焊件，以免遭到电击。

(3)如果必须在潮湿地带工作，焊工站立的地方应铺有绝缘物，避免电流通过人体。如焊接有色金属器件及在有毒有害气体场所作业，应加强通风，戴供氧面具或戴防毒面具。在狭小的场所作业，应配备抽风机更换空气，以减少焊接烟尘对焊工的危害。

(4)工作结束停机时,应先按动接触器的停止按钮,切断电焊机电源,再拉断电源刀闸开关。切不可在有人焊接时带负荷拉闸,烧伤拉闸者。离开场地前,必须扑灭残留的火星。

(二)气焊

气焊是利用可燃气体燃烧产生的热量进行焊接的方法。常用可燃气体是乙炔和石油液化气。与电焊相比,气焊火焰温度较低、加热慢、生产率低,焊接过程中热量散失较大,焊件受热范围大,热影响区较宽,焊件焊后易变形,焊接时火焰对熔池保护性差,焊接质量不高。但气焊火焰易于控制和调整,灵活性强。

气焊主要用于焊接薄钢板和黄铜、补焊铸铁、焊接有色金属及其合金、热处理加热等,也可以对焊件进行焊前预热和焊后缓冷。

1. 气焊设备

气焊设备与工具主要包括乙炔瓶、氧气瓶及焊炬等,如图 2-40 所示。

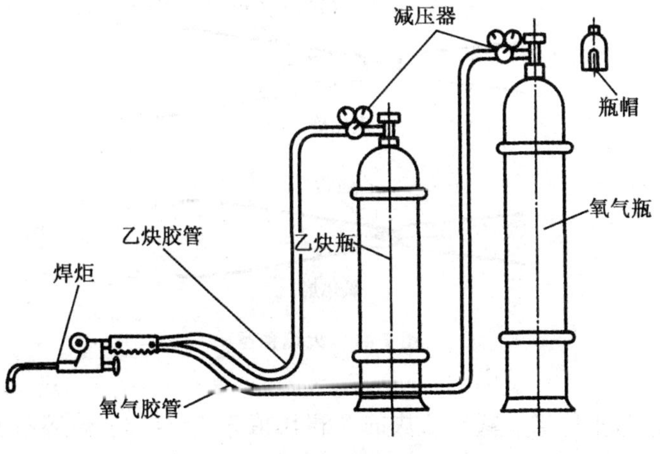

图 2-40　气焊设备

(1)乙炔瓶。贮存乙炔气体的容器。

(2)回火防止器。防止火焰倒流进入乙炔瓶而发生爆炸的安全装置。

(3)氧气瓶。是贮存氧气的高压容器。其容积为 40 升,贮氧的最高压力为 15 兆帕,气瓶通常漆成天蓝色。

(4)减压阀。用来将氧气瓶中的高压氧降低到工作压力,并保持焊接过程中压力稳定。

(5)焊炬。是使乙炔和氧气按一定比例混合,并获得气焊火焰的工具。

2. 气焊火焰

根据氧和乙炔或者石油液化气的比例不同,气焊火焰可分为中性焰、氧化焰和碳化焰 3 种,如图 2-41 所示。

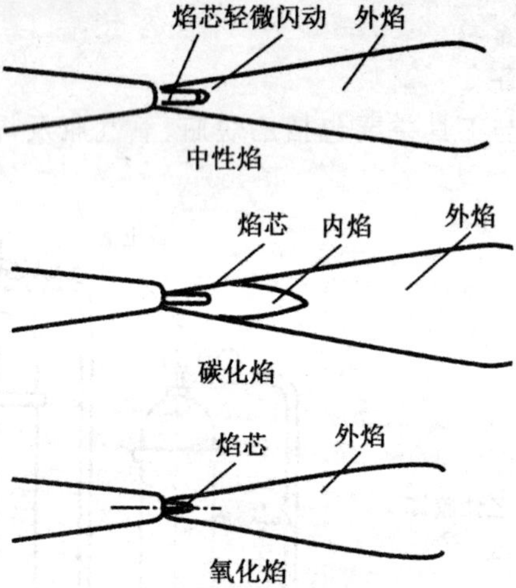

图 2-41　火焰种类

(1)中性焰。氧与乙炔的容积比值为 1～1.2。焰芯特别明亮。内焰颜色较焰芯暗,呈淡白色,其温度最高达 3 150℃。焊接碳钢时将焊件放在距焰芯尖端 2～4 毫米处的内焰进行。外焰温度较低，呈淡蓝色。

中性焰应用最广泛，一般常用来焊接碳钢、紫铜和低合金钢等。

(2)氧化焰。氧与乙炔的容积比值大于1.2。焰芯、内焰、外焰都缩短。焰芯与内焰已分不清，温度高达3 400℃左右。氧化焰会氧化金属，一般不用氧化焰施焊。但是，焊接黄铜时却正要利用这一特点，使熔池表面生成一层氧化物薄膜，防止锌的进一步蒸发。

(3)碳化焰。氧与乙炔的容积比值小于1.2。焰芯较长，呈蓝白色，内焰呈淡蓝色，外焰带橘红色，最高温度达3 000℃。由于火焰中有过剩的乙炔，焊接碳钢时，焊缝中含碳量增加，使焊缝金属强度提高和塑性降低，因此它适用于焊接高碳钢、铸铁及硬质合金等材料。

3. 焊丝与焊粉

焊丝的化学成分直接影响到焊缝金属的机械性能，应根据焊件成分选择，或从被焊板材上切下一条作焊丝。气焊低碳钢时常用的焊丝为H08和H08A。

焊粉的作用是去除焊接过程中的氧化物，保护焊接熔池，增加熔池的流动性，改善焊缝成型等。一般低碳钢焊接时，不必用焊粉。

焊粉种类很多，如粉101用于不锈钢和耐热钢的焊接；粉201用于铸铁的焊接；粉301用于铜及铜合金的焊接；粉401用于铝及铝合金的焊接。

4. 气焊安全注意事项

气焊的安全，关键是乙炔、石油液化气及氧气瓶的安全，主要是防火与防爆。氧气瓶一般在温度为20℃时，压力为15兆帕，所以在运输、贮存和使用中要防止震动和碰撞。氧气瓶要预防直接受热，避免阳光曝晒。不能将氧气瓶内的氧气全部用完，应有剩余氧气(氧气瓶内剩余压力应为0.1～0.2兆帕)，主要是为了防止其他气体进入。要定期检查瓶阀、接管螺丝、减压器等。不能使氧气瓶与油脂接触。氧气瓶与乙炔瓶要分开存放，安全距离为2米。

(三)气割

气割是利用氧乙炔火焰将工件切割处的金属预热到燃点，然后喷出高速切割氧流将金属燃烧成熔渣并从切口吹掉，从而将工件分离。气割具有效率高、成本低、设备简单、能在多种位置进行作业的优点。气割常用来切割低、中碳钢和低合金钢，但不能用来切割铸铁、铜、铝等金属。

1. 气割设备

气割设备与气焊相同，不同的是采用割炬。割炬是进行气割的主要工具，割炬有射吸式和等压式两种。

(1)射吸式割炬。射吸式割炬的氧气通过喷嘴以很高的速度射入射吸管，将低压燃气吸入射吸管，氧气与燃气以一定的比例在混合管内混合后流出，点燃后成为所需的预热火焰。当被切割处金属预热到燃点后给出切割氧，移动割炬形成割口，实现切割。射吸式割炬可采用低压燃气，也可用中压燃气。射吸式割炬是普遍使用的手工割炬。

(2)等压式割炬。等压式割炬的燃气、预热氧分别由单独的管路进入割嘴内混合。等压式割炬采用中压燃气，具有气体调节方便、火焰燃烧稳定、不易回火等优点。

2. 气割操作要点

气割基本过程为预热、燃烧和吹渣，操作要点如下：

(1)切割氧压力。切割氧压力与工件厚度有关。压力太低，切割过程缓慢，容易吹不透，黏渣。压力太大，氧气浪费，切口表面粗糙，切口加大。

(2)预热火焰能率。预热火焰采用中性焰，要提供足够的热量把被割工件加热到燃点，预热火焰能率和工件厚度有关，厚度越大，预热火焰能率越大。

(3)割嘴型号。割嘴型号分为1号(切割钢材厚度1～8毫米)、2号(切割钢材厚度4～20毫米)、3号(切割钢材厚度12～40毫米),根据工件厚度选择割嘴型号。

(4)割嘴与工件的距离。根据工件的厚度选择,厚度越大,距离越近,一般控制在3～5毫米,薄工件应把距离拉开,以免前割后焊。

(5)割嘴与工件表面倾斜角。倾斜角大小根据工件厚度而定,切割厚度小于30毫米钢板时,割嘴向后倾斜20°～30°。厚度大于30毫米钢板时,开始气割时应将割嘴向前倾斜5°～10°,全部割透后再将割嘴垂直于工件,当快切割完时,割嘴应逐渐向后5°～10°。

(6)切割速度。根据工件厚度选择,工件越厚,速度越慢,反之则快。

(四)钎焊

钎焊是使用比焊件熔点低的金属材料作钎料,将焊件和钎料加热到高于钎料熔点、低于焊件熔点的温度,利用液态钎料润湿焊件,填充接口间隙并与焊件实现原子间的相互扩散,从而实现焊接的方法。

1.钎焊应用

钎焊的焊接过程加热温度低于母材熔点,母材变形小,焊接工艺简单、快捷,但焊接强度取决钎料的强度。钎焊分为软钎焊和硬钎焊。软钎焊的焊料大多采用锡基合金,又称为锡焊,焊炬为电烙铁,应用于散热器的修补和电器元件的焊修;硬钎焊的焊料多为铜合金,又称为铜焊,焊炬为气焊焊炬,适用于油管等的焊补。

2.锡焊操作

锡焊用的焊料为焊锡,焊剂为焊膏,工具是烙铁。烙铁有电烙铁和非电加热烙铁(简称烙铁)两种,如图2-42所示。电烙铁规格有25瓦、45瓦、75瓦和100瓦等多种,功率越大烙铁头的温度也就越高,应根据焊件的大小选用合适功率的电烙铁。

烙铁

电烙铁

图 2-42　烙铁

焊接操作要点如下：

(1)用锯条或砂纸清除焊接处的油污和锈蚀，露出光亮清洁的表面，并涂上焊膏。

(2)接通电源将电烙铁加热到250～550℃，先蘸焊膏，再蘸上一层焊锡。把烙铁头放在焊缝处，稍停片刻，使焊件表面发热，使焊锡黏附上焊缝后缓慢而均匀地移动，使焊锡填满焊缝。

(3)清理焊缝，检查焊接质量。

3. 铜焊操作要点

铜焊连接强度高，并可承受较高的温度。铜焊用的钎料为铜焊条，焊剂为硼砂，热源为氧乙炔火焰，施焊时，把氧乙炔火焰调成中性火焰。操作要点如下：

(1)锉削、打磨将要焊接的部位，彻底去掉连接处的油污。

(2)焊炬按“8”字形不断移动，均匀加热焊件到合适温度(表面呈暗红色)。

(3)在被焊部件处加铜焊条和焊剂，使焊条融化，但不要用焊炬直接加热熔化铜焊条。

(4)移开火焰，冷却焊接点，用刷子蘸水彻底清洗，除去残留的硼砂，检查焊接质量。

(五)铸件焊修

农机许多壳体零件,如发动机的气缸盖、气缸体、齿轮室,底盘的变速箱体、后桥壳体等,大都是灰铸铁铸造,它们的主要缺陷之一是受力部位容易断裂。由于壳体件结构复杂,加工精度高,制造成本高,对其修复的经济效益也较高。受力部位的断裂多用焊接工艺修复。

1. 焊修特点

铸铁零件的可焊性较差,焊缝中产生硬而脆的白口组织,难于机械加工;焊接接头中产生裂纹和气孔,使焊接强度等质量难以保证。所以,铸铁零件焊修比较困难。

2. 焊修方法

铸件焊修常用的方法是气焊法、电焊法和加热减应焊法。

(1)气焊法。用氧炔焰热焊时,将焊件整体缓慢地加热到 600～650℃,在焊接过程中始终保持这一温度,焊后要缓慢冷却。热焊法能消除裂纹的产生。但劳动生产率很低,劳动强度大,因而只有结构复杂的铸铁件才用氧炔焰热焊法。

(2)电焊法。在焊前和施焊过程中,焊件不预热或预热温度低于 200℃时的焊接称为冷焊。冷焊可改善焊工的劳动条件,提高劳动生产率,省去加热设备而降低成本,但因焊件受热不均匀,冷却快,易产生白口组织和裂纹。为此在冷焊时需要从两方面采取预防措施:一是采用合适的焊接材料,以调整焊缝的化学成分和力学性能;二是在焊接过程中采取适当的工艺措施。

①电焊条种类。为改善焊缝质量,常用铸铁焊条有氧化型钢芯铸铁焊条、钒钢铸铁焊条、镍铜铸铁焊条、铜铁铸铁焊条等。

②焊修要点。铸件电焊时,必须采取相应的工艺措施,如在施焊中应采取短段、断续、分散焊、锤击焊缝和多层堆焊操作。

如将焊缝分成数段施焊,每焊好一段后,待焊缝冷却至用手摸不烫手后(50～60℃),再焊下一段,就可避免焊缝中应力越来越大。

在用镍基或铜基焊条施焊时，焊缝金属的塑性较好，焊后趁热(800℃左右)用圆头小锤轻快敲击，焊缝将在宽度方向延伸，与其冷却时的收缩相抵消，从而减小应力，并可消除气孔。

用小直径焊条，以较小电流多层堆焊时，可以减小熔深，避免焊件中的碳硅向焊缝扩散，同时上层焊层可以使下层焊层退火，改善其机械加工性能。如焊件厚度在 4～8 毫米时，选择焊条直径为 2～3 毫米，焊接电流为 80～110 安；焊件厚度在 8～20 毫米时，选择焊条直径为 4～5 毫米，焊接电流为 100～200 安。

(3)加热减应焊法。加热减应焊是在焊件上选定加热部位，在焊前或焊后加热，以减小或消除焊缝收缩引起的应力而产生裂纹。所选的加热部位称为加热减应区。焊前加热减应区一般选在裂纹延长线上，减应区受热膨胀，将使裂纹张开加宽，在焊接后减应区收缩方向与焊缝收缩方向一致，将减小焊缝收缩引起的应力。

当裂纹靠近零件或壳体的边端时，可以在裂纹焊接后，在靠裂纹一侧的边端加热，塑性增强，使焊缝能够自由收缩而减小应力，加热部位应逐渐由裂纹一侧移往壳体的边端，将应力释放。

加热减应焊用氧炔焰，加热减应区的加热温度应为 650～700℃。焊前加热减应区在焊后也应继续加热，直到焊缝温度下降到 300～400℃，低于减应区温度时才可停止减应加热。

六、喷漆技术

农机维修多采用手工喷漆。喷漆工具主要包括刮刀、锉刀、砂布等清除工具、刮涂工具、打磨抛光工具、空气压缩机、喷枪和个人防护用具。喷漆材料主要有油漆、稀料和腻子。

1. 喷枪

喷枪是喷漆作业的最重要工具，按工作原理分重力式、虹吸式和压送式三种，如图 2-43 所示。正确规范使用喷枪可以提高工作

效率,保证喷漆作业质量。喷枪使用要领如下:

(1)握枪姿势。喷枪是靠手掌、拇指、小指以及无名指握住的,中指和食指用以扣动扳机。

(2)喷枪对车身表面方位。喷枪对车身表面应该保持垂直,如果喷枪有歪斜,会造成喷幅带偏向一边流淌,而另一边则显得干瘦、缺漆,极有可能造成条纹状涂层。

图 2-43　油漆喷枪

(3)喷枪至车身表面距离。对虹吸式喷枪,最佳工作距离为 15～20 厘米。如果距离太近,则可能产生流淌,甚至可能造成颜色与预期的不一致。如果距离超过 20 厘米,则可能导致干喷、过喷,使涂料的流平性变差。压送式喷枪可以离车身远一些,一般最佳距离为 20～30 厘米。

(4)喷枪移动速度。喷枪的移动速度约为 0.3 米/秒,移动速度过快,会使漆膜粗糙无光,漆膜流平性差;移动过慢,会使漆膜过厚发生流挂。

(5)喷枪运行方法。喷枪运行方法有纵行重叠法、横行重叠法和纵横交替喷涂法。喷涂路线应从高到低、从左到右,从上到下、先里后外顺序进行。应按计划好的行程稳定地移动喷枪,在抵达单方向行程的终点时放开扳机,然后再扳扳机,开始相反方向仍按原线喷涂。在行程终点关闭喷枪可以避免出现流挂,并把飞漆减少到最低。

(6)喷枪调整。主要是气压、雾形和漆流调整。喷涂压力与漆料的黏度有关,一般调节气压为 0.35～0.50 兆帕;喷涂前必须在遮盖纸上测量雾形,雾形旋钮可以调节雾形;控制阀拧出时漆流量增大，控制阀拧进时漆流量减小。

(7)喷枪养护。为防止喷枪内漆道被喷涂后余漆凝固堵塞，每次喷涂完毕，必须清洗干净。清洗后的喷枪要注几滴机械润滑油，将喷枪各部位的零件润滑。

2. 油漆、稀料和腻子

(1)油漆。油漆按用途分为底漆、中间漆和面漆三类。

底漆的主要作用是防锈、提高附着力，常用的底漆品种：C06-1铁红醇酸底漆、A06-1铁红氨基底漆、环氧底漆；中间漆的主要作用是隔绝、填充和衬托面漆，常用硝基二道漆；面漆的主要作用是添加色彩、赋予光泽，常用各种颜色的醇酸磁漆。

(2)稀料。又叫稀释剂，用来降低油漆的黏度，便于喷漆操作。常用稀料有硝基漆稀料、过氯乙烯漆稀料和氨基漆稀料，也可以用汽油作为稀料。不同油漆选用不同的稀料。

(3)腻子。腻子是一种黏稠物质，用在已涂底漆的车身表面上，以填平车身及部件表面凹坑、擦伤等缺陷，经过一层层涂刮及打磨直至形成平整光滑的表面。成品腻子，如醇酸腻子、硝基腻子、原子灰。

3. 喷漆操作要点

(1)喷漆前清洁。用砂布打磨金属蒙皮表面，再用汽油对待喷表面进行清洁。在喷涂底漆前，将车身上有水的地方用吹枪吹干，贴护所用的材料是胶带和报纸以及专用遮盖纸，贴护完成后，喷涂铁红醇酸底漆。

(2)打腻子。对车身非正常的凹陷部位进行填平，每道腻子厚度不超过1毫米，每道腻子之间应保证干燥，直至填平为止。湿打磨后应无台阶刮板痕迹；车身车顶圆角位置过渡要圆滑平顺，特别是边角位置一定要修磨平滑。最后用400号水磨砂纸沾水打磨平滑，清理多余腻子和灰浆积水。

(3)喷封闭漆。喷涂白色硝基封闭漆，干燥后检补腻子，并用400号水磨砂纸打磨检补部位，最后清理灰浆积水及灰尘、沙粒等。

(4)喷面漆。根据车身颜色选购调配合适颜色的面漆，出厂的面漆黏度很高，使用时除了先充分搅拌均匀外，还要稀释到适合喷枪雾化的黏度。稀释后的漆料通常用孔径为 0.080～0.125 毫米的铜丝或不锈钢丝网筛过滤。

面漆分三道喷涂，每隔 20 分钟复喷，静置 10～15 分钟流平，目测油漆流平性、遮盖性等；检查有否漏喷及膜前病态，并及时采取补救措施。待足够干燥后(自干一般需 24 小时以上)，再喷涂文字或图案等。

对于全喷车辆，在全喷之前，应先计划好喷涂的次序。首先对喷涂较难达到的部位，如发动机盖的里面及边缘、缝隙及门的里层，进行喷涂。喷涂次序应先顶部，再至敞开的车门边，然后绕车体再回到车门处。

4. 操作安全要求

(1)喷漆作业中，正确配戴个人防护用具，可以保证作业安全。在使用涂料稀释剂时，应配戴橡胶手套和防护眼镜。进行涂装作业时，都应配戴具有雾化过滤器的有机气体防尘面罩，以免将涂料颗粒吸入肺部。

(2)车间内严禁一切明火，车间内不得随地堆放其他物品，特别是可燃物品，以保持通道畅通，车间内应有灭火器材。

(3)喷漆车间应单独设置，并安装通风设备，以把挥发出的可燃气体迅速排出车间。

(4)车间内应采取措施防止产生火花，电器设备要符合防爆要求；排风扇叶轮应采用有色金属制造，并防止摩擦撞击；所有设备均应可靠接地。

(5)严格控制车间内油漆和溶剂的贮存量，在保证当天的使用量外，不应过多贮存。有少量使用剩下的油漆和溶剂，应盖好盖子，以减少挥发。

七、农机故障诊断方法

农机故障诊断就是在机器不解体的条件下，确定机器的技术状态，查明故障部位及原因。常用的农机故障诊断方法有人工直接诊断法、仪器设备诊断法和故障树分析法。

1. 人工直接诊断法

人工直接诊断法是通过对机器的观察和感觉，或者采用简单工具来确定机器的技术状态和故障。这种方法不需要专用设备，诊断的准确性主要取决于人员的技术水平，要求诊断人员具有丰富的实践经验。

诊断时通过问、看、嗅、摸、敲、试、听等方法，弄清故障现象，然后由简到繁、由表及里，逐步深入，进行推理分析，最后做出判断。

(1)问。向驾驶员问询有关情况，如行驶里程，使用年限，维修情况，故障发生之前有何预兆及发生过程等。

(2)看。通过观察可以查明机构、总成和零件的状况，如连接是否松动，配合件的位置关系是否改变，有无漏油、漏水、漏气现象，排气烟色及仪表指示的读数是否正常，润滑油面高度，再结合其他有关情况分析，就可以判断机器的工作情况。如排气冒黑烟，表明燃烧不良，喷油泵和喷油器有故障。排气冒蓝烟，表明有烧机油现象。

(3)嗅。嗅闻机器运行中散发出的某些特殊气味，来判断故障部位。如有生汽油味，表明有漏油或燃烧不良；有焦臭味，可能是电气线路短路绝缘烧焦，或离合器、制动器摩擦衬片发热烧毁。

(4)摸。用手触摸可能产生故障部位的温度、振动情况等。如用手触摸各缸喷油器(熄火后)的温度可知各缸的工作情况；用手触摸高压油管的脉动情况，可判断喷油泵和喷油器的工作情况；用手触摸轴承、变速器、制动鼓等，察觉振动与发热情况，可判断其有无故障。

一般用手感觉到机件发热时，温度在 40℃左右，感到烫手但还能触摸几分钟，则为 50～60℃，如果刚一触及就烫得不能忍受，则在 80～90℃。用此方法诊断时应注意安全。

(5)敲。用小锤轻轻敲击故障部位，并听发出的声音，可以判断连接的紧固程度，焊接处的强度，轴承合金贴合的紧密性，零件有无破裂以及轮胎气压高低等情况。如果连接贴合紧密、无破裂，轮胎气压高，敲击声音是清脆的，反之则是沙哑的。

(6)试。就是进行试验验证。检验人员可亲自试车体验故障情况，可用单缸断火法判断不工作的气缸，或判断发动机异响部位等；可用更换零件或调整法来证实故障部位。

(7)听。凭听觉判别机器的声响，确定有无异响，判定异响的部位。明显异响，可凭耳朵直接听察；混杂难辨的异响，可用听诊器，或借助于长把螺丝刀、金属棒抵触相应的部位以提高听诊效果。听诊的要领有以下几点：

①听诊之前，应尽量使发动机各缸都能工作，如果有一个或几个气缸断火或间歇断火，反常声音必然相互混杂，加之发动机运转时正常声音的合鸣，将会给判断造成困难。

②听诊时应将听诊器受音触头或旋具、金属棒尖端接触到要听诊部位。为分析故障位置，各缸相应部位应反复听诊，通过比较、分析来判断故障。发动机听诊部位如图 2-44 所示。

③为提高听诊效果，在听诊中可用改变发动机转速的方法，分析转速改变时声音的变化情况，以判断故障。

④为查清故障位置和故障情况，在听诊中可用逐缸断火或断油方法进行，通过断火或断油前后声音变化来分析。

听诊法常用来检查活塞销、连杆瓦、主轴瓦、气门间隙等是否过大，发动机气缸有无不工作等故障。“嘎嘎”沉闷声为气门脚间隙过大或过小的声音；“嘣嘣”巨响声一般是排气管或消音器破裂；“啾啾”尖锐声是皮带与皮带盘摩擦的声音；“咔嚓”嘈杂声可能为水泵轴承损坏，曲轴损坏，轴颈及轴销发出的异声；“咣咣”撞击声可能是曲轴轴颈与轴瓦间隙过大而产生的撞击声。

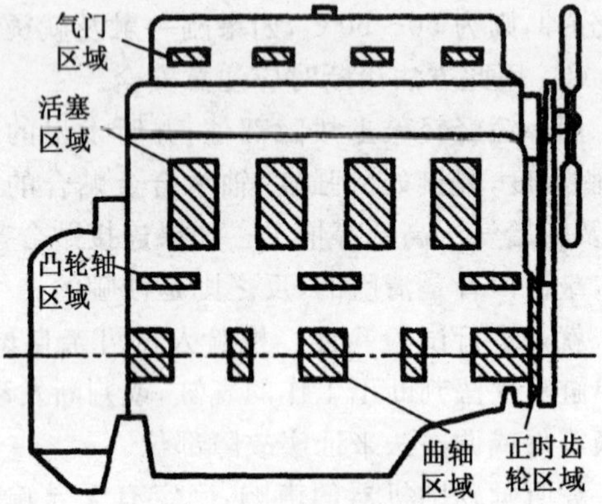

图 2-44 发动机听诊部位

2. 仪器设备诊断法

仪器设备诊断法是在总成不解体条件下，用测试仪表与检验设备来确定机器的技术状况和故障，并以室内的道路条件模拟机械设备运行来代替路试的一种科学的诊断方法。

这种诊断方法具有诊断故障快、准确，不需解体，能发现隐蔽故障等优点，但需要采用多种设备，投资较大。常用的仪器设备有发动机综合检测仪、发动机测功仪、真空度检测仪、机油分析仪、底盘测功机、传动系异响及角隙检测仪、前轮定位检测仪以及车辆安全检测线。此外，还可以用一些仪表仪具，对发动机技术状态进行不解体检查，如气缸压力，机油消耗量、机油压力、进气管真空度、曲轴箱窜气量等的检查。

3. 故障树分析法

故障树就是故障因果关系分析图，是分析故障的一种图形演绎方法。它利用逻辑推理，对确定的故障事件在一定条件下用图形表示导致此故障事件必然发生的所有可能原因，及与此故障的各种逻辑关系。然后再将这些可能原因逐步按上述方法制图表示。如此层层分析和制图，直至分析到基本故障原因或不能再分解的最终故障原因为止，这样的图形就叫故障树。例如，柴油机启动困难故障树如图 2-45 所示。

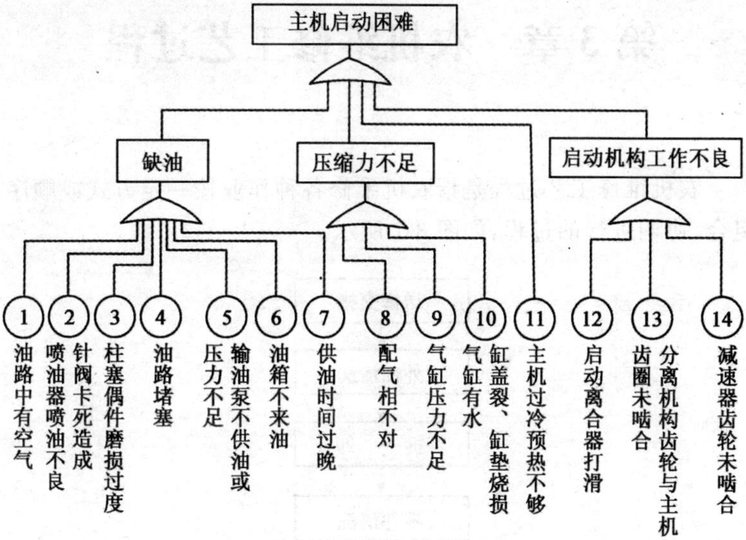

图 2-45　柴油机启动困难故障树

进行故障分析时，一定要先思考后动手，应遵循的原则是：搞清现象，掌握症状；结合构造，联系原理；由表及里，由简到繁；按系分段，逐步分析。

第3章　农机维修工艺过程

农机维修工艺过程是指农机维修各种作业按一定方式或顺序组合、协调进行的过程，如图3-1所示。

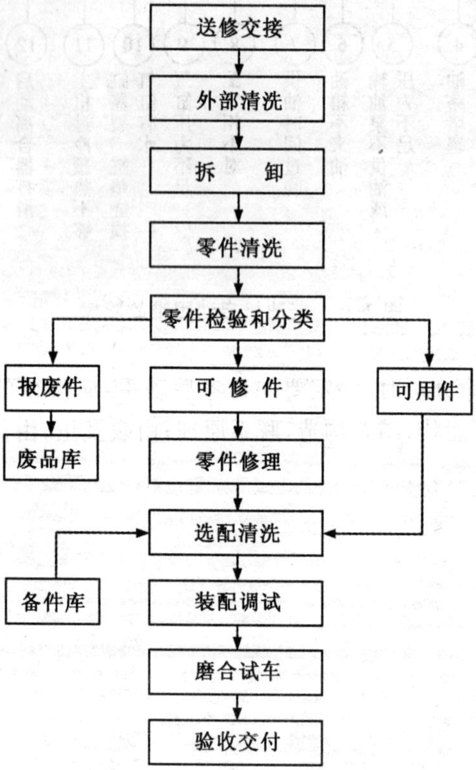

图3-1　农机维修工艺过程

一、送修交接

送修的农业机械，送修方和承修方要办理交接手续，要求送修方如实介绍农机技术状况，提供机车档案和使用、保养、修理记录材料。双方应共同对机车进行全面技术检查，主要是检查并登记机车外部的齐全程度，初步确定修理项目与内容，以及需更换的主要总成及零部件；在送修方提出修理要求的基础上，商定修理时限，估算修理费用，并将交接情况及约定详细记入农机维修记录表中，之后办理接收手续，签订修理合同，由双方签字。

二、外部清洗

机器在拆卸前，要清除外部泥土、油污等脏物，以便于从外部观察机器的技术状态，为机器拆卸工作创造良好条件，并确保厂房内的清洁。

外部清洗一般在室外清洗台上或在专门设置的清洗间中进行，利用具有一定压力的水流冲洗，应配置完备的给、排水及清除污垢的设施。常用的冲洗装置由电机、水泵、传动机构和喷枪等组成，全部机组安装在小车上，如图 3-2 所示。

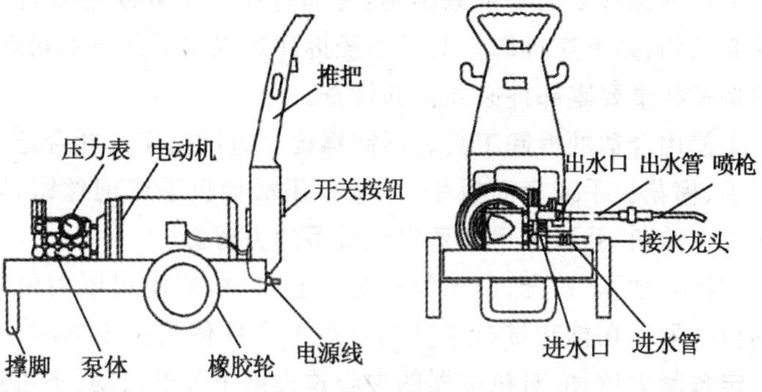

图 3-2　高压清洗机

三、拆卸工艺

拆卸是农机修理工作的重要工序，其工作量占有很大比重。不正确的拆卸，不仅会损坏零部件，降低修理质量，给修理工作带来困难，而且会导致修理时间延迟，修理费用增加。所以，在进行拆卸作业时须按照技术检查确定的修理部位，选用合适工具，正确拆卸。

1. 拆卸原则

(1)拆卸基本原则。

①拆前准备。拆卸前首先应弄清楚所拆部位的结构、原理、特点，防止拆坏零件，拆卸紧配合件前先检查有无销钉、螺钉等补充固定位置，若有，应先拆除，以防损坏。

②拆卸顺序。应按合理的拆卸顺序进行，一般是由表及里、由附件到主机、由整机拆卸成总成、再将总成拆成部件或零件。

③掌握合适的拆卸程度。不必要的拆卸不仅浪费工时，而且会缩短零件的使用寿命。过盈配合件每拆卸一次都会使其过盈量减少，导致过早松动。间隙配合件拆后再装则破坏了原已磨合好的工作表面，又要重新磨合，缩短零件的使用寿命。

决定拆卸程度的基本原则是：凡通过仪器检查断定零件符合技术要求的，则不应拆卸。对于不经拆卸难以判定其技术状态的，特别是一些重要零部件必须拆卸检查。

④使用合适的拆卸工具。拆卸螺栓、螺母时，应选择合适的开口扳手、梅花扳手或套筒扳手，尽量不用活动扳手或钢丝钳，以免损坏六方棱角，并且不得任意加长扳手的力臂。

在拆卸轴承、衬套、齿轮等过盈配合件时，应使用压力机或合适的拉拔器。在拆卸带有锥度的过盈配合件使用拉拔器时，当拧到一定预紧力后，应对拉拔器的中心顶杆给予敲击振动，不可过猛施力于拉拔器，否则由于锥度贴合力较大，会造成工具、零件的损坏。

在拆卸难度大的零件时,应尽量使用专用拆卸工具,避免猛敲狠击而使零件变形或损坏。严禁用扳手、钢丝钳等代替手锤敲击。

在使用台虎钳和压力机时,必须在机件受力面上垫上质软的垫板(如铜板、铝板、木板),以防损伤机件。

⑤拆卸应为装配做好准备。

(2)拆卸注意事项。

①核对记号和做好记号。有不少配合件是不允许互换的,还有些零件要求配对使用或按一定的相互位置装配。例如,气门、轴瓦、曲轴配重、连杆和瓦盖、主轴瓦盖、中央传动大小锥齿轮、正时齿轮等,通常制造厂均打有记号,拆卸时,应记下原记号;对于没有记号或看不清记号时,用油漆涂色、用锯条划痕或打印记号,以免装错。

②分类存放零件。拆卸下的零件应按系统、大小、精度分类存放。不能互换的零件应放在一起。易变形损坏的零件和贵重零件应分别单独存放保管。易丢失的小零件,如垫片、销子、钢球等应存放在专门的容器中。

应将拆卸下来的螺栓、螺母、销子和垫圈等要装到拆卸下来的原部件上去,以免弄错了位置或丢失。如果有些零件不宜装回原来的位置,可用铁丝穿好或扎上布条注明部位,以便安装时易于寻找。

2.拆卸方法

农机拆卸的方法有多种,但只要不损坏零件及其紧固件的工作面和丝扣,不损坏工具和伤人,能保证装配顺利进行即可。

(1)工具法。对于一般零件的拆卸,如润滑良好及锈蚀较轻的紧固件,使用常用工具即可卸下;对于有规定扭矩的紧固件,可用扭力扳手、套筒扳手卸下;如遇螺栓、螺母工作面倒角,可用锤子敲偏后再扭;遇螺钉槽口打滑,可用钢锯沿垂直位置重据一缺口再进行拆卸。

（2）敲击法。对因长期配合发生锈蚀的零件，如万向传动十字轴、转向摇臂，各类轴承等零件的拆卸，可使用敲击法。通过敲击，破坏零件间的锈蚀性黏结，产生震动而脱开。敲击时，要正确选择部位，防止砸坏零件，特别是对精密要求较高的零件，如各类轴承的拆卸，为防止其工作面受到损伤，应用软布垫着，用锤子轻敲即可。

（3）加热渗油法。对锈蚀严重难以拆卸的零件，如钢板弹簧骑马螺栓，转向节臂螺母等，由于锈蚀严重，可用加热渗油法，使其受热膨胀后得到润滑，即可旋下。加热时，注意零件周围是否有油及橡胶之类的易燃品，以防起火。

（4）专用螺孔拆卸法。有些零件上有1～2个专用拆卸孔，如变速器倒挡轴、驱动半轴、正时齿轮等，其孔内端带有与螺杆相配的螺纹，只要将螺杆旋入此孔，零件即可自动被顶出。

（5）专用拉器、压器法。对于弹簧类零件的拆卸，可用压器法，如气门弹簧的拆卸。对于难以拆卸的盘形零件，可用拉拔器法，如各类轴承、皮带轮、正时齿轮等零件的拆卸。

3.典型零件拆卸

（1）螺纹连接件拆卸。在农机维修中遇到最多的是螺纹连接件的拆卸工作。拆卸螺纹连接件时，应注意螺纹的旋向，使用合适的扳手和适当的扭矩；有困难时应分析其原因，切勿盲目蛮干。下面是几种常见螺纹连接件的拆卸方法。

①双头螺栓。双头螺栓的拆卸主要有三种方法：

用两个螺母。在一螺母拧入螺栓一段距离后，再加一螺母，将此螺母靠紧先拧入的螺母后，即可拧动下螺母，拆下螺栓，如图3-3所示。

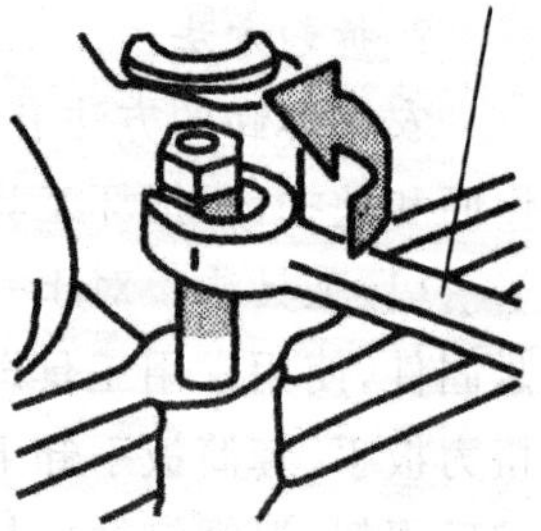

图3-3　双螺母拆卸法

用长螺母。在长螺母的外端拧入

一螺钉，用螺钉阻止长螺母和双头螺栓之间的相对运动。拧动长螺母即可拆下螺栓。

用螺栓拆装工具。这种螺栓拆装工具带有偏心盘的拧紧套筒，当扳动手柄时，偏心盘将螺栓紧紧卡住，再继续转动手柄，即可拆卸，操作比较简便。

②螺钉组。为防止被拆紧固件的变形和损坏，拆卸螺钉组的方法是按对称交叉顺序分数次拧松。一般是由外向里、由两头向中间，先稍松动相互对称的螺钉，待全部松动过一次后，再分数次拧松。拆卸悬臂部件的连接螺钉组时，应从下向上，按对称位置逐个松动，最后卸下最上部的螺钉。经仔细检查后，确信所有螺钉均已拆除，再用撬棒分开连接件。

③锈死螺钉、螺母，用以下方法拆卸：

反复松紧法。先紧 1/4 圈后松，反复松紧拧出。

震动法。用手锤敲击螺钉、螺母四周，震碎锈层拧出。

浸油法。在螺钉、螺母间加注煤油，浸润 20～30 分钟后拧出。

加热法。用喷灯快速加热螺母，使螺母受热膨胀，并趁螺栓尚未变热时迅速拧出。

④断头螺钉，用以下方法拆卸：

断头螺栓外露较长时。用鲤鱼钳、大力钳或管钳，依靠增大的摩擦力矩反向旋转将断头螺栓退出；用双螺母法将断头螺栓退出；将露出部分用平板锉锉出扁方头或四方头，然后用扳手拧出断头螺栓。

断头螺栓外露较短时。在螺栓上焊接一个钢筋棍，扳动钢筋棍，即可将断头螺栓退出；在螺栓上焊接一个孔径稍大于螺栓直径的六角螺母，然后用扳手旋转螺母也能将断头螺栓退出。

断头螺栓与端面平齐或低于端面时。用小扁铲小心地反向剔出折断螺栓；堆焊螺栓使其高出端面，再焊上六角螺母，用扳手旋转螺母将螺栓退出；用断头螺栓拆除器取出断头螺栓；在折断螺栓的中心先钻出比螺孔孔径小的孔，再用螺距、直径相同的反旋螺丝拧入孔内，也可将断头螺栓退出；在折断螺栓中心钻出一个比螺栓直径小的孔，将锥形四方冲子打入孔内，用扳手反旋四方冲子可使螺栓转动退出，如阻力太大，可正、反两个方向反复旋转，或用松动液、喷灯烤等方法，待其松动后再反向旋出，如图 3-4 所示。

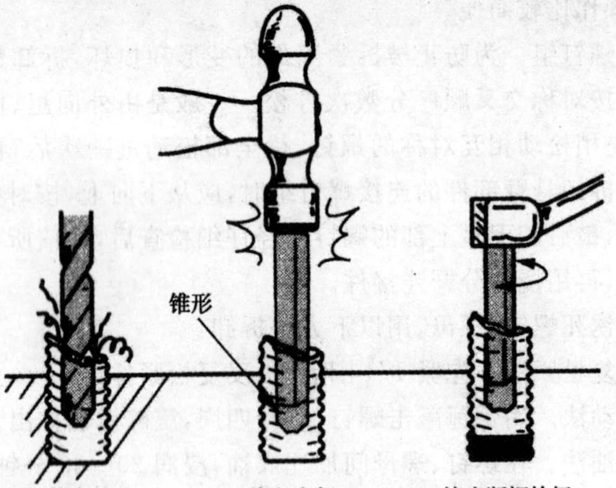

图 3-4　断头螺栓拆卸

(2)过盈配合件拆卸。由于过盈配合件有一定的过盈量，拆卸时要施以较大力才能达到目的。拆卸时应注意：

①选用合适拆卸工具。应选用拉拔器、压力机(有时可用台虎钳代替)或专用工具拆装，如图 3-5 所示。不得已时，可用铜手锤进行敲击，但不得敲击零件的工作表面。

②拆卸时受力部位要正确。从轴上拆卸滚动轴承时，应施力于轴承的内座圈；从孔内拆卸滚动轴承时，应施力于轴承的外座圈，如图 3-6 所示。用拉拔器拆卸轴承时，其拉爪的着力点应符合上述要求；用压力机拆装时，要使用尺寸合适的垫套，做到受力点正确。在拆卸过程中，加力方向不要歪斜，必要时加以润滑和震动以减轻阻力。

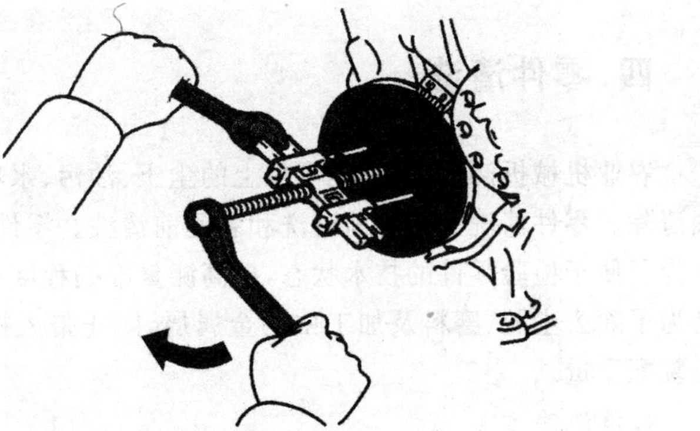

图 3-5　拉拔器拆卸皮带轮

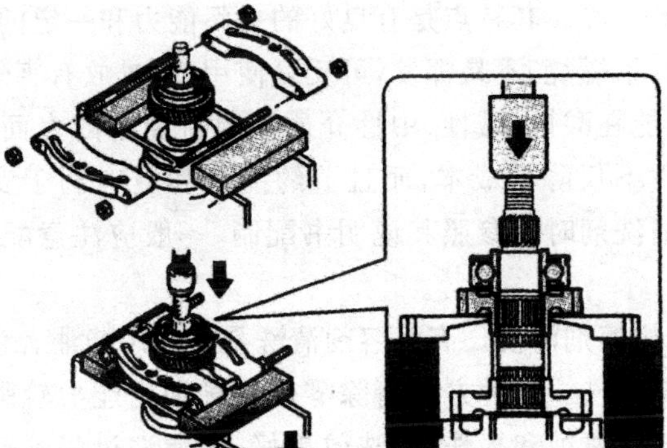

图 3-6　压力机拆卸轴承

③适当加热。当外部包围零件为铝质时，由于铝金属膨胀系数大，采用加热法拆卸较容易。

(3)铆接件拆卸。拆卸时一般用较铆钉直径小的钻头钻削铆钉，或用较大的平钻头将铆钉头钻削掉，冲出铆钉；对较大的铆钉头也可用氧乙炔割炬割去铆钉头后冲掉铆钉。

四、零件清洗

农业机械拆卸后，必须把零件上的尘土、油污、水垢、积炭等彻底清除。零件清洗分检验前清洗和装配前清洗。零件检验前清洗是为了便于检验零件的技术状态，提高测量准确程度；装配前清洗是为了除去尘灰、磨料及加工中的金属屑，防止带入机器内部，提高装配质量。

1.清洗油污

(1)金属清洗剂清洗。金属清洗剂常用的是水基金属清洗剂。金属清洗剂中含有表面活性剂，使油污变成有利于清洗的悬乳状、乳液状而被清除。其特点是有良好的去污能力和一定的防腐防锈能力；无毒，不燃烧，不易挥发，可反复使用，不排放有害气体；化学稳定性强，能在酸性、碱性、中性介质中保持稳定的表面活性。用它清洗零件不仅降低成本，而且节约能源和更有利于安全生产。使用金属清洗剂时应参照其说明书配制，一般应注意配制浓度和清洗温度。

(2)有机溶剂清洗。有机溶剂清洗是指使用柴油、汽油等有机溶剂来清洗零件。这种方法清除零件各种油污能力较强，对金属表面没有任何腐蚀和损伤，清洗效果好，但清洗过程不安全，易燃易爆，不但增加修理成本，而且还会浪费能源。

有机溶剂清洗只限于清洗遇到强碱容易腐蚀的零件和精密偶件，例如，燃油供给系精密偶件、铝合金活塞、滚动轴承及轴瓦等。

(3)超声波清洗。把带有油污的零件放进除油液中，并使除油过程处于一定频率的超声波场作用下的除油过程称为超声波除油。超声波除油可以强化除油过程，缩短除油时间，提高除油效率及质量，减少化学品的用量。特别是对形状复杂的零件、小型精密的零件、表面附有难除污物的零件都有显著的除油污效果。超声波功率大，清洗效率高，可根据维修规模和清洗需要选购适合的超声波清洗机，如图 3-7 所示。

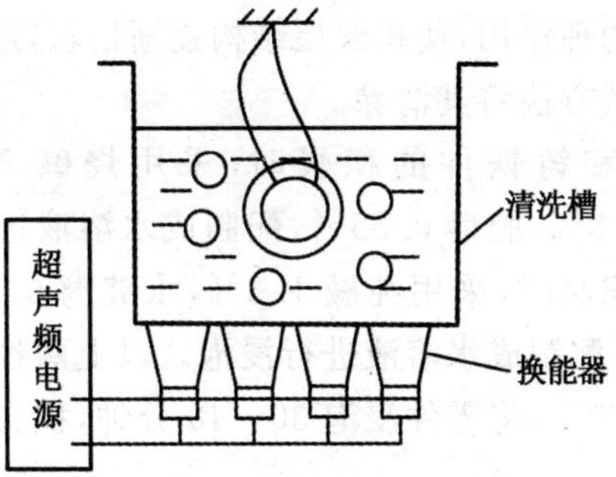

图 3-7　超声波清洗机

2. 清除水垢

发动机冷却系统所用的冷却水中含有许多矿物盐，它们在发动机工作过程中逐渐沉积在冷却系统的孔道及套壁上，形成水垢。水垢的导热系数仅为钢铁的 0.2%～5%，致使发动机散热不良，工作过热。常见水垢的主要成分是碳酸钙、碳酸镁、硫酸盐和硅酸盐等，是不溶于水的沉淀物。

由于冷却系统形状复杂，只能以化学方法将水垢变为溶于水的盐类加以清除。清洗方法是按 0.05%～0.1%的浓度配制磷酸三钠溶液，注入冷却系统中，工作 10～12 小时后放出。若水垢厚度大可再进行一次，最后用清水冲洗，防止腐蚀。如果拖拉机送修前未清除过水垢，进厂后可用盐酸溶液清洗水垢，在常温时，其浓度为 5%，一般要浸泡 30～40 分钟。铝合金零件的水垢一般采用 5%的硝酸溶液或 10%～15%的醋酸溶液来清除。

3. 清除积炭

积炭是燃料不完全的柴油和窜入气缸燃烧的机油的剩余产物，主要成分是沥青质、焦炭等，多积聚在气缸盖、活塞、气门和喷油器的针阀偶件上，积炭粗糙坚硬且与零件表面结合力很强，影响燃油的喷射雾化质量，气门的严密性，燃烧室零件的散热效率，积炭脱落后还会成为磨料加剧零件磨损。

清除积炭的最好方法是化学清除方法，利用化学溶剂与积炭层发生化学和物理作用，使积炭层结构逐渐松软，逐步分散于清洗液中或配合机械方法将其清除。

清除钢质和铸铁件的积炭时，采用烧碱 2.5%，水玻璃 0.15%，纯碱 3.3%，肥皂 0.85%，配制成水溶液进行浸泡。清洗铝合金零件的积炭时，采用纯碱 1.8%，水玻璃 0.8%，肥皂 1%，重铬酸钾 0.5%配制成水溶液进行浸泡。以上两种除炭剂溶液均要加热到 60～70℃，将零件浸泡 30～40 分钟，积炭松软后再用热水冲洗擦干净。

五、零件检验

对清洗干净的零件进行技术检验，以便根据检验结果，做出零件是继续使用，需要修理，还是报废的判断。

1. 零件检验标准

农机零件技术检验的标准有原厂标准、使用极限值和允许不修值三个。

(1)原厂标准。原厂标准也称为标准值，指制造企业在制造装配时遵循的技术标准。修理时，更换的新件和修复的旧件，都必须达到原厂标准。

(2)使用极限值。使用极限值是指零件的最大使用限度的尺寸。当零件磨损到使用极限值时，会造成农机工作能力、工作质量大幅度下降，甚至出现事故性损坏，所以应在达到使用极限值前及时修理更换。

(3)允许不修值。允许不修值是指零件的磨损量稍微超过原厂标准，但还未达到使用极限值，还可以继续使用一段时间的零件尺寸。修理时，对于达到允许不修值的零件，在不影响农机工作能力和安全性能的情况下，可继续使用。

2.零件检验方法

零件的检验方法有三种:感觉判断法、量具测量法和专用设备仪器检测法。

(1)感觉判断法。感觉判断法就是凭人的眼、耳、手来判断零件的明显缺陷。它要求检验者必须具备丰富经验。感觉判断法有以下几种:

①目测判断法。仔细观察零件的外表和形状,从外观检查零件有无损坏,如有无烧蚀、划痕、裂纹、剥落、损伤、变形等,并大致判断损坏程度。对柱塞、出油阀等精密零件进行鉴定时,可以采用放大镜以提高目测效果。

②声音判断法。对某些零件可以采用小锤轻击要检测的部位,根据其发出的声音特征来判断零件的技术状态。例如,气缸套、连杆等零件有无裂纹,轴承合金与基体结合是否紧密,螺钉连接是否松动等,都可以用声音判断法检验。

③手感判断法。用手仔细触摸零件表面,根据手感可以大致判断其表面质量及磨损程度;用手适当晃动配合零件,根据手感可以大致判断其配合间隙的大小。另外,用手感法还可以大致判断弹簧的弹力、皮带的张紧度、操纵杆的拉力、机油的质量以及密封圈的老化情况等。

感官判断法不需要量具和仪器,经济、方便,对于明显的缺陷可以迅速判断。但这种方法难以得出精确数据,其准确性和可靠性检验者的技术熟练程度、责任心以及生理和环境条件的影响。

(2)量具测量法。量具测量法是指用测量工具测量零件的几何尺寸、配合间隙、形状以及相对位置的变化程度。例如,用游标卡尺测量零件的外径、内径、长度、厚度、孔距等;用外径千分尺测量零件的外径、厚度等;用内径百分表精密测量零件的孔径、配合间隙等。量具测量法确定的磨损和变形数据,是零件修理更换的主要依据。

(3)专用设备仪器检测法。专用设备仪器检验法是利用专用设备仪器对零件的技术性能或内部缺陷进行检测，以判定其技术状况。在零件表面或浅层的微小裂纹及孔洞等缺陷，用感觉判断法难以观察，可用专用设备仪器检查，例如用水压实验法，检查气缸体、气缸盖和散热器等有无裂纹和渗漏；钢铁零件表层的微小裂纹及孔洞等缺陷，可用磁力探伤仪检查；钢铁零件表层以下的内部裂纹及孔洞等缺陷，可用超声波探伤仪或 X 光探伤仪检查。

采用量具测量法和专用设备仪器检验法，能够提高零件的检验精度，保证维修质量，但是需要一定的仪器设备，使用者也须具有一定的技术知识和相应的操作技能。

六、零件修理

零件修理是农机维修工艺过程的主要环节。常用农机零件修理方法如下：

1. 换件法

对于失效或损坏零件，当不能修复或不值得修复时，需更换新件的方法叫换件法。这种修理方法能够缩短停车修理时间，不需要较多的修理设备和很高的修理技术，而且容易保证修理质量。有时为了抢赶农时，对尚可修复的零件也可采用换件法，把换下的零件留到闲时修复或集中修复。但是采用换件修理法需要备有足够的配件。

2. 换位法

把已磨损零件调换一个方位，利用零件未磨损或磨损较轻的部位继续工作。如车轮可左右对调、飞轮齿圈可翻面使用、对称轴换个方向安装、相同的多个齿轮换位置安装、链条错几个链节安装或调换里外面安装、锤片式粉碎机的锤片换位安装等。

换位法是最简便、最经济的一种修理方法，但它在使用上有局限性，不能消除零件出现的缺陷，不能完全恢复零件的原有技术状态。

3. 调整法

农机的某些部位因零件磨损间隙增大时，可用调整调节螺钉或增加垫片等方法来恢复正常的配合关系。采用调整维修方法时，需要有相应的工具、量具或仪器，以提高调整精确度。例如，利用厚薄规检查发动机气门间隙，当气门间隙不符合标准时，用扳手和螺丝刀通过调整螺钉恢复气门间隙。

4. 局部更换法

对某些零件将其损坏严重的某一部分除去，用相应的制件，以焊接、镶嵌、螺栓等连接到原有零件上以恢复其工作能力，这种修理方法称为局部更换法。

如播种机开沟器一侧分土板坏了，可以把坏的部分去掉，做一个新的分土板焊接到原来位置；再如播种机的链条坏了一节，如果其他链节都完好，就没必要换整条链子，只要把坏的一节换好就行。这种方法可延长零部件的使用寿命，降低维修成本，但修复工艺复杂，操作水平要求较高。

5. 附加零件法

对某些失效的零件，将损坏的部位加工到一定的尺寸，再镶配一个相应的制件，以补偿基本零件的损坏，恢复其原有工作能力的修理方法，称为附加零件法。常用于修复损坏较严重的轴、孔类零件，如气门座磨损后可将座孔镗大，镶入一个相应尺寸的座圈，再进行铰削，以恢复气门与座的正常配合。但是采用这种方法需要有一定的加工条件，而且只有在零件的结构和强度允许的情况下才能应用。薄弱零件的加强也可以采用附加零件法，如犁柱、机架强度不足时附上件加强。

6. 矫正法

矫正法有机械矫正法和火焰矫正法。利用机械力的作用，使变形的零件在常温或加热的状态下恢复正确形状的工艺方法称为机械矫正法；利用火焰加热变形零件的一定部位，使之恢复正确形状的工艺方法称为火焰矫正法。

农机具变形矫正一般采用机械冷矫正，常用工具有丝杆拉马、千斤顶和一些简单的钢管及扳手等。机架变形可采用冷矫正，为防止变形，在机架上焊上拉筋，直角处焊支撑角铁或铁板条。有的弯曲较大的变形要进行热矫正，将弯曲处加热到700～1 000℃后进行矫正。

7.修理尺寸法

配合件修理时，将配合零件中较贵重的零件按修理尺寸加工恢复其几何形状，而另一零件换用相应修理尺寸的配件，以恢复其配合性质的修理方法称为修理尺寸法。

修理尺寸是零件磨损表面通过修理，形成符合技术文件规定的大于或小于原设计基本尺寸的修理加工基本尺寸系列。相邻的两个修理尺寸的差值称为修理尺寸级差，常用的修理尺寸级差为0.25毫米。如拖拉机的气缸磨损后，可以按修理尺寸镗磨，直径加大0.25毫米、0.5毫米、0.75毫米、1.0毫米或1.25毫米，同时配用相应加大尺寸的活塞和活塞环等。

8.恢复尺寸法

配合件修理时，将其磨损部位恢复到标准尺寸，以恢复其配合性质的修理方法称为恢复尺寸法。恢复到标准尺寸可以通过焊接、电镀、胶补、锻压等方法，采用此方法要考虑经济效益，一般修复零件的费用不能超过原价格的50%。如轴磨损严重后，可以进行补焊，再用车床车到零件要求尺寸，但是要求修复后的轴不能明显变形、硬度和耐磨性不能降低，不能影响使用。

七、装配工艺

1.装配原则

(1)遵守正确的装配顺序。装配一般是按拆卸相反的顺序进行，由零件装配成部件，由部件装配成总成，最后装配成机器。装配过程中遵循从里到外、从下到上，以不影响下道工序为原则的次序进行。并注意做到不漏装、错装和多装零件。

(2)注意装配前零件的清洗和润滑。零件在装配前必须再次彻底清洗,并在装配过程中严格保持清洁。经过钻孔、铰削或镗削的零件,应用压缩空气吹净。例如,在缸体上镗削气缸后,必须仔细清理和冲洗润滑油道,以防止金属屑、污垢及棉纱进入油道。

对于间隙配合件,例如气缸与活塞、轴与轴瓦等,应在相对运动的表面上涂以清洁的、与工作中一致的润滑油,以防止在初始运转的瞬间由于干摩擦而发生机械事故。

(3)注意零件标记和装配记号的检查核对。凡有装配位置要求的零件(如正时齿轮等)、配对加工的零件(如曲轴与瓦片、活塞销与铜套等)以及分组选配的零件等均应进行检查核对。

(4)做好装配前零件的检验和选配。零件本身符合技术要求是保证机器装配质量的基础。为此,装配前必须严格检查,那些制造、修复质量低劣和保管、运输不当造成的废件都不许进行装配。

由于新件、修复件和继续使用件同时参与装配,装配前的选配工作显得特别重要。应当按配合件的装配技术要求,认真做好选配工作,例如多缸发动机的气缸、活塞、活塞环应采用同一级修理尺寸,购买时,应购买成套组件,装配时不能错乱。

(5)认真组织好装配过程中的中间检查。为保证机器的装配质量,在装配过程中,应做好各主要装配工序之间的检查。例如,活塞、活塞销和连杆组装后,要对活塞转动的灵活性,活塞裙部的圆度和活塞裙部对连杆大端孔轴线的垂直度进行检查。

在封盖装配之前,要切实仔细检查一遍内部所有装配的零部件、装配的技术状态、记号位置、内部紧固件的锁紧等,并做好一切清理工作,再进行封盖装配。

(6)注意锁紧和密封。装配中注意密封零件和安全锁止零件的技术状态,所有密封部位,其结合平面必须平整、清洁,各种纸垫两面应涂以密封胶,以防漏气、漏水、漏油和其他机械事故的发生。

(7)正确选用工具设备。装配过程中尽可能采用专用工具和设备，切忌猛敲狠打，以提高生产效率，保证装配质量。

2. 典型零件装配

(1)螺纹连接件装配。

①注意检查螺纹连接件的技术状态。螺纹部分应无重大损伤，螺杆应无弯曲变形。除特殊螺纹连接件外，一般螺纹配合在自由状态下，应能用手拧动，而无松动。螺纹拧紧后，螺钉头或螺母下平面应与被连接零件接触良好。

紧固螺丝忌"宁紧勿松"

农机各部件达不到规定扭矩螺栓会松脱，固然不好，但盲目增大扭矩，会使被紧固零件变形，无形中人为造成螺杆拉长，使螺纹变形甚至断裂，危害更大。

②螺纹表面、螺钉或螺母与被连接件接触的表面应保持清洁，无毛刺和泥沙等污物，否则，容易产生拧紧的"虚假"现象。

③要按规定的拧紧力矩拧紧。重要的螺纹连接(如气缸盖螺栓)都规定了必须的拧紧力矩，装配时应用扭力扳手严格执行。对于普通螺纹连接，应按规定拧紧，严禁任意加大力臂，并尽可能不使用活扳手，以免将螺纹拧坏或拧断螺杆。

④装配成组螺纹连接时，遵循由里向外，对称交叉的顺序进行。并做到分次用力逐步拧紧，以免零件变形、损坏，出现漏油、漏水、漏气现象。

⑤螺纹连接的防松。为防止松动，应正确使用防松装置，一般用弹簧垫圈、螺母、锁片和钢丝锁紧。必须注意螺纹连接锁紧零件的完整性，以防止在工作中松脱，保证机器安全运转。

⑥螺纹连接的装配在农机修理劳动总量中占很大比重，应当采用先进的工具，例如电动扳手或气动扳手，以降低劳动强度，提高生产率。

(2)油封装配。安装油封前,须检查轴颈表面是否过于粗糙,有无伤痕,尤其是有无沿轴向的较长伤痕。如果轴颈表面过于粗糙,则容易损坏油封或加速唇口的磨损,破坏其密封性能。若轴颈表面因拆装不当造成较为严重的钝击伤痕,会使油封唇口与轴颈表面贴合不严,造成油液渗漏。若出现上述两种情况,可对伤痕部位堆焊后重新按规定的轴颈尺寸上车床车圆,或者更换新轴。如果轴颈只有金属毛刺或轴头飞边等,可用锉刀修磨平整。

检查油封唇口有无破缺、伤裂或油化腐蚀,如有这些不良现象,应更换新油封。

检查油封的唇部孔径,其内径要较轴颈直径小1/10左右,并装有弹簧。安装时应将有弹簧一边装在内侧封油的方向。往轴上安装时应注意不要碰掉弹簧。无论是向轴上或孔中安装油封胶圈,凡有油封槽的,均要将油封胶圈平整地放入油封槽中,不应有扭曲现象,特别是油封往孔中套装时尤要注意,必要时应涂以润滑油,以方便安装。

(3)圆锥链接件装配。装配圆锥连接时,应注意其配合表面的贴合量不小于70%,必要时,可用配合表面互研涂红丹来检查贴合面积。安装时,一般应先压入有倒角的一端。安装后带锥度的轴小端不能伸出锥孔,以保证可靠地紧固。

(4)齿轮装配。为保证齿轮传动平稳,振动和噪声小,齿轮装配时应注意检查两啮合轮齿间的齿侧间隙和接触印痕。

①检查齿侧间隙有两种方法:一种是压保险丝法,即将直径大于齿侧间隙的保险丝置于两相互啮合的轮齿之间,经转动齿轮压扁后,测量最薄处的厚度,即为所测的齿侧间隙。另一种是百分表法,即将百分表触头与一齿轮齿面垂直接触,并将另一齿轮固定,然后来回晃动与百分表触头接触的轮齿,测出其晃动量,即为齿侧间隙。

②通过啮合印痕的检查,能综合地反映出齿轮的装配质量。具体方法是:在主动齿轮齿面上涂一层很薄的红色印泥,然后,在

轻微的制动下，将齿轮沿工作方向转动几圈，这时被动齿轮齿面便染上印痕。正确的印痕长度不应小于齿长的70%，宽度不应小于齿高的50%，并且要求印痕在纵向中部节圆位置上。

(5)滚动轴承装配。如果轴承安装不正确，可使轴承及其相关部件工作条件恶化，磨损加速，破坏运转的平稳性，甚至发生轴承咬死或烧毁等严重事故。滚动轴承装配注意事项：

①待安装的轴承应清洁，无锈痕、擦伤和疲劳剥落麻点，保持架应无毛刺、锐边和微细裂纹，旋转灵活均匀，无卡滞和旷动过大现象，其轴向和径向间隙在要求范围内。

②如果轴是转动的，并承受径向载荷，则轴承内圈与轴是过盈配合，外圈与孔是过渡配合；反之，如果座孔零件是转动的，则配合关系与前述相反。拖拉机上的轴承大多属于前一种情况。

③为避免损坏零件，保证安装质量，应先将轴承放入60～100℃热机油中预热，使内圈的内径略有胀大，然后利用专业压器迅速将轴承安装到轴上。安装时，最好使用压力机压入轴承，也可用手锤轻击压器压入，但不允许直接锤击滚动轴承。

(6)键连接装配。平键与半圆键连接的装配大致相同。装配时应首先清除键的锐边及轴和轮毂上键槽的锐边，清理好键槽底面，使键底平面与键槽贴合，两侧用厚薄规检查，不应有间隙，应有一定的过盈量。键与轮毂键槽的配合，比键与轴键槽的配合略微松一点，这样便于装卸。

安装楔键时，在去掉键及槽的锐边后，先将轮毂套在轴上，使轴与轮毂键槽对正，在键斜面上涂些白铅油，将键打入。楔键两侧与键槽要有一定间隙，但楔键的顶面和底面与键槽不能有间隙。

八、磨合试车

1. 磨合

磨合是指农机总成或机构组装后，改善零件摩擦表面几何形状和表面层物理机械性能的运转过程。磨合分为冷磨合和热磨合。冷磨合是由外部动力驱动总成或机构的磨合;热磨合是指发动机自行运转的磨合。

磨合规范的主要参数是转速、负荷和润滑油,维修后的农机应按规定的磨合规范进行磨合。

2. 试车

农业机械,尤其是拖拉机总装磨合之后,通常还需要进行试车运转,主要目的是检查修理质量和进行全面调试。

(1)试车前的检查和准备。

①系统地检查各组成部分的完整性、连接的正确性和可靠性,如有不当应予以纠正。

②检查各调整部位调整的正确性,必要时,予以补充调整。

③检查操纵机构静态操纵的灵活性,照明和信号装置的工作是否正常。

④检查轮胎气压是否正常,必要时,予以补充充气。

⑤加足燃油、润滑油和水,检查蓄电池,制动铰置、液压系统、空气滤清器等的溶液和油是否足够,检查各管路和接头有无泄漏现象。

⑥向各润滑点加注润滑脂(黄油)。

(2)试车。拖拉机修后的厂内试车包括发动机空转和整车空驶两个部分。

在试车过程中,应随时注意检查各系统,各部位的技术状态和各种仪表的读数。当发现有异常现象时,应根据具体情况,或者立即停车予以排除,或者留待试车后排除。

(3)试车后检查和调整。拖拉机试车后,除将试车中发现的各种缺陷和故障加以排除外,还应对整车重新进行全面检查和调整.其主要工作内容如下:

①趁热放出发动机油底壳中的机油和传动系统中的齿轮油，并用柴油进行清洗。

②清洗各种滤清器，必要时，更换滤芯。

③检查发动机，离合器，制动器和转向机构的各项调整参数，必要时重新进行调整。

④检查并重新紧固各部位的螺栓螺母，重点是气缸盖、前后轮和各总成之间连接的螺栓。

⑤检查并维护电气设备，保证其正常工作。

九、验收交付

磨合试车后，应由修理负责人和送修人当面检验验收。主要要检查发动机、底盘和整机三个方面。

1.发动机检查

对发动机要检查是否按磨合规范进行磨合；检查磨合和试车中产生的故障和排除情况；按照大修竣工技术条件，检查发动机标定功率、燃油消耗率、启动性能、加速和减速状况、调速器的灵敏度、各工况及怠速工作的稳定性、油温、水温和油压、有无异响等。

2.底盘检查

对底盘要检查是否按技术规程磨合，各工作机构是否操纵灵活、可靠，有无异响或其他故障。

3.整机检查

对整机要进行机车外表检查，应完整无缺，无“三漏”，灯光信号工作可靠，农具工作正常，轮式拖拉机和农用运输车要特别注意制动性能的检查。

检查合格后应填写农机维修记录表（表3-1），签订三包合同，最后办理修理竣工的有关交接手续，并建立修理技术档案。

表 3-1　农机维修记录表

送修人		送修日期	
送修单位		竣工日期	
维修机具名称			
主要故障			
维修项目		维修工时	
		工时费	
更换主要零件名称及数量		换件费	
		维修费合计	
维修人签名		送修人签名	

维修技术档案是承修及送修双方存档备查的关于农机损坏情况、修理情况、修理质量检验及验收结果等的记录资料，它是掌握和分析机器技术状态，以便采取相应的修理措施修好机器的主要依据，是检查修理质量和在交付使用后发生问题时检查分析原因的依据. 也是判断维修事故的责任的依据。修理厂必须认真填写好维修技术档案材料，并加强管理工作，档案内容主要包括接车记录、修理过程记录和交车记录等内容。

第4章　拖拉机维修技术

拖拉机是以柴油机为动力，用于牵引和驱动作业机械完成各项移动式作业的自走式动力机械。拖拉机按行走方式可分为轮式拖拉机、履带式拖拉机；按操纵方式分为方向盘式拖拉机、操纵杆式拖拉机和手扶式拖拉机；按发动机功率分为大型拖拉机(36.78千瓦以上)、中型拖拉机(14.7～36.78千瓦)和小型拖拉机(14.7千瓦以下)。拖拉机种类虽多，按其结构组成通常由柴油机、底盘和电气设备三大部分组成。

拖拉机维修的主要内容包括柴油机维修、底盘维修和电器设备维修。

一、柴油机维修

柴油机以柴油为燃料，具有运转平稳、工作可靠、经济实用、使用维护方便等特点，是农业机械的主要动力源。柴油机种类繁多，有单缸和多缸、风冷和水冷、增压和非增压等多种类型。按柴油机的基本组成，其维修的主要内容包括机体部件维修、供给系统维修、冷却系统维修和润滑系统维修等。

(一)机体部件检修

柴油机机体部件检修的主要内容：一是更换四配套(即活塞、活塞销、活塞环和气缸套选配)；二是检查曲轴，需要时磨轴和更换加大轴瓦；三是检查气门组零件，更换不合格件，研磨气门；四是检查调整喷油泵、喷油器；五是更换整机密封件和高强度螺栓等。

1. 更换气缸套

气缸的常见损伤有表面磨损、拉痕、裂纹、湿式缸套穴蚀。在正常磨损情况下，气缸沿工作表面在活塞环运动区域内呈上大下小的不规则锥形，磨损的最大部位是活塞在上止点位置时第一道活塞环对应的气缸壁，并形成缸肩现象，气缸沿圆周方向的磨损也是不均匀的，形成不规则的椭圆形。

(1)气缸检测。

①直观检测气缸表面是否裂纹、拉伤、穴蚀。

②测量气缸，每个气缸测量位置取上、中、下(A、B、C)三个横截面，每个截面取横向和纵向两个方向，共计 6 个测量位置，用外径千分尺和量缸表测量，如图 4-1 所示。

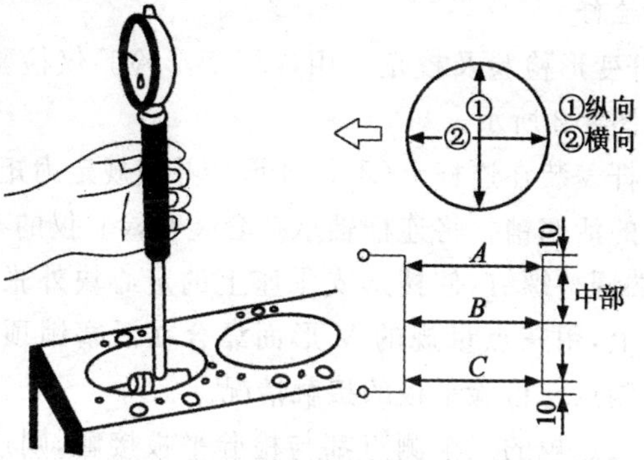

图 4-1　气缸磨损测量(单位:毫米)

测量结束后，计算气缸的最大磨损、量圆度、圆柱度。

最大磨损量:气缸最大磨损尺寸与未磨损尺寸差值。

圆度:同一横截面上不同方向测得的直径差值之半为该截面圆度值，三个横截面最大圆度值为该气缸圆度值。

圆柱度:不同横截面上任意测得的最大与最小直径差值之半。

以上 3 项指标中任一项过允许值(参照维修手册)，均须镗磨或更换气缸套。

(2)气缸套更换。气缸套磨损超限、气缸套裂纹以及气缸套与承孔配合松旷漏水等,都必须更换气缸套,拖拉机多采用湿式气缸套,更换较为简单。

①用气缸套拆装工具拉出旧气缸套。

②检查气缸套承孔,清除承孔内杂质。

③将新气缸不带阻水圈装在气缸体内,检查缸套上端面凸出缸体高度,应高出缸体平面 0.05～0.15 毫米。

④检查阻水圈,将阻水圈装在气缸套上,应高出缸套外圆柱面 0.5～1 毫米,阻水圈侧面有 0.5 毫米余隙。

⑤镶装气缸套:用专用工具或压力机将缸套按隔缸镶装的顺序缓缓压入,并对缸体进行水压试验。

2. 连杆检修

(1)连杆变形检验及校正。用连杆变形检验仪检验连杆的弯曲、扭曲,如图 4-2 所示。

①将连杆盖装在连杆上(不带轴承),并按规定力矩拧紧,同时装上修配好的活塞销。将连杆轴承孔套装在检验仪的菱形支承座上,调整轴端调整螺钉,使棱形支承座上的定心块外张,将连杆固定在检验仪上,用三点量规的 V 形面靠合在活塞销顶面上,观察量规的三个测点与检验平板的接触情况。

②如果三点规的三个测点都与检验平板接触,则连杆既无弯曲也无扭曲。

③如果下面两测点与平板接触,而上测点与平板不接触,则表明连杆发生了弯曲,此时用厚薄规测得测点与平板的间隙值,即为连杆在 100 毫米长度上的弯曲度值。

④如果只有一个下测点与平板接触,另一下测点与平板的间隙,即为连杆在 100 毫米长度上的扭曲值。如上测点与平板的间隙不等于扭曲值的一半,则连杆既有弯曲又有扭曲。

连杆在 100 毫米长度上的弯曲度值不应大于 0.03 毫米,扭曲度值不应大于 0.06 毫米。否则需用连杆校正仪校正,如图 4-3 所示。同时存在弯曲和扭曲变形时，先校扭，后校弯。

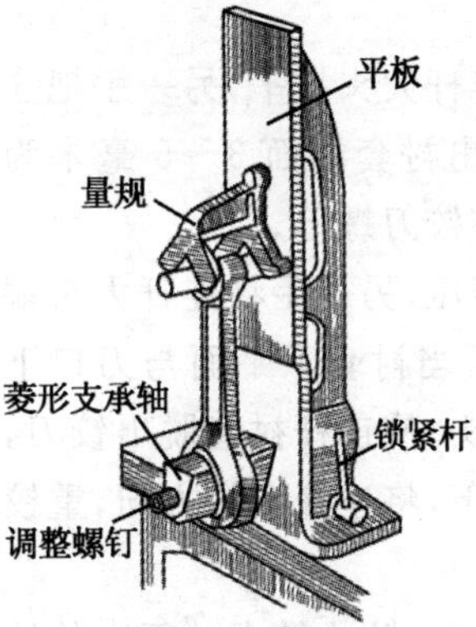

图 4-2　连杆变形检验

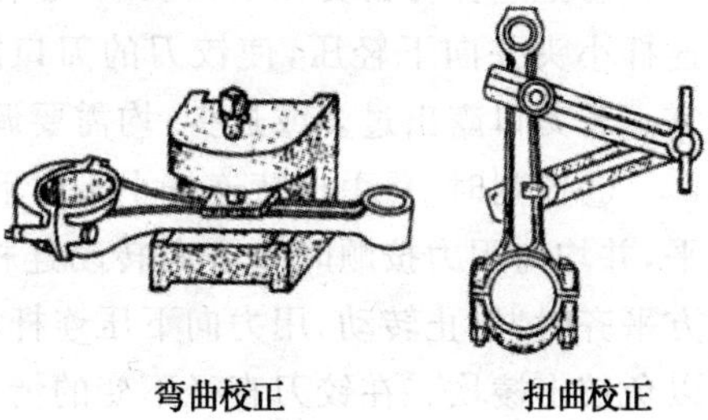

图 4-3　连杆校正

(2)连杆衬套铰削。柴油机维修，在更换活塞、活塞销的同时，也要更换连杆衬套，以保证它们之间的配合要求。一般柴油机连杆衬套与活塞销的配合间隙为 0.005～0.02 毫米。

更换连杆衬套，可使用压力设备和专用工具，压出旧衬套，压入新衬套，如图 4-4 所示。将新的连杆衬套压入后，应先按连杆机油孔的大小和位置将衬套钻通，然后根据活塞销的外径尺寸，用活动铰刀进行手工配铰衬套内孔，如图 4-5 所示。

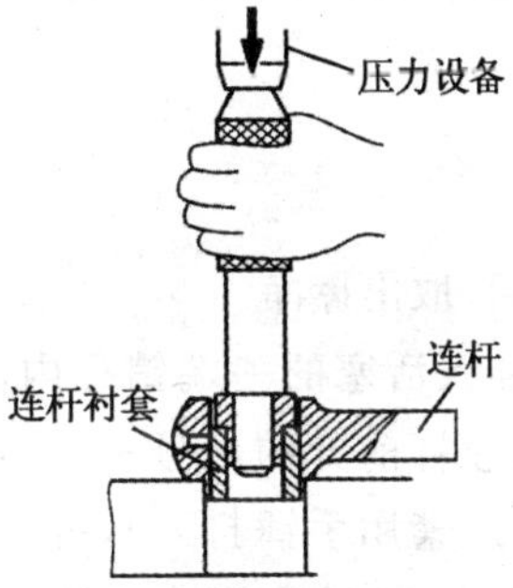

图 4-4　拆卸连杆旧衬套

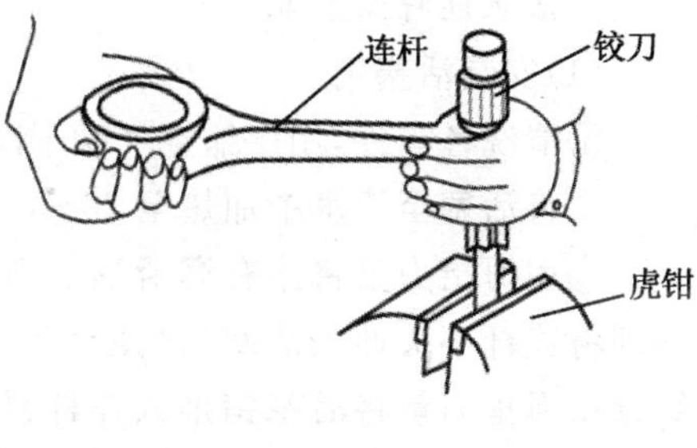

图 4-5　铰削连杆衬套

①根据活塞销直径，选用合适的活络铰刀，将铰刀夹在台虎钳上，并使铰刀与钳口平面垂直。

②把连杆衬套套在铰刀上，一手将连杆大头托平，另一手把住连杆小头并向下轻压，使铰刀的刀口露出衬套端面3～5毫米为宜。若刀口露出过多或过少，均需要调整铰刀螺母。

③铰削时，一手把持连杆小头向下轻压，另一手将连杆大头端平，并均匀用力按顺时针方向转动连杆。当衬套下平面与刀口下方平齐时，停止转动，用力向下压连杆小头，使连杆衬套脱出铰刀，以免铰出棱坎。在铰刀直径不变的情况下，将连杆调转方向，重铰一次。

④在铰削过程中，应随时用活塞销试配，防止铰大。每次的铰削量不宜过大，一般使铰刀的调整螺母旋转60°～90°为宜。

⑤当铰削到用拇指能将活塞销轻松推入衬套1/3～1/2部位时，应停止铰削。再将活塞销压入衬套，并夹在台虎钳上来回转动连杆进行研磨2分钟左右，然后取出活塞销，根据接触面积的大小，适当进行修铰或研磨，直到接触面积和配合间隙均符合技术要求为止。

活塞销与连杆衬套配合间隙经验判断：以拇指能将机油的活塞销推过衬套为好，或将涂有机油的活塞销装入衬套内，连杆与水平面倾斜成45°，用手轻击活塞销应能依靠自重缓缓下滑为宜。

3. 活塞连杆组装配

(1)安装活塞销。

①清洗各零件，用压缩空气吹干净。

②将活塞至于水中加热至70～80℃后，取出擦净。

③用拇指力量将涂有润滑油的活塞推入活塞的一端销孔内，随即将连杆小头伸入活塞内(注意活塞与连杆前方的记号一致)，继续用拇指力量将活塞销推入连杆衬套(严禁用手锤打入)，直至活塞的另一头销孔边缘，使活塞销端面与销卡环槽的端面平齐为止。

④装入卡环，卡环嵌入环槽的深度应不少于环径的 2/3；卡环在环槽中与活塞销两端有间隙，以保证活塞销热胀余地。

⑤检查活塞与活塞销的配合，活塞销应能在活塞销座和连杆衬套中平滑移动。

(2)检查活塞环。

①用厚薄规测量活塞环与活塞环槽壁之间的侧隙，如图 4-6 所示，一般值为 0.06～0.09 毫米。

②将活塞环放入气缸内，用活塞将活塞环推平。用厚薄规测量开口的端隙，如图 4-7 所示，气环间隙 0.2～0.4 毫米，油环间隙 0.25～0.5 毫米。如端隙小于规定值，可用细平锉刀对环的端口进行锉修。

注意：只能锉削一端环口且应平整；锉修后，应去除毛刺，以免刮伤气缸壁。

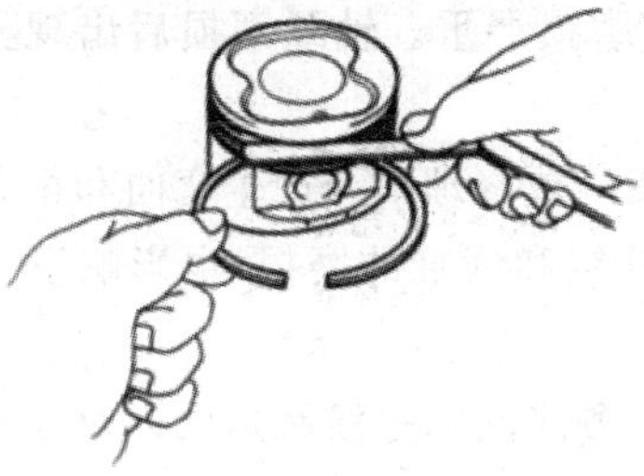

图 4-6　检查侧隙

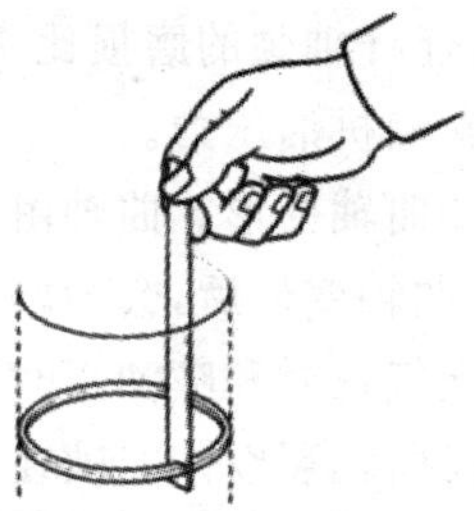

图 4-7　检查端隙

(3)安装活塞环。用活塞环安装专用工具，将各道活塞环按规定顺序装入活塞环槽内，顺序是先装油环，最后装第一道气环。第一道气环为镀烙的，必须装入第一道环槽，装配时内圆切槽的朝上，外圆切槽的朝下，环上的代码标记朝上，切勿装反。

活塞环的开口在环槽内的位置应是在圆周上按 120°均匀错开，同时让第一道环的开口避开活塞销座及侧压力较大的方向。

(4)安装活塞连杆组。

①将气缸壁,连杆轴颈等部位涂以润滑油。

②检查活塞、连杆、连杆盖上的标记是否一致,再用活塞环安装器紧活塞环,用手锤木柄轻敲活塞顶,将活塞推入气缸,在曲轴箱方向用手接住连杆大头套入连杆轴颈。

③盖上连杆盖,注意连杆盖的记号和方向,有调整垫片时,不可漏装,分 2 次上紧连杆螺母到规定扭紧力矩。

4. 曲轴检修

曲轴受力大,并承受冲击交变负荷,常采用优质低碳合金钢模锻,有的采用球墨铸铁。

(1)曲轴常见损伤。

①轴颈磨损。曲轴轴颈的磨损是不均匀的,主轴颈的最大磨损在靠近连杆轴颈的一侧,连杆轴颈的最大磨损部位在主轴颈的一侧,连杆轴颈的磨损比主轴颈的磨损严重。轴颈磨损后出现异响并影响机油压力。

②曲轴变形。曲轴由于使用不当或修理不当产生弯曲和扭曲变形,曲轴变形后,会加剧活塞连杆组和气缸的磨损,也影响发动机的配气正时和喷油正时。

③曲轴裂纹。曲轴在曲柄与轴颈之间的过渡圆角处以及油孔处,易产生裂纹,严重时将造成曲轴断裂。

(2)曲轴变形检验与校正。如图 4-8 所示,将曲轴两端主轴颈分别放置在检验平板的 V 形铁上,将百分表触头垂直地抵在中间主轴颈上,慢慢转动曲轴一圈,百分表指针所示的最大摆差,即中间主轴颈的径向圆跳动误差值,若≤0.15 毫米,可结合磨削主轴颈予以修正。

曲轴弯曲变形超过 0.15 毫米则应进行冷压校正。将曲轴用 V 形铁架住两端主轴颈,用油压机沿曲轴弯曲相反方向加压。由于钢质曲轴的弹性作用,压弯量应为曲轴弯曲量的 10～15 倍,并保持 2～4 分钟,为减小弹性后效作用,最好采用人工时效法消除。

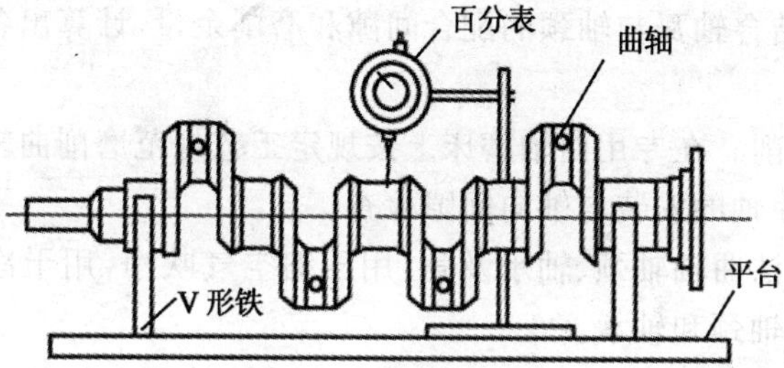

图 4-8　曲轴弯曲检测

人工时效处理，即在冷压后，将曲轴加热至 300～500℃，保温 0.5～1 小时，便可消除冷压产生的内应力。

(3)曲轴磨损测量。选择测量部位，每轴颈靠近圆角处选 1-1、2-2 两位置，每个位置上选 A-A、B-B 两方向。如图 4-9 所示。

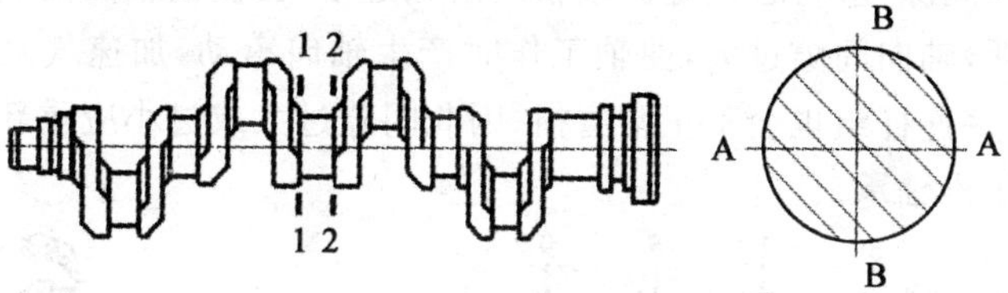

图 4-9　曲轴轴颈磨损测量部位

用外径千分尺测量每道主轴颈和连杆轴颈的外径，计算轴颈磨损后的圆度、圆柱度、最大磨损量。

主轴颈和连杆轴颈圆度、圆柱度不应超过 0.025 毫米，否则磨削修理。

(4)曲轴轴颈磨修。

①确定修理尺寸。曲轴修理尺寸共 6 级，级差 0.25 毫米。根据曲轴最大磨损直径、圆度、变形量确定修理尺寸。各主轴颈和连杆轴颈，应分别磨修成同一级修理尺寸。

②曲轴磨削尺寸的确定。曲轴修理尺寸确定后，选购同级别

的轴瓦,结合轴瓦与轴颈的配合间隙和磨削余量,计算出各轴颈的磨削尺寸。

③磨削。在专用曲轴磨床上按规定工艺规范磨削曲轴。

(5)曲轴的安装与轴向间隙检查。

①清洁曲轴轴颈、轴承及盖,用压缩空气吹净,用干净机油润滑曲轴主轴颈和轴承。

②放入曲轴上轴瓦后,将曲轴装在气缸体下曲轴箱内。按图4-10所示,顺序拧紧,以防曲轴变形,分2～3次拧紧主轴承盖螺栓到规定扭矩。

③摇转曲轴,应转动灵活。

④检查轴向间隙。如图4-11所示,在曲轴前方放上百分表,用螺丝刀来回撬动曲轴时,观察百分表数值摆动的差值,即为曲轴的轴向间隙,应符合规定。轴轴向间隙过小,会使曲轴因受热膨胀而卡死,轴向间隙过大,曲轴工作时产生轴向窜动,加速气缸的磨损,活塞连杆组也会不正常磨损,因此间隙过大或过小应重新选配轴向止推轴承。

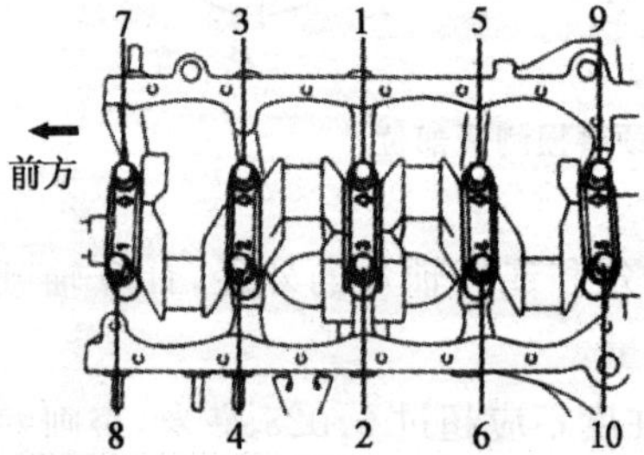

图4-10　曲轴主轴承盖螺栓拧紧顺序

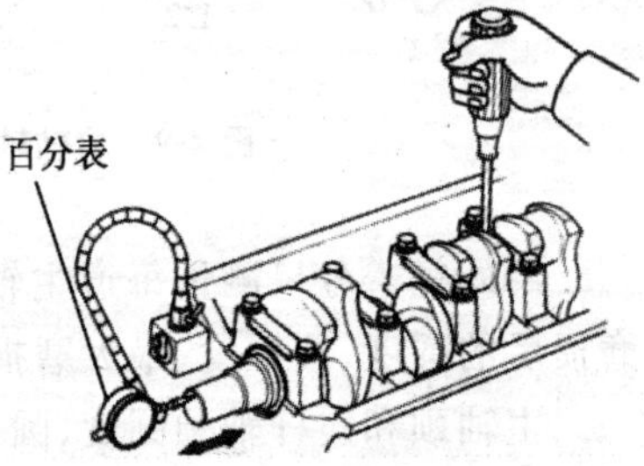

图4-11　曲轴轴向间隙检查

5.气缸盖组件检修

(1)气缸盖检修。

①裂纹检修。气缸盖产生裂纹一般是由于设计制造中的缺陷、冷却水结冰或意外事故造成的,气缸盖裂纹多发生在冷却水套

薄壁处或气门座处。产生裂纹后会导致漏气、漏水、漏油，影响发动机的正常工作。通常采用目测和水压试验来检查，一旦检查出裂纹可视情况进行焊修、胶黏等，必要时进行更换。

②变形检修。缸盖变形是指与气缸体的结合平面的平面度误差超限。缸盖变形的原因一般是热处理不当、缸盖螺栓拧紧力矩不均或放置不当等引起的。如图 4-12 所示，用刀口尺和厚薄规沿气缸盖的六个方向进行检查，厚薄规测量的间隙最大值为平面度误差。气缸盖下平面的平面度误差，在任意 50 毫米×50 毫米内不得大于 0.05 毫米，在整个平面上不得大于 0.1 毫米，在相邻两燃烧室之间的平面上，不允许有明显的划痕或击伤，否则应予以修理。

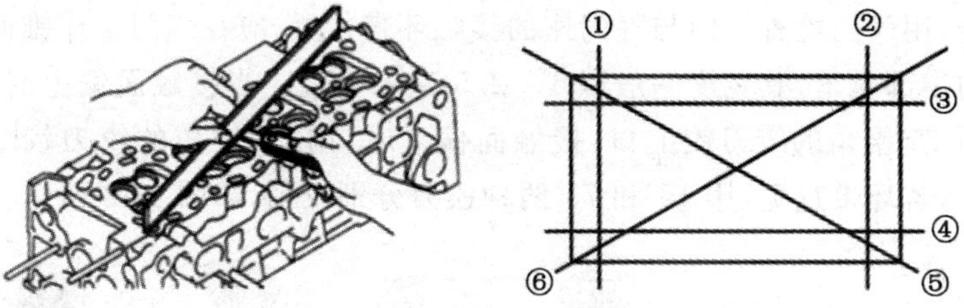

图 4-12　气缸盖平面度检测

气缸盖与进、排气歧管接合平面的平面度检查方法同上，气缸盖与进、排气歧管接合平面的平面度极限值为 0.10 毫米。

气缸盖下平面的平面度超过规定极限值时，可用刮削、研磨、磨削的方法修理。磨削时，注意气缸盖的最小厚度尺寸应保持在极限值以上，否则应更换气缸盖。

(2)气门座铰削。若气门座烧蚀严重，或密封环带过宽时，应对气门座进行铰削加工，如果气门导管孔磨损严重，则需要更换新的气门导管后，再铰削气门座。气门座通常采用手工铰削，工艺过程如下：

①选择铰刀。铰削前应根据气门座及气门导管孔的尺寸选择

合适的铰刀及导杆。导杆以轻易插入气门导管内，无旷动量为宜，柴油机的进、排气门与气门座的密封锥角基本上都是45°，因此可采用45°、15°和75°三种铰刀，其中45°铰刀又分为粗刃和细刃两种。

②砂磨硬化层。气门座接触环带上若有硬化层时，铰削往往会使铰刀打滑。遇到此情况，应使用粗砂布垫在铰刀下面先磨掉硬化层。

③粗铰。选用45°粗铰刀铰削密封斜面，两手握住手柄垂直向下均匀用力，并只作顺时针方向转动，转动要平稳，不允许倒转或只在小范围内转动，直至将烧蚀、斑点等缺陷铰去为止。

④调整环带位置和宽度。粗铰后，在气门座铰削表面上涂红丹，用气门检查气门与气门座的接触环带位置，应在气门工作锥面的中部靠里，其宽度一般以1～2.5毫米为宜。当接触面偏上时，用15°锥角的绞刀铰上口，接触面偏下时，用75°锥角的绞刀铰下口，若环带过宽，用15°和75°两种铰刀分别铰削，如图4-13所示。

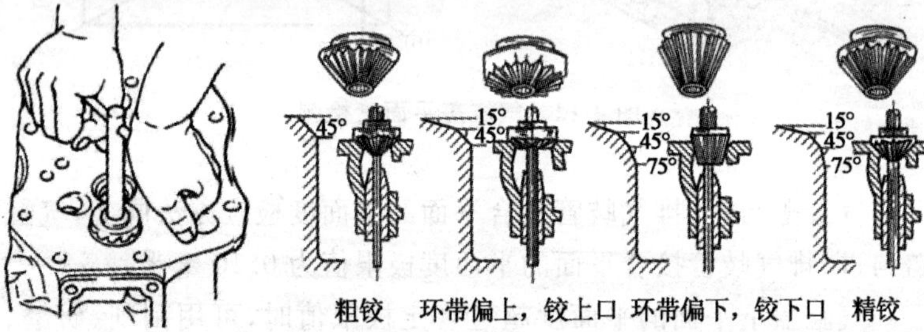

图 4-13 气门座铰削

⑤精铰。选用45°细刃铰刀进行精铰，并在铰刀下面垫以细纱布进行磨修，以降低气门座口表面粗糙度。

(3)气门座镶换。气门座有裂纹、松动、烧蚀或磨损严重；或经多次铰削，气门下陷量大于2毫米以上，应镶换新的气门座。

①拆卸旧气门座。注意拆卸旧气门座时不要损伤气门座承

孔，拆卸方法有：

拉拔法拆卸，如图 4-14 所示，用某一拉拔工具将气门座圈直接从气缸盖上拉拔出来。

点焊法拆卸，如图 4-15 所示，用废旧气门加工成气门头刚好能通过气门座圈内孔而落入气门座圈下面，在气门座圈上点焊几点，轻轻敲打气门杆尾部，即可将旧气门座拆除。

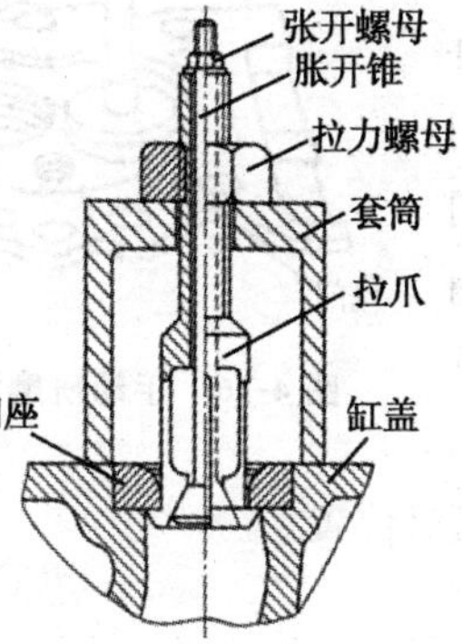

图 4-14　拉拔法拆卸气门座

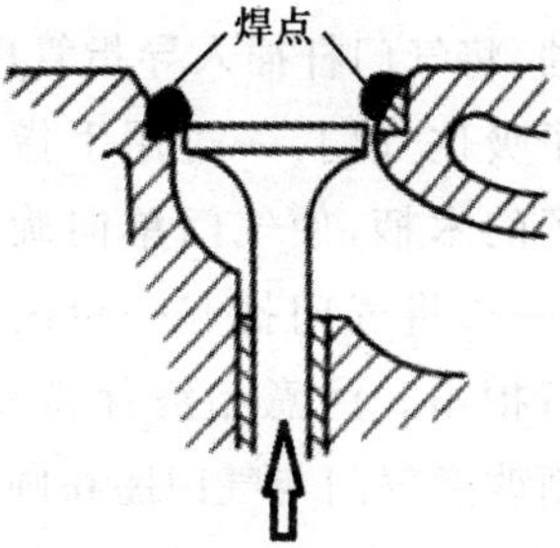

图 4-15　点焊法拆卸旧气门座

切削法拆卸，在机床上用刀具将气门座圈切削掉。

电焊加热法拆卸，采用电焊设备用焊条对沿气门座圈的内表面连续均匀点焊，当气门座圈被加热发红时，立即在气门座圈上浇上冷水，此时气门座圈通常会断裂。采用此法不宜对气门座圈加热时间过长，一般以气门座圈被加热到发红为止。

②新气门座的镶换。根据气门座承孔内径选择相应的新气门座圈，新座圈与座孔一般有一定的过盈量，将气门座圈镶入座圈孔内，通常采用冷缩和加热法，冷缩法是将选好的气门座圈放入液氮中冷却片刻，使座圈冷缩；加热法是将气缸盖加热 100°左右，迅速将座圈压入座孔内。

(4)气门与气门座研磨。研磨前将气门、气门座、导管清洗干净。检查各缸气门头下陷量趋于一致，并在气门头部平面做好位置记号，以免错乱。手工研磨，如图 4-16 所示，使用电动或气动研磨机进行研磨效果更好。

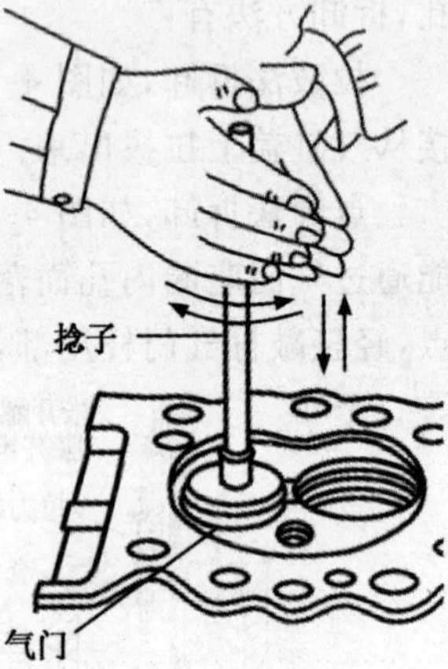

图 4-16　手动研磨气门

①粗研。在气门工作锥面上均匀涂抹一层粗研磨膏，气门杆上涂少许机油，将气门杆插入导指管内，用气门捻子吸住气门，一边用手指搓动气门捻子的木柄，使气门单向旋转一定角度，一边将气门捻起一定高度后落下进行拍击。注意始终保持单向旋转，不断改变气门与气门座在圆周向的相对位置。

研磨气门注意事项

* 气门与气门座配对研磨，不能互换。

* 研磨膏不宜过多。

* 研磨时间不宜过长，拍击力不宜过猛，防止环带过宽，出现凹陷。

②精研。当气门密封锥面磨出整齐、无斑痕和麻点的接触环带时，将粗研磨膏洗去，换用细研磨膏继续研磨，直到气门工作面出现一条整齐的灰色无光的环带时，洗去细研磨膏，涂上机油再研磨几分钟。

③研磨后清洁。洗净气门、气门座、气门导管。

(5)气门与气门座密封性检验。气门和气门座经过研磨后，要进行密封性检查，常用划线法和渗油法。

①划线法。用铅笔在气门密封环带上，沿圆周划出均布的若

干条与母线平行的铅笔线。然后插入气门座内，按紧气门头并旋转 1/4～1/2 圈。取出气门观察铅笔线被切断情况，如所画线均被切断，则密封性良好。如图 4-17 所示。

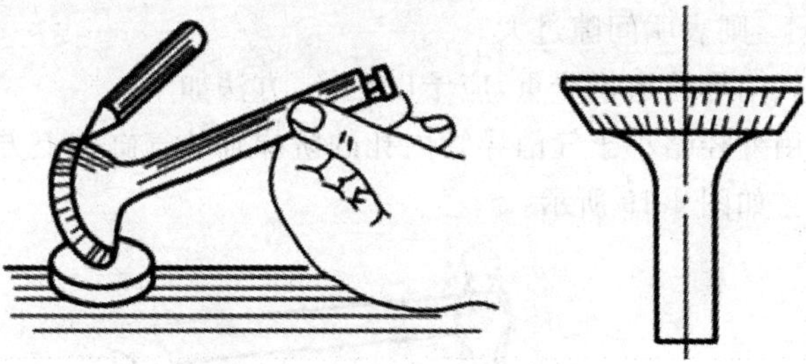

图 4-17　铅笔画线法密封性检查

②渗油法。将研磨好的气门洗净，并安装好，将气缸盖倒置，然后在气门顶面上倒入煤油，若在 5 分钟内没有渗漏，即为良好。

(6)气门导管更换。检查气门杆与气门导管的间隙。将气缸盖倒置在工作台上，将气门顶升至高出座口约 10 毫米，安装磁性百分表座，使百分表的触头触及气门头边缘，侧向推动气门头，同时观察百分表指针的摆动，其摆动量即为实测的近似间隙，如图 4-18 所示。如换上新气门，其间隙值仍超过允许值，则应更换气门导管。

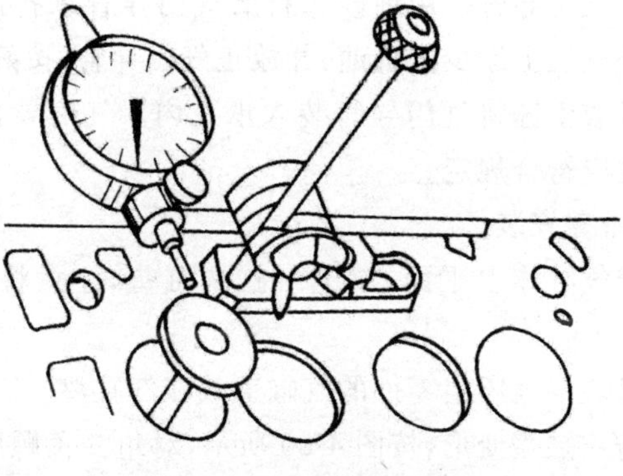

图 4-18　气门导管磨损测量

经验法检查。将气门杆和气门导管擦净，在气门杆上涂一层薄机油，将气门放入气门导管中，上下拉动数次后，气门在重力作用下能徐徐下落，表示气门杆与气门导管的配合间隙适当，如气门快速落下，则表明间隙过大。

当气门导管磨损严重，应予以更换，方法如下：

①用外径略小于气门导管内孔的阶梯轴从气缸盖上方铳出气门导管。如图 4-19 所示。

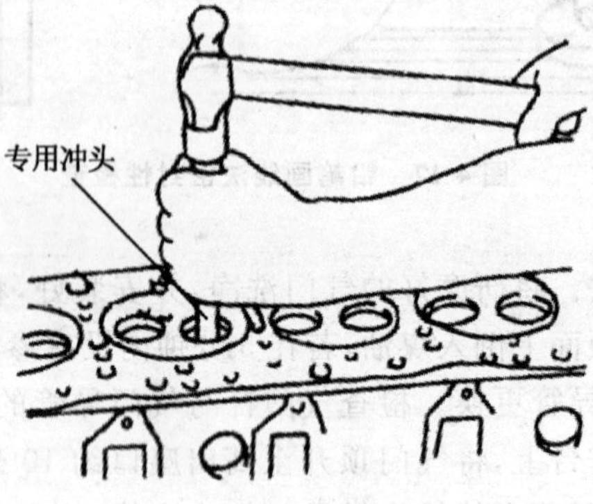

图 4-19　拆卸气门导管

②选择外径尺寸符合要求的新气门导管。

③安装气门导管。用细砂布打磨气门导管承孔口，在承孔内壁与导管外表面上涂少许机油，并放正气门导管，按好铜质的阶梯轴用压力机或手锤将气门导管装入承孔内。气门导管伸出进、排气道的高度应符合规定。

(7)气缸盖安装。

①清洁气缸体上平面，放上气缸垫缸垫，注意将卷边朝向气缸盖。

②将已装好气门组零件的气缸盖放在气缸垫上。

③为防止缸盖变形，按图 4-20 所示，对角交叉顺序，用扭力扳手分 3 次均匀拧紧缸盖螺栓，直到规定拧紧力矩。

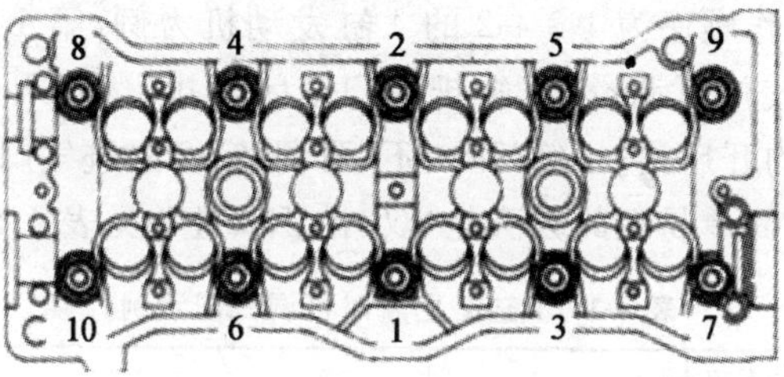

图 4-20 气缸盖螺栓拧紧顺序

6. 气门间隙调整

发动机工作中，气门及其传动件将因温度升高而膨胀，引起气门关闭不严，因此在发动机冷态装配时，在气门及其传动机构中留有适当的间隙，以补偿气门受热后的膨胀量。

如果间隙过小，发动机在热态下可能发生漏气，导致功率下降甚至气门烧坏。如间隙过大，则使传动零件之间将发生撞击，产生噪声，加速磨损，同时也会使得气门开启的持续时间减少，发动机功率下降。

(1)逐缸调整法。

①摇转曲轴，找到第 1 缸压缩上止点位置。

②检查进、排气门杆与摇臂间隙。若不符合技术要求应予以调整。

调整时，先旋松锁紧螺母，旋出调整螺钉；在气门杆与摇臂间插入厚度与气门间隙相等的厚薄规，边拧进调整螺钉，边来回抽动厚薄规，至抽动厚薄规能抽动又有阻力时，锁紧螺母；最后，复查一次。

③按工作顺序，摇转曲轴 180°(4 缸机)或 120°(6 缸机)，依次使下一缸处于压缩上止点位置，调整该缸进、排气门间隙。

(2)二次调整法。

①摇转曲轴使第 1 缸活塞处于压缩上止点。

②根据工作顺序，判断出完全关闭的气门，然后调整这些气门

间隙。以工作顺序为1-3-4-2的4缸发动机为例，第1缸进、排均关闭，“双”气门可调；第3缸排气门全闭，“排”气门可调；第4缸进、排气门均开启，进排气门均“不”可调；第2缸进气门全闭，“进”气门可调。简单易记的方法是“双、排、不、进”，见表4-1。

表4-1　1缸上止点时可调气门示例

四缸发动机工作顺序	1	2	4	3
六缸发动机工作顺序	1	5、3	6	2、4
第一次可调气门	双	排	不	进

(3)摇转曲轴360°，使第四缸处于压缩上止点，调整剩下的气门间隙。

(4)最后检查一次各气门间隙。

(二)燃油系统检修

1.喷油器调试

喷油嘴偶件使用中容易因磨损而导致燃油喷射不良，影响发动机功率和油耗，严重时将无法工作，所以应定期检查喷油器的喷油压力、雾化质量和密封性。

喷油器调试应在专用的喷油器试验仪上进行，如图4-21所示。

(1)喷油压力检查调整。以60～80次/分的速度按压手柄，当喷油器开始喷油时，油压表上的指示压力即为喷油器的喷油压力，检查是否符合要求，若不符合，可以通过调整喷油器调压螺钉或调整垫片来达到要求。注意，同一台柴油机的喷油压力差不应超过1.0兆帕。

(2)喷雾质量检查。

(3)以60～80次/分的速度按压手柄，观察喷雾质量，要求喷出的燃油应成雾状，不应有明显的肉眼可见的雾状偏斜和飞溅油粒、连续的油注和局部浓稀不均匀现象；喷射应干脆，具有喷油器

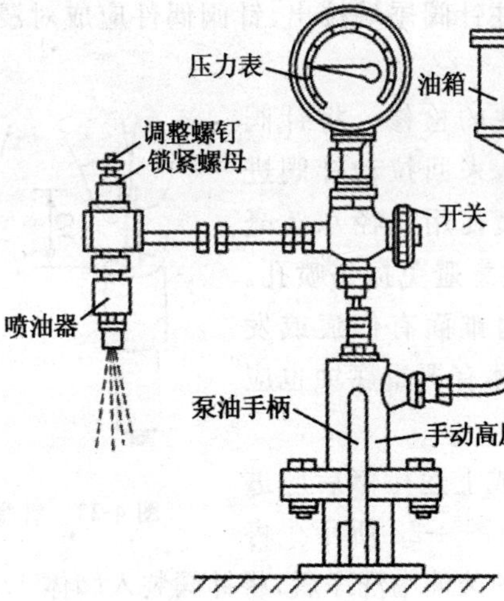

图 4-21　喷油器试验仪

偶件结构相应的响声;多次喷射后,针阀体端面或头部不得出现油液积聚现象;喷雾锥角和射程也应符合要求。

(4)密封性检查。压动手柄,当压力达到喷油压力前 2 兆帕时保持住,喷油器在 10 秒内不能有渗油滴油现象,否则说明针阀偶件密封性差,应予以更换。

就车检查喷油器的工作情况:在没有喷油器试验仪时,可将待查的喷油器与一个标准喷油器并联安装在喷油泵高压油管上,发动机怠速运转,比较两者喷油的时间、喷雾质量及喷油压力。

2. 喷油器分解检修

(1)喷油器分解。

①清洗外部,分解喷油器的上部,旋松调压螺钉紧固螺帽,取出调压螺钉、调压弹簧和顶杆。

②将喷油器倒夹在台钳上,旋下针阀体紧固螺帽,取下针阀体和针阀。

③从针阀体内拔出针阀,如果针阀和针阀体难以分开,可用钳

子垫上橡胶片夹住针阀尾端拉出，针阀偶件应成对浸泡在清洁的柴油里。

(2)针阀偶件的检修。将针阀偶件放在柴油中，来回拉动针阀进行清洗，堵塞的喷孔用直径 0.3 毫米的通针清理，注意避免损伤喷孔。针阀导向面、密封锥面有伤痕或发暗时应更换针阀体有严重腐蚀也应更换。

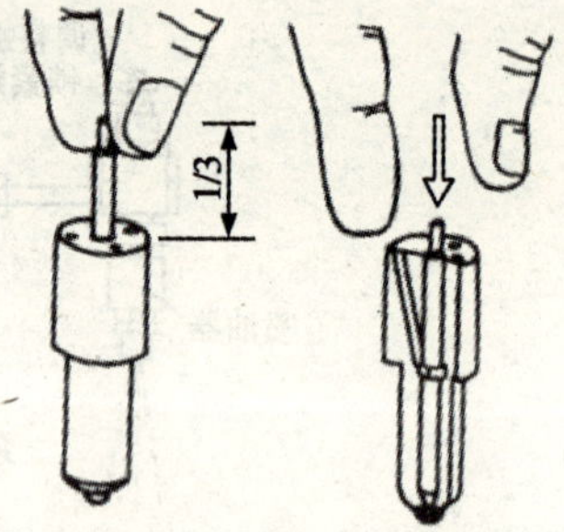

图 4-22 针阀偶件试验

针阀偶件完成上述检修后应进行滑动性试验，如图 4-22 所示。将针阀偶件在清洁的柴油中洗净后，将针阀装入阀体 1/3 左右，松手后针阀应能在自身质量作用下缓缓滑入阀体内无任何卡滞现象。否则应配对研磨或更换。

(3)喷油器的装复。

①装复前应清洗所有零件并用压缩空气清理喷油器体内的油道，清洗喷油器配合表面，在安装前涂油。

②使喷油器进油口端朝下夹于垫有铜片的虎钳上，将在清洁的柴油中浸泡过的喷油嘴取出，对准定位销后装于喷油器体上，以 60 牛·米的力矩拧紧固定螺套。

③取下喷油器，上下移动可听到针阀活动的响声，否则应重新清洗喷油嘴后装复。

④装复顶杆、弹簧座、弹簧，拧上紧固螺母。

3. 单缸柴油机柱塞偶件的检查

(1)柱塞的外观检验。柱塞的外观检验内容有：柱塞表面有明显的磨损痕迹、柱塞弯曲或头部变形、柱塞或柱塞套有裂纹、柱塞头部斜槽及环槽边缘有剥落或锈蚀等现象、柱塞套端面及内孔表面有锈蚀或显著的刻痕。发现有以上情况之一时应更换。

(2)柱塞的滑动性试验。先用洁净的柴油仔细清洗柱塞,涂上干净的柴油后进行试验。将柱塞套倾斜 60°左右,将柱塞拉出约 1/3 行程。放手后,柱塞应在自重作用下平稳地滑入套筒内。转动柱塞后重复上述试验,柱塞均应平稳地滑入套筒内,如图 4-23 所示。

(3)柱塞的密封性检验。用手指堵住套筒上端孔和侧面进油孔,另一手向外拉柱塞,应感觉有吸力;放松柱塞时,柱塞应能迅速回位。将柱塞转动几个不同位置,反复试验几次,每次都能符合上述要求,说明柱塞偶件配合良好,如图 4-24 所示。

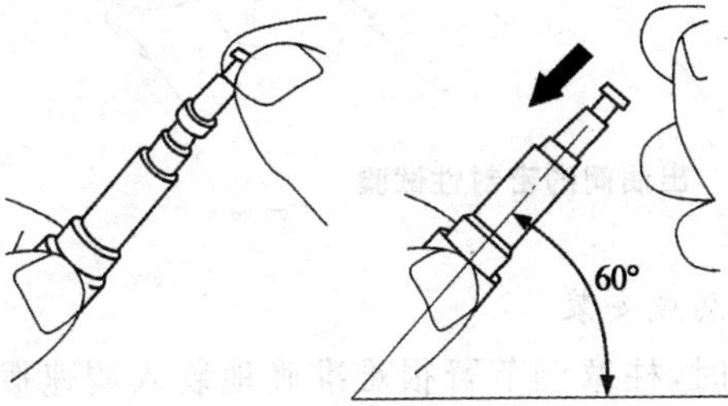

图 4-23　柱塞滑动性试验

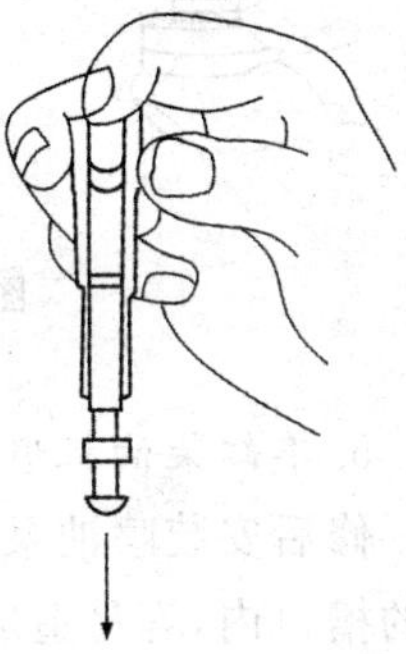

图 4-24　柱塞密封性试验

4. 单缸柴油机出油阀偶件检查

出油阀偶件的主要耗损也是磨损,多出现在密封锥面、减压环带和导向部分。与出油阀相配合的出油阀座在密封锥面和座孔圆周表面也会出现相应的磨损。

(1)出油阀偶件的外观检验。目测检查出油阀偶件,工作面不应有刻痕及锈蚀,密封锥面应光泽明亮、完整连续,光亮带宽度应不超过 0.5 毫米,出油阀垫片应完好无损,否则应更换。

(2)滑动试验。将泡过柴油的出油阀偶件处于垂直状态,把阀芯从座孔中抽出 1/3 左右,松开后,阀芯应能靠自重平稳地落入阀座,无卡滞现象;将阀芯转动几个位置,反复试验,每次都能符合上述要求，说明出油阀偶件配合良好。

(3)出油阀的密封性检验。在做滑动性实验时，将手指堵塞出油阀座下方的孔，出油阀阀芯下落到减压环带进入阀座时应能停住。在此位置时，用手指轻轻压入出油阀芯，放松手指后，出油阀芯应能马上弹回原位置。手指从下端面移开时，阀芯应在自重作用下完全落座，如图 4-25 所示。

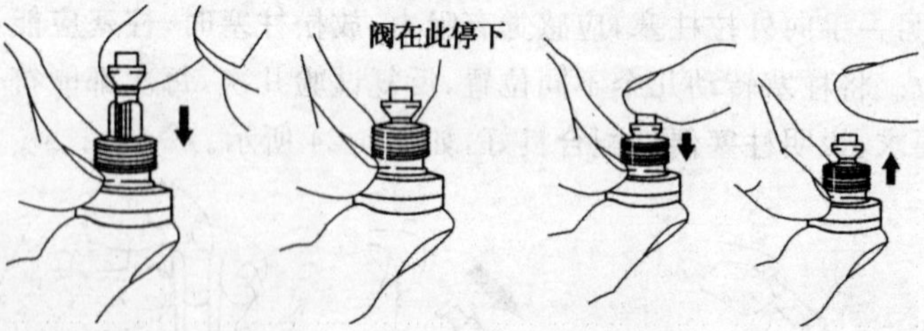

图 4-25 出油阀的密封性试验

5. 单缸柴油机喷油泵总成安装

修后安装喷油泵总成时，柱塞调节臂很难准确地装入调速拨叉的槽口内，容易造成油门失去控制而产生“飞车”事故，现介绍几种简易而准确的安装方法。

(1)将柴油机的油门手柄置于最大油门位置，通过连接杆件使调速拨叉也处于最大供油位置。再将柱塞调节臂放在最大供油位置保持不动，然后将喷油泵总成水平地插入喷油泵安装孔内，柱塞调节臂一般会进入调速拨叉槽口内。

(2)打开定时齿轮室盖正面的观察孔盖板，一边用手电筒等光源照射观察孔内，一边插入喷油泵总成，直到柱塞调节臂准确无误地进入调速拨叉槽口内。

(3)用锉刀将调速拨叉的槽口端头锉出倒角，利用倒角斜面的导向作用，使调节臂准确地进入拨叉槽口内。对于采用齿条齿圈方式调节供油量的喷油泵，也可以使用同样的方法，对齿圈上的叉口进行锉修，这样在安装柱塞时，柱塞上的榫台就比较容易进入齿圈的叉口内。

装配后还要进行检验，方法是：先不要安装喷油泵上的出油阀，在喷油泵总成插入到位后，来回拨动油门手柄，从出油阀一端观察柱塞能否同步转动。如果柱塞不转动，说明柱塞调节臂没有进入调速拨叉槽口内，应该抽出喷油泵总成，重新安装，直到柱塞调节臂准确无误地进入调速拨叉槽口内。

6. 喷油泵正时安装

(1)喷油泵与柴油机用法兰盘连接。将柴油机第一缸活塞摇至压缩上止点的位置，使喷油泵凸轮轴上的标记与泵体上的标记对正，固定喷油泵在柴油机上即可。

(2)喷油泵与柴油机用联轴器连接。

①将柴油机第一缸活塞摇至压缩上止点前开始喷油位置。

②将喷油泵固定在柴油机上，先不连接高压油管及油泵联轴节。

③顺着喷油泵旋向缓慢转动油泵凸轮轴，观察第一缸高压油管接头口油平面；油面刚开始波动，即为第一缸分泵开始供油时刻。

④连接联轴器。如图 4-26 所示。

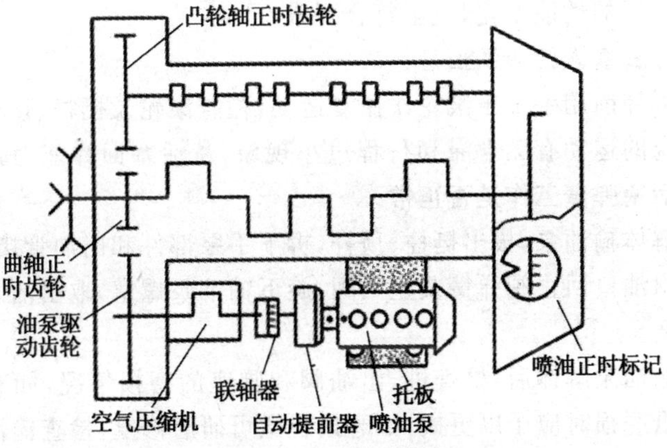

图 4-26　喷油泵正时安装

7. 供油正时检查调整

拆下喷油泵第一缸高压油管，转动飞轮，观察第一缸高压油管接头口油平面，直至不冒气泡为止，将多余燃油除去，使接头内燃油刚好与管口齐平，缓慢转动飞轮，当第一缸高压油管接头口油平面发生波动时，立即停止转动，此时观察飞轮上的喷油正时标记是否对正。

如果供油提前角不对，应进行调整，不同机型，调整方法不同，常用方法有：

(1)转动泵体法。拧松喷油泵壳体上与柴油机紧固螺钉，顺着油泵凸轮轴旋向转动泵体，喷油时间延迟，逆着凸轮轴旋向转动泵体，喷油时间提前。

(2)转动泵轴法。松开从动联轴节与中间凸缘紧定螺钉，顺着凸轮轴旋向转动油泵凸轮轴，喷油时间提前；反之，喷油时间延迟。

(3)加减垫片法。单缸柴油机供油提前角，通过增减喷油泵与机体间的垫片来调整，增加垫片，喷油时间延迟；反之，喷油时间提前。垫片厚度每变动0.1毫米，供油提前角变动1.3°左右。

调整后拧紧安装螺钉，起动柴油机，检查柴油机在喷油提前角改变前后的性能变化，直至符合要求。

8. 柱塞式输油泵检修

拆卸前用手推压滚轮作往复运动，检查滚轮及挺杆、顶杆偶件和活塞的运动有无卡滞和行程过小现象，从活塞回弹能力强弱可判别活塞弹簧工作是否正常。

解体输油泵，拔出挺柱、顶杆，拆下手泵部件和出油管接头，取出进出油口回止阀弹簧及止回阀，旋下输油泵螺塞，取出活塞弹簧及活塞。

输油泵解体后，检查进、出油阀和阀座的磨损情况，如有破裂或严重磨损时应予以更换，如磨损轻微可研磨修复；检查输油泵活塞与壳体，由于磨损出现配合松旷或运动不平稳时应更换新泵。

(三)冷却系统检修

1. 散热器维修

散热器常见损伤是破裂渗漏,可用锡焊或黏接方法修复。

贮水室裂缝的焊修方法下:散热器贮水室裂缝可用铜焊焊修,或先在裂缝的两端钻两个小孔(止裂孔),选一略大于裂缝的薄铜板,厚 0.5～0.8 毫米,分别在薄铜板和裂缝部位的贴合面上镀锡,将补片镀锡的一面贴于待补位置上,用烙铁加热,使两贴合面的焊锡熔合在一起,然后沿补片的边缘加焊料填充焊缝,使焊缝均匀光洁。

2. 水泵检修

水泵常见的故障是:带轮与泵轴配合松旷,水封损坏漏水,泵壳或叶轮破裂等。

(1)停机后用手扳动风扇叶片,查看带轮与水泵轴配合是否有明显松旷,如有,表明带轮与水泵轴或带轮与锥形套配合松旷。检查风扇及带轮毂的螺栓,如松旷应拧紧;带轮仍松摆,则可能是水泵轴松旷,应分解水泵,检查轴承。水泵轴轴颈及其轴承磨损严重,使水泵轴的摆动量超过 0.10 毫米,应更换新件。

(2)当水泵漏水时,应检查水泵衬垫、水泵壳的泄水孔。当水泵衬垫漏水时,应先检查水泵紧固螺栓是否松动,如松动应拧紧;如仍漏水,应更换衬垫。当水泵壳的泄水孔漏水时,应分解水泵,检查水封,如损坏应更换。更换水封总成后,应进行漏水实验:堵住水泵进、出水口,将水注满叶轮室,转动泵轴,各处应不漏水。水封动环与静环接触面磨损起槽、表面剥落或破裂导致漏水时,应更换水封总成。

(3)泵壳出现裂纹可焊修或更换新件,水泵叶轮出现破损,应更换新件。

3. 节温器检修

节温器装在冷却水循环的通路中,根据水温的高低改变水的循环流动路线，自动调节冷却系的冷却强度。节温器失灵时，主阀处于关闭状态，冷却液不经散热器，致使发动机过热开锅。

节温器的检查：在水杯中加热节温器，观察节温器阀门开启温度和升程，如图 4-27 所示。节温器开始打开温度约为 76℃，温度达 90℃时全开，节温器最大升程约 8 毫米。如不符合上述要求，应更换节温器。

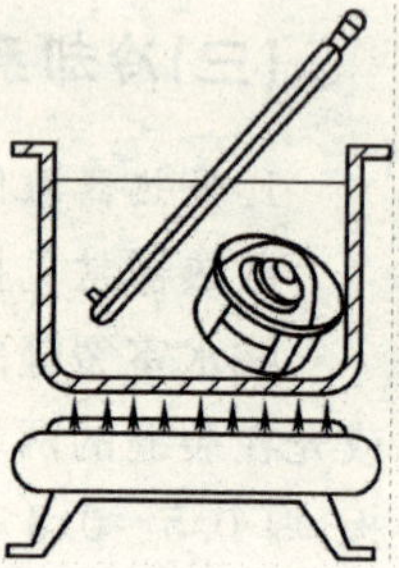

图 4-27　节温器的检查

4. 清除水垢

当发动机冷却系统水垢过多时，会造成散热性能变差，水温过高，可用水箱清洗剂进行清洗。

(1)放出冷却液，取出节温器，注入水箱清洗液。可在 5 千克水中加入 750 克烧碱和 250 克煤油自己配制清洗液。

(2)起动发动机，达到正常工作温度后怠速运转 5～10 分钟，然后静置 10 小时，使清洗剂充分与水垢进行反应。

(3)重新启动发动机，中速运转 5～10 分钟，期间可改变几次转速，以改变清洗剂的流速，冲掉系统中的沉积物，趁热放掉清洗液。

(4)换入清洁水继续清洗二三次，直至放出的水无污物时为止。

(5)装节温器，加足冷却液。

另外还可采用酸洗法，用 25% 的盐酸溶液加入水箱，静置 10 分钟后放出，用清水清洗干净。

5. 硅油风扇离合器检修

硅油风扇离合器安装在风扇与水泵之间，是一种以硅油为介质，利用通过散热器芯、吹向风扇的气流的温度高低改变风扇转速的风扇控制装置。硅油风扇离合器可就车手动检测，方法是发动机停止转动一段时间使发动机冷却后，用手拨动风扇叶片，应感到转动明显较为费力；发动机启动并中速运转 1～2 分钟，然后熄火，再用手扳动风扇叶片较为轻松，说明硅油风扇离合器技术状况正常。

故障应急措施：行驶途中，若硅油风扇离合器发生故障不能接合时，可松开内六角螺钉，把锁止板的销插入主动板孔中，再拧紧螺钉，使壳体与主动轴连成一体，但此时只靠销传动，不能长期使用。

（四）润滑系统检修

1. 更换润滑油

发动机的机油在经过一定时间的使用后，由于外界杂质的掺入以及机油本身所产生的一些化学变化，将使机油渐渐失去它的润滑性能，可根据发动机的工作时间及参考机油的色、味、黏度等外观性指标予以判别，及时更换机油。

(1)起动拖拉机预热到正常工作温度，熄火后趁热放出油底壳中的机油。

(2)旋紧油底壳放油螺塞，将适量清洁混合油（柴油与机油的比例为 1∶1）加入油底壳。起动发动机，低速运转 1～2 分钟（注意机油压力表，没有压力时应及时停车），停车后放出油底壳中柴油。

(3)拆下机油滤清器壳体，倒出柴油，清洗滤清器各部件，更换新的滤芯，然后按顺序装好。

(4)向油底壳内加入新机油，油面高度应在机油尺上下限刻线间的 3/4 位置。

(5)起动拖拉机，检查机油压力是否正常，滤清器各连接处是否漏油，停车 5 分钟后再次检查油面高度。

2. 转子式机油泵检修

(1)用厚薄规检查外转子与泵体之间的间隙，超过 0.20 毫米，应换新机油泵。

(2)用厚薄规检查内、外转子齿顶端面间隙，使用极限为

0.18 毫米,如图 4-28 所示。

(3)用直尺和厚薄规检查内转子轴向间隙,使用极限为 0.15 毫米。

(4)检查限压阀是否有刮伤。限压阀柱塞在阀孔内有无磨损,间隙是否增大而松旷,如有,应换用新件。弹簧弹力下降,应更换。

3. 转子细滤器检修

在机油压力与温度正常的情况下,当发动机大油门熄火后,若能连续 25 秒听到滤清器转子转动的声音,说明该细滤器工作正常。若声响时间少于 25 秒,则说明转子内壁沉积物过多,因而自身沉重、转速下降,已失去应有的滤清作用,必须拆开清洗检查。

(1)拆卸转子。首先旋下顶端的盖形螺母,取下外罩。拧下锁紧螺母并旋出转子轴向间隙调整螺母,取下止推垫片,即可从转子轴上取下整个转子总成。

(2)拆开转子总成。将转子总成放在适当的木制垫块上,垫块的表面形状恰能与转子底座吻合,拧松转子上方的碗形螺母,转子外壳即会跟随螺母脱离转子底座。拆卸时应小心,勿使转子外壳产生变形。因为转子是经过动平衡的,必须轻拿轻放,以免破坏其平衡。

(3)清理转子外壳。滤清器在工作过程中,将机油里的杂质分离并沉淀在转子壳内壁上。在从内壁上除掉这些沉淀物时应注意,切勿刮伤或压扁外壳。只准使用竹片刮、毛刷擦,或用汽油、煤油清洗。

(4)吹通喷嘴,清洗转子底座.若喷嘴被异物阻塞,应用压缩空气吹通。

(5)清洗所有零件。清洗离心滤清器内进油限压阀外的全部零件。在一般情况下,不拆卸进油限压阀,因为它是经过调整的,只有在它失去作用时才有必要拆修并重新校准。

(6)检查各部件。检查转子轴是否松动,若有松动需重新拧紧;查看止推垫片是否磨损,密封垫片是否损坏,并及时更换新件。

(7)重新装复。装配转子时要注意对准标记,这是保证动平衡的最基本的要求。将转子总成套入转子轴上,套上止推垫片,旋入转子轴向间隙调整螺母,拧到靠住转子后再拧松退回半圈,旋紧锁紧螺母。用百分表测量转子的轴向间隙,此间隙应为 0.4～0.8 毫米为宜。如果不在此范围,应重新旋松螺母,重新调整并拧紧,直至合适为止。检查转子转动的灵活性,盖好带密封圈的滤清器外罩,套好垫片拧紧螺母,如图 4-29 所示。

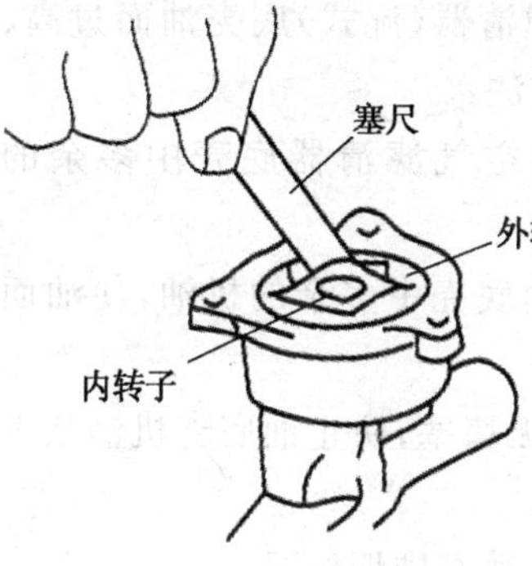

图 4-28　转子式机油泵检修

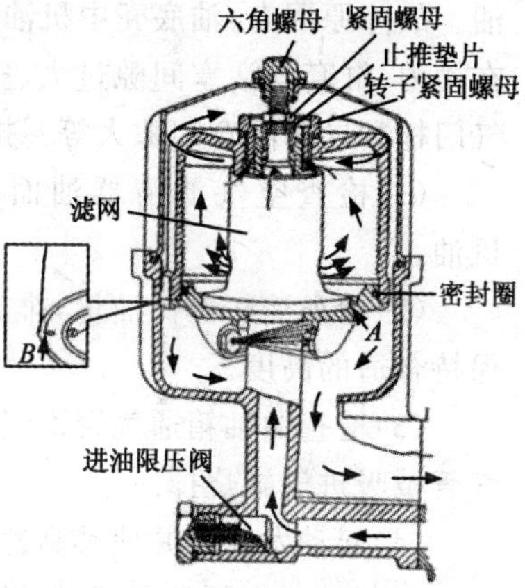

图 4-29　转子式机油细滤器

(五)常见故障检修

1. 柴油机冒黑烟

柴油机冒黑烟是由于柴油燃烧不完全,故障原因有:空气滤清器堵塞,喷油器雾化不良,喷油泵循环供油量过多,供油正时过晚。故障排除方法:

(1)取下空气滤清器,黑烟立即消失,说明空气滤清器堵塞,应对进气系统和滤清器进行保养。

(2)逐缸停止供油进行检查,若停止某缸供油,黑烟消失,则检查该缸喷油泵调节叉是否松动引起供油量增大，如完好，再拆检该缸喷油器，检查雾化质量，必要时调整。

(3)检查调整供油正时，若过晚进行调整。

(4)发动机低速和高速都排黑烟，应调检查整喷油泵供油量，检查调速器运动件是否有卡滞，必要时调整。

2.柴油机冒蓝烟

冒蓝烟是由于燃烧室内进入了过量的机油而引起，俗称烧机油。故障原因有：油底壳中机油过多、油环磨损严重或有积炭胶结在槽内、缸套与活塞间隙过大、空气滤清器(湿式)底壳油面过高、气门杆和导管配合间隙大等。排除方法：

(1)检查空气滤清器油面，倒出空气滤清器底壳中多余的机油。

(2)检查油底壳机油量，排放出油底壳中多余的机油，使油面保持合适的高度。

(3)检查曲轴箱通气管道气口有无堵塞，防止油底壳机油从出气管被吸进气缸烧掉。

(4)起动发动机并使其高速运转，观察排烟情况：

①若排蓝烟而且湿润，但机油加注口不冒烟，说明气门油封损坏或气门杆与导管磨损，间隙过大。

②若排气管和机油加注口同时冒蓝烟说明活塞环磨损、开口对齐或折断、活塞与气缸磨损之间间隙过大。

3.柴油机不能起动

发动机起动时可以转动，但不能起动，排气管无烟排出，也无爆发声，一般属柴油没有进缸，故障原因有：油箱中无油、燃油滤清器堵塞、油路中有空气、低压油路不供油、喷油泵不泵油、供油正时不对等。其排除方法如下：

(1)检查低压油路。

①先检查燃油箱内有无柴油或存油不足、燃油箱开关是否打开或油箱通气阀是否失灵。

②旋松喷油泵上的放气螺钉，用手油泵泵油，如果油流中夹有气泡，说明输油泵至油箱之间油路中进入空气，形成了气阻。应检查紧固各油管接头，检查柴油滤清器盖处的密封情况，如有漏油，应尽快排除。

③手油泵泵油时，感觉阻力大，放气螺钉处油量小，为柴油滤清器阻塞。应清洗柴油滤清器。

④手油泵泵油时，感觉无阻力，检查输油泵。

(2)检查高压油路故障。松开喷油泵放气螺钉，提压手油泵，放气螺钉出油正常，拆松喷油器进油管接头，油门加到底，启动发动机，检查喷油泵是否泵油，

①若不泵油，说明故障在喷油泵。先把喷油泵侧盖卸下，查看柱塞弹簧是否折断而卡住，若正常，再来回扳动操纵臂，看齿杆与衬套配合是否过紧，使齿杆始终停在不供油位置。

②若喷油泵泵油，连接高压油管接头，发动机还不能起动，拆检喷油器。

(3)检查供油正时是否正确，若不对进行调整。

4. 柴油机运转不均匀

柴油机工作时，出现转速呈规律性地忽快忽慢，且提不高，功率明显不足的现象，称为柴油机“游车”。主要原因有：

(1)燃油供给问题。喷油泵各缸供油量不均匀；供油量调节齿杆卡滞运动不灵活、阻塞，破坏了调节器作用的正常发挥，致使泵油量忽多忽少；个别气缸的喷油器雾化不良等。

(2)调速器问题。

①调速器飞锤销或飞球座磨损松旷、调速器至油泵调节扇齿或拨叉的各连接点磨损松旷、油量控制齿杆或拉杆在松旷量的范围内左右往复移动，使各气缸的供油量发生周期性变化，因而导致“游车”。

②调速弹簧变形或折断。

③调速器润滑不良，调速器机件阻滞影响调速器的自动调

速功能。

5.柴油机“飞车”

柴油机转速升高或突然升高超过最高转速而失去控制，且伴有特殊的巨大声响，排气管冒黑而浓的烟的现象，称为“飞车”。产生“飞车”的主要原因有：调速器故障、喷油泵油量调节齿在最大供油位置卡死或齿条与调速器拉杆脱开、单缸柴油机的单体喷油泵的调速器传动滑套卡住、额外的柴油或机油进入气缸燃烧等。

(1)紧急处置措施。

①把油门手柄放到不供油位置，有熄火拉扭的发动机应，停止发动机供油，有减压装置的打开减压位置，使发动机熄火。

②用扳手，使柴油机不供油，也可使柴油机熄火。

③堵塞进气管，柴油机吸不进空气就会熄火。

(2)故障排除方法。

①在制止飞车时，首先拉出熄火拉扭或拧松高压油管接头螺母，切断柴油的供给，如飞车立即停止，则说明柴油机的飞车是由于柴油供应过多引起。这时可检查油泵柱塞油量调解臂是否从调速杠杆叉柄内滑出或油泵柱塞和调速杠杆是否卡死在最大供油位置。如果飞车发生在刚刚更换油泵柱塞偶件后，应检查油泵柱塞油量调解臂是否嵌入调速杠杆的叉柄内，还应注意柱塞轴向回油孔有否加工问题而未钻通。

②如拧松高压油管接头螺栓后柴油机仍然“飞车”，则属于过量机油窜入气缸燃烧而造成飞车。这时卸下空气滤清器，将进气管堵死，待柴油机飞车制止后，拔下机油尺，检查油底壳内机油是否过多，如油面过高，应放出过多的部分；如不高，则应检查空气滤清器油盘内机油是否过高，也应放出过多的部分，并检查空气滤清器芯内是否沾有大量机油。

在柴油机“飞车”被制止，故障排除后，还应检查柴油机各运动件有无因飞车而损坏，以免产生不必要的损失。

6. 柴油机功率不足

功率不足是指柴油机在工作时发不出应有的功率。影响发动机功率的主要因素有气缸的进气量、供油质量、供油提前角及气缸内的压缩压力等。

(1)燃油系统故障。主要有燃油质量差，燃油滤清器污堵，喷油泵柱塞偶件严重磨损，喷油泵凸轮严重磨损，喷油器喷油质量不佳，导致柴油机功率不足。

(2)进排气系统故障。进入气缸内的新鲜空气不足，气缸内的废气不能排净，充气效率低。主要原因有空气滤清器污堵，进排气道不畅通，配气正时不正确，进排气门下陷严重和漏气，气缸或活塞环处漏气，进排气凸轮磨损严重等。

(3)冷却系统故障，表现为进气温度过高，影响进气量。

7. 发动机水温过高

拖拉机运行过程中，水温表经常超过红线，散热器伴随有“开锅”现象，主要原因有：冷却系中水量不足，风扇皮带打滑或断裂，节温器失灵，散热器和水套内水垢过多、水泵效能不佳等，检查方法：

(1)检查冷却液液面高度，不足时添加。

(2)检查百叶窗是否完全打开。

(3)检查风扇皮带是否过松，风扇离合器是否失效等。

(4)检查散热器有无变形、外部是否堵塞，检查水垢情况，严重时清洗。

(5)触摸散热器及上下水室，若温度较低，表明节温器有故障，应拆检节温器。

(6)检查水泵皮带是否过松、轴承有无松旷、水泵是否漏水等，再就车检测水泵的泵水能力。检查时用打开散热器盖，发动机工作时轰几次油门，观察水箱内的水流，若水花翻腾，说明水泵工作正常；否则说明水泵不工作。

8. 机油压力过低

拖拉机工作中，应随时观察机油压力表，若发现机油压力为零或报警灯闪亮，则应立即熄火、停车检查。

(1)拔出机油标尺，检查油量及品质。若机油液面低于下限，应及时加至标准；若机油颜色无变化，而黏度降低，且有燃油气味，说明机油中渗进了燃油；若机油呈乳浊状并有泡沫，说明机油中渗入进了水分，应查明漏水部位并修复，再更换机油。

(2)检查机油压力表和传感器的工作状况，检查压力表、传感器的连接导线是否松脱。若连接良好，则应将传感器端的导线拆下，并将其接地，接通点火开关，若机油压力表的指针急速上升，说明机油压力表良好；若机油压力表指针不动，则应根据仪表电路进行检查。

在仪表指示正常的条件下，检查传感器工作是否良好。测量传感器的电阻值，其值应符合要求。

(3)若上述检查正常，则应拧松压力传感器，起动发动机，观察连接螺纹孔处机油流出的情况。若机油流出有力。则应进一步检查机油压力的示值是否准确；若机油流出无力，由应检查润滑系工作部件的工作状况：

①若机油限压阀安装在发动机缸体的外部，可熄火，将其拆卸下来并检查限压阀的技术状况。检查限压阀的调整弹簧是否太软、折断或调整不当；检查限压阀柱塞磨损是否过甚、钢球密封是否严密。

②检查机油滤清器的滤芯是否堵塞、旁通阀是否发卡或堵塞。

③拆下油底壳，检查机油集滤器滤网是否过脏；机油泵限压阀的技术状况是否良好；各连接管路是否漏油；机油泵的工作性能等。

(4)若发动机已接近或超过大修间隔里程，则应检查曲轴主轴承、连杆轴承、凸轮轴轴承间隙是否过大；检查其他压力润滑的部位的零件配合间隙是否过大等。

(六)柴油机总装

柴油机总装是指把检修后或已更换的零件、部件和总成,按照一定顺序和技术要求安装成完整的发动机。总装是发动机检查修理工作的最后一个环节,直接影响柴油机的修理质量。

柴油机总装可按以下步骤进行:

安装气缸套—安装曲轴—安装活塞连杆组—安装凸轮轴—安装机油泵、吸油管、出油管和油底壳滤清器—安装飞轮壳和飞轮—安装正时齿轮室—安装气缸盖总成—安装机油滤清器、水泵和风扇总成—安装配气机构—安装喷油泵—安装发电机、起动机。

总装后的柴油机必须经过按维修发动机的磨合规范和技术要求进行磨合,以获得最佳技术经济指标。

磨合后的发动机应进行性能试验,其试验性能指标应符合规定值。

二、底盘维修

拖拉机上除发动机和电气设备以外,其余所有的系统、装置统称为拖拉机底盘。它将发动机产生的动力转变为拖拉机行驶及带动农机具进行作业的动力。拖拉机底盘部分由传动系、行走系、转向系、制动系和液压悬挂装置五部分组成。

(一)离合器检修

1. 从动盘检修

(1)检查从动盘摩擦片表面,有烧蚀、破裂、严重油污时应更换。

(2)检查从动盘磨损情况,用深度尺测量铆钉头距摩擦片表面的距离,小于 0.5 毫米时更换新片,如图 4-30 所示。

(3)检查从动盘毂与钢片连接不应松动,花键槽与变速箱轴配合不应有明显晃动。

2. 压盘总成检修

(1)压盘表面若有裂纹或烧蚀情况时应予以更换。

(2)工作表面有超过 0.5 毫米深的沟槽时,应予以磨修或更换。

(3)压紧弹簧折断松旷时,应予以更换,分离杠杆端部高度误差不应超过 0.3 毫米,否则予以调整。

(4)膜片弹簧离合器应检查膜片内端磨损情况,变薄或磨损深度超限时应更换。如图 4-31 所示。

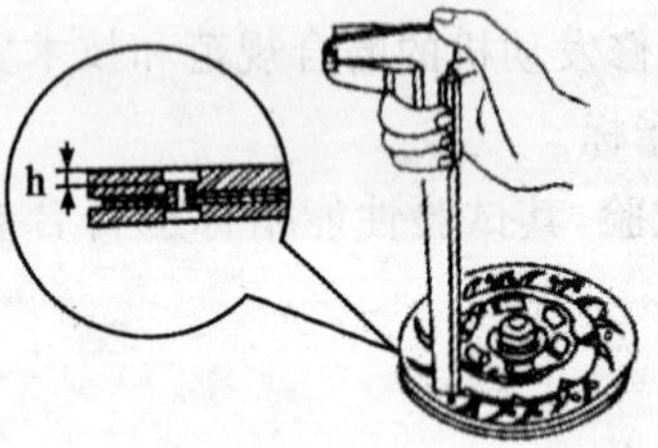

图 4-30　摩擦片磨损的检查

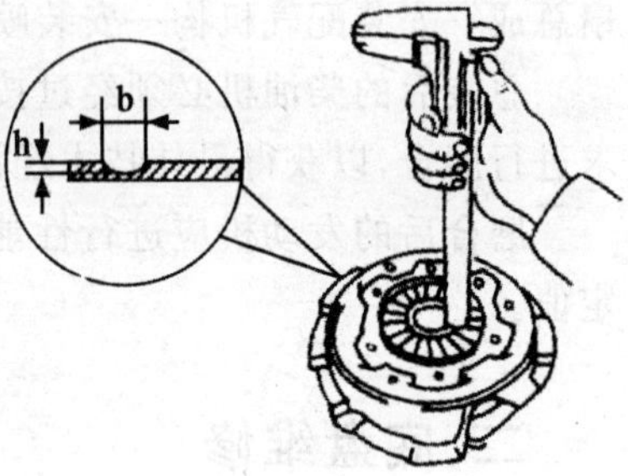

图 4-31　膜片弹簧磨损的检修

(二)离合器踏板自由行程检查调整

踏下离合器踏板,消除分离杠杆内端与分离轴承端面之间的间隙所对应的踏板行程称为自由行程,一般为 30～50 毫米,如图 4-32 所示。自由行程过大,离合器分离工作行程变小,离合器分离不彻底,易造成挂挡打齿;自由行程过小甚至没有自由行程,会给分离杠杆施加一定的压力,造成离合

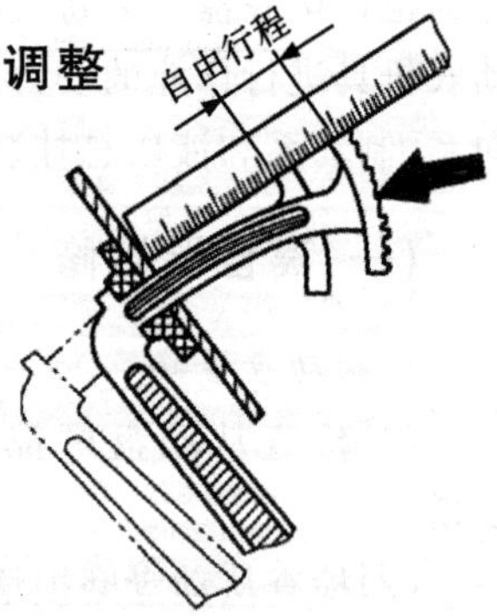

图 4-32　离合器踏板自由行程

器接合不彻底，严重时打滑，驱动力下降，同时使离合器摩擦片及分离轴承易磨损烧蚀。

1. 外部调整

松开拉杆上的锁紧螺母，取下连接销，拧出调节叉，使踏板自由行程达到 30～50 毫米，将调节叉与离合器拨动杠杆上的销孔对齐，然后穿入连接销，拧紧锁紧螺母。

2. 内部调整

打开离合器检查孔盖，转动飞轮，取下调节螺母上的开口销，拧动调节螺母，使分离杠杆端部（三爪螺丝）与分离轴承端面之间的间隙达到（2.5±0.5）毫米，然后穿入新的开口销锁好。采用这种方法调整时，必须保证三个分离杠杆端部在同一垂直平面内，用厚薄规检查，其误差不应大于 0.3 毫米。

(三)变速箱跳挡检修

正在行驶的拖拉机，出现发动机转速突然升高，车速变慢而停车，变速杆自动移入空挡位置，称之为跳挡，这种现象往往在大负荷时出现。检修时将变速杆换入该挡，然后拆下变速器盖看齿轮啮合情况，检查变速叉轴锁住机构。

(1)用手推动跳挡的变速叉检查定位装置。如定位不良，要拆下变速叉轴检查定位球及弹簧，如弹簧过软或折断应更换，如变速叉轴凹槽磨损过度应修理或更换。

(2)检查齿轮的啮合情况。如齿轮未完全啮合，就用手推动跳挡的齿轮或齿套，使它们正确啮合，然后检查变速叉是否弯曲或磨损过度，以及变速叉固定螺钉是否松动，叉端与滑动齿轮槽间隙是否过大，如变速叉弯曲应校正，变速叉下端磨损或滑动齿轮槽过度松旷时应拆下修理。

(3)检查齿轮是否磨损成锥形。如磨损严重应更换。

(四)拖拉机乱挡检修

乱挡是指拖拉机在工作中,变速杆不能退出挡位,也不能按需要的挡位方向拨动,变速杆不能放到空挡位置或同时挂上两个挡位,而使发动机熄火或不能起动。

(1)拆下变速箱上盖,检查变速杆拨头磨损情况。磨损严重时会造成变速杆下端跳出导块槽,此时变速杆可任意摆动,原挡没有摘掉而又挂上另一挡,即同时挂上两个挡,发生乱挡。这时应将拨叉拨回空挡位置,对磨损的变速杆拨头进行焊修以恢复原有尺寸。

(2)检查拨叉固定情况。若拨叉在拨叉轴上松动,而且可以相对移动,驾驶员在摘挡时,虽然使变速杆置于空挡位置,但拨叉及滑动齿轮并不能随拨叉轴的移动而移动,挂挡齿轮仍处在啮合状态,此时若再挂上另一挡位则发生"乱挡"。拨叉固定螺钉松动或断裂时应及时紧固或更换,但在紧固固定螺钉时,用力不要过猛,以防断裂。

(五)拖拉机前束检查调整

(1)调整拖拉机前轮前束时,应选择一平整的地面,使拖拉机缓缓直行,打正方向盘后停车。

(2)在两前轮的最前方,与轮胎中心等高处的胎面中点,做一记号,先量出左、右轮胎这两点间距离 B。

(3)缓慢推动拖拉机直线向前,使前轮转过 180°,记号正好转到轮毂后方与轮胎中心等高处,再量出左右两记号之间的距离 A。

(4)计算 A 和 B 的差值即前束值。

(5)若前束值不符合要求,松开转向横拉杆锁紧螺母,通过调整横拉杆长度的方法进行调整,如图 4-33 所示。

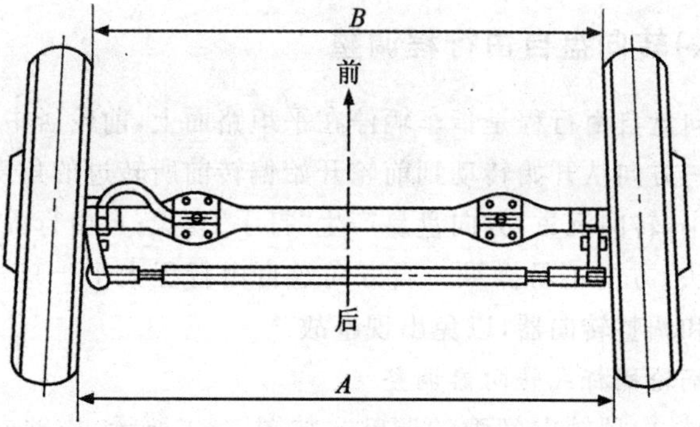

图 4-33　前轮前束调整

(六)制动踏板自由行程检查调整

制动器踏板自由行程是指用手推动制动踏板至感觉其有阻力时为止,踏板所移动的距离,一般为 40～80 毫米。若自由行程过大或过小,可将调节叉与推杆连接处的锁紧螺母松开,拧动调节叉或者推杆,使推杆变长或变短,使踏板的自由行程减小或增大。左、右轮制动器踏板应同时进行调整。调整结束后应进行检验,使左右两侧的推杆对左右制动器摇臂的拉力基本相同。

(七)制动跑偏检查调整

拖拉机在高速行驶状态下,分离离合器,迅速紧急制动,观察左、右制动轮在路面上的制动印痕。若两印痕均为直线,相互平行,长度相等,则说明左右制动器工作一致,性能良好。若印痕长度不一,拖拉机有“跑偏”现象,则应对制动器进行调整。

将制动印痕较长的一侧制动踏板的自由行程适当调大,使左右两侧制动器的制动效果一致,再通过调整左右制动器使其同时起作用,并能可靠制动。调整完毕后再次进行路试检查,确认其工作一致性后方可使用。

(八)转向盘自由行程调整

转向盘自由行程是指车辆停在平坦路面上,前轮居中时,转向盘向任一方向从开始转动到前轮开始偏转前所转过的角度。自由行程过小,转向沉重,方向盘易产生“打手”现象;自由行程过大,拖拉机摆头,方向不易操纵。当方向盘自由行程大于±15°时,应及时检查和调整转向器,以免出现事故。

1.蜗轮蜗杆式转向器调整

(1)转向器轴向间隙的调整。如图 4-34 所示,当轴向间隙不符合要求时,可用更换调整垫片的方法,保证转向轴的轴向间隙在 0.1～0.2 毫米范围内。

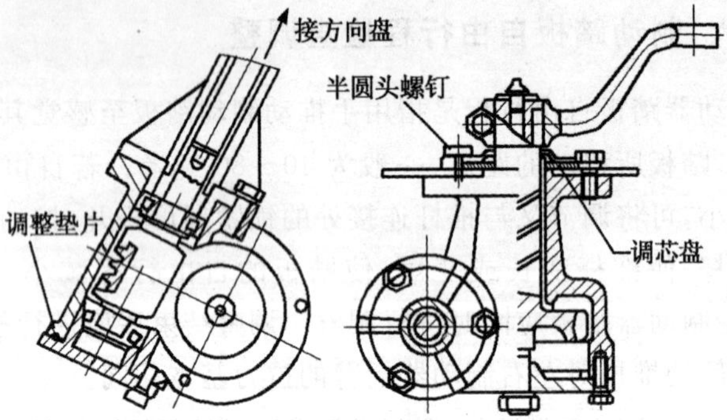

图 4-34　蜗轮蜗杆转向器的调整

(2)蜗轮与蜗杆啮合间隙的调整。先松开半圆头螺钉,转动调芯盘,同时转动方向盘,当感到有明显阻力而自由行程减少到±15°时,拧紧半圆头螺钉即可。

2.蜗杆滚轮式转向器调整

(1)转向盘轴向间隙的调整。当方向盘有明显的轴向窜动时,可减少转向器下盖处的调节垫片来进行调整,调好后,在未装转向滚轮的情况下,转动方向盘的力应适合。

(2)蜗杆与滚轮啮合间隙的调整。从拖拉机上拆下转向器，拧下锁紧螺母，取下止动垫圈。拧动调节螺钉，使滚轮在蜗轮中间位置时，蜗杆与滚轮的啮合间隙为零，此时转动方向盘的力应在规定范围内。

(九)液压系统检修

1. 农具提升缓慢或不能提升

(1)检查油泵离合器是否存在未接合现象，在拖拉机左前方检查离合器手柄是否结合完好，手柄向后为结合位置，必要时拆开上盖，观察爪式联轴节是否结合完好。

(2)查液压油箱是否缺油，检查油温是否正常，油温过高或过低以及牌号不对，分别会造成机油黏度过小或者过大，都会造成机具提升缓慢，应提倡添加规定牌号机油。

(3)检查滤油器或吸油管是否堵塞，吸油接头有没有拧紧。

(4)检查油缸定位阀，与定位挡板之间应有 10～15 毫米的间隙。

(5)分配器安全阀压力偏低，工作时提前打开，液压系统内的液压压力降低，提升农具缓慢；若安全阀卡死在开启位置，则农具不能提升。解决方法：调整安全阀开启压力，更换安全阀弹簧。

(6)回油阀在开启位置时在导向套内卡住或回油阀锥面与阀座密封不严，使油泵泵出的油不能通往油缸而从回油阀处泄漏直接流回油箱，会造成农具提升缓慢。可对阀与阀座用柴油清洗，装回原位，如果是液压油太脏，应更换液压油。

(7)液压泵内漏严重，使油泵的流量降低，造成农具提升缓慢。这是由于油泵长期使用磨损或因油泵的密封圈失效密封不严，引起泄漏，应更换新泵。

2. 农具不能保持在运输状态

(1)在运输状态下，悬挂农具没有超重，若在 30 分钟之内活塞杆的下沉量超过 8 毫米，则可能是由于活塞密封处磨损或者是分配器中滑阀与孔之间有较大的磨损。可把分配器操纵手柄放在“中立”位置，抬起和压下油缸上的定位阀来检查。如果在压下定位阀后，沉降量停止和缩小，这说明分配器滑阀处磨损，反之则是活塞密处磨损。此故障需进行检修和更换新品。

(2)油缸内活塞杆与活塞连接的地方漏油，也会造成农具不能保持在运输位置上。只需拧紧活塞杆上的螺母，即可消除此故障。

3.操纵手柄不能自动回位

(1)分配器阀芯等零件已磨损，使回油阀关闭不严，使分配器中的油压达不到自动回位压力，应更换分配器。

(2)滑阀弹簧变软或折断，升压阀弹簧和定位弹簧太紧，定位钢球卡在凹槽中以及回位机构失灵都会使手柄不能自动回位。应拆检分配器，调整滑阀自动回位压力，必要时更换和调整各种弹簧和定位钢球。

(3)安全阀开启压力太低，弹力不足，农具提升时，安全阀过早开启，压力低于滑阀自动回位压力。可调整安全阀的开启压力至13兆帕或更换安全阀。

(4)油温过高或油箱中油面太低也能造成不能自动回位。油温过高，液压油过稀，泄漏增加，没有足够的压力，手柄自动回位，使自动回位机构失灵；油面太低，油泵工作压力不足，自动回位压力随之降低，自动回位机构不起作用，降低油温，向油箱加油即可。

三、电器设备维修

拖拉机电气设备担负着起动、照明、信号、保证驾驶舒适性等工作。拖拉机上所装电气与电子设备虽然种类繁多功能各异，但按其功能可分为电源系统和用电设备两大部分。拖拉机电气设备有4个共同特点：一是两个电源，发电机为主电源，蓄电池在起动时供电。二是低压直流，蓄电池和发电机的输出均为直流电。三是并联单线，拖拉机上所有用电设备均采用并联单线连接，把拖拉机机身的金属部分作为地线。四是负极搭铁，电源和用电设备均为负极搭铁。

（一）蓄电池检修

1. 蓄电池检测

（1）外部检查。

①检查蓄电池封胶有无开裂和损坏，极柱有无破损，壳体有无泄露，否则应修理或更换。

②检查疏通加液孔盖的通气孔。

③清洁蓄电池外壳，并用钢丝刷或极柱接头清洗器清洁极桩和电缆卡子上的氧化物，清洁后涂抹一层凡士林或润滑脂。

（2）检测蓄电池液面高度。

①用内径为 3～5 毫米的玻璃管，插入蓄电池加液口中抵住极板，用手堵住上端拿出，观测液柱高度，液面高度标准值为 10～15 毫米。

②观察蓄电池侧面液面高度指示线，正常液面高度应介于两线之间，液面过低时，应加入蒸馏水补充。

（3）检测蓄电池电解液密度。电解液密度的大小，是判断蓄电池容量的重要标志，电解液密度用吸式密度计测量，如图 4-35 所示。

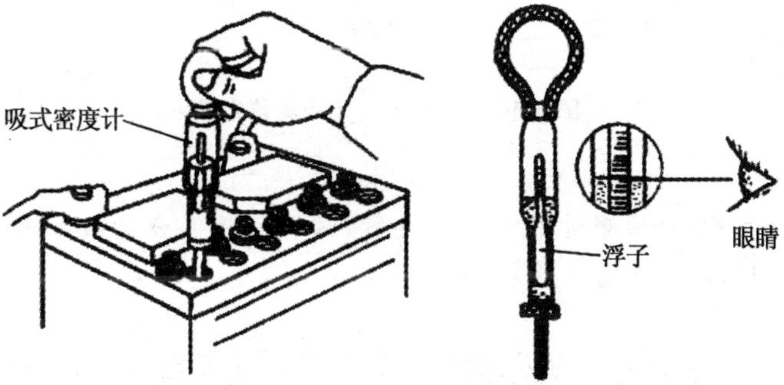

图 4-35　吸入式密度计的使用方法

放电程度的判断：电解液密度与放电程度的关系是：相对密度每下降 0.01 相当于蓄电池放电 6%，当判定蓄电池在夏季放电超过 50%，冬季放电超过 25%时不宜再继续使用，应及时进行补充充电，否则会使蓄电池早期损坏。

对各个单格电池电解液密度值进行比较，可以确定蓄电池是否失效。如果单格电池之间的密度相差 0.05，则该电池失效。

(4)蓄电池技术状态检测。高率放电计是模拟起动机工作状态，检测蓄电池容量的仪表。如图 4-36 所示，它由一只电压表和一负载电阻组成。由于在检测时，蓄电池对负载电阻的放电电流可达 100 安以上，所以，能比较准确判定蓄电池的容量和基本性能，是目前普遍使用的检测仪表。

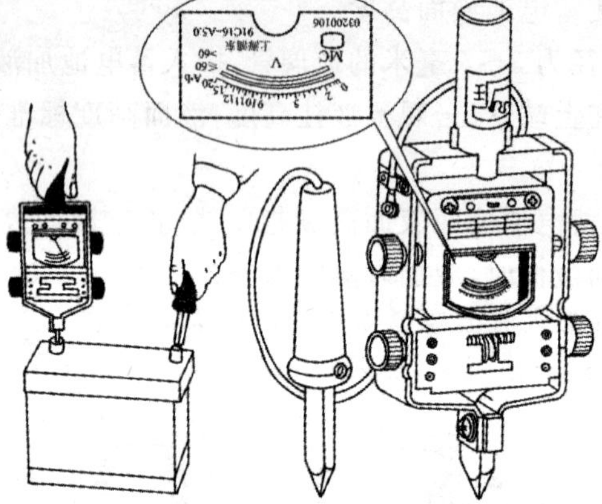

图 4-36　高率放电计检测蓄电池

> 注意：此项测量不能连续进行，必须间隔 1 分钟后才可以再次检测，以防止蓄电池损坏。

将高率放电计的正、负放电针分别压在蓄电池的正、负极柱上，保持 15 秒，若电压保持在 9.6 伏以上，说明蓄电池性能良好，若电压稳定在 11.6～10.6 伏，说明存电充足，若电压迅速下降，说明蓄电池已经损坏。

2. 蓄电池极板硫化修复

蓄电池极板上生成白色坚硬的硫酸铅结晶，充电时又非常难于转化为活性物质的硫酸铅，这就是硫酸盐化，简称“硫化”。轻微的电池硫化，会降低电池的容量，电池内阻增加，严重时则电池失效，充不进电。

(1)原因分析。

①蓄电池长期充电不足，随环境温度的变化，极板上的部分硫酸铅反复溶解和再结晶，再结晶的晶体则变化得比较粗大而坚硬。

②蓄电池经常过放电或过充电。

③电解液液面过低，使部分极板外漏与空气接触而氧化，氧化的极板再与电解液接触即会引起极板硫酸化。

④电解液密度过大，电解液不纯和环境温度的急剧变化都会使极板硫酸化。

⑤放电或半放电状态放置时间过长。

(2)修复方法。当极板发生轻度硫化，蓄电池容量下降时，可用去硫化充电的方法使之恢复，方法如下：

①倒出蓄电池内部电解液，用蒸馏水反复冲洗数次后再注入蒸馏水至标准液面高度。

②接通充电电路，按蓄电池额定容量的 1/30 调整充电电流进行充电。当密度升至 1.15 克/厘米^3 时，倒掉电解液，加入蒸馏水再次充电，直到密度不再增加为止。

③以 20 小时放电率进行放电至单格蓄电池电压降至 1.75 伏时，再以补充充电电流值进行充电，再放电，再充电，放电循环，直至容量恢复至额定容量值的 80%以上时，补充充电后即可投入使用。

3. 极板活性物质严重脱落

在蓄电池充、放电时，极板活性物质大量脱落造成蓄电池容量减小，在蓄电池槽底部有脱落物的堆积，电解液变得浑浊。

(1)原因分析。

①起始充电电流过大，特别是在充电过程的后期充电电流过

大，使极板温度过分升高并产生大量气泡，这些气泡剧烈地冲击极板表面，使已还原的较松软的二氧化铅大量脱落。

②蓄电池放电电流过大，导致极板活性物质与电解液化学反应激烈引起极板翘曲变形，造成大量活性物质脱落。

③电解液密度过高，使极板活性物质严重腐蚀而脱落。

④电解液不纯净。

⑤充电过于频繁。

(2)修复方法。活性物质脱落不仅使蓄电池容量减小，而且使极板短路，造成蓄电池自行放电。活性物质若轻微脱落，应清除脱落物，更换电解液即可。活性物质若严重脱落，应分解蓄电池更换极板或更换蓄电池。

4. 蓄电池自行放电

充足电的蓄电池，放置不用，会逐渐失去电量，这种现象称为自行放电。对于充足电的蓄电池，如果每昼夜容量下降超过2%就是不正常现象。蓄电池自行放电不仅直接影响蓄电池的使用寿命，还使蓄电池因长时间亏电而容易造成极板硫化。

(1)原因分析。

①电解液不纯，杂质与极板之间以及沉附于极板上不同杂质之间形成电位差，通过电解液产生局部放电。

②从蓄电池中溢出的电解液堆积在盖板上，使正负极桩间形成通路。

③极板活性物质脱落，下部沉淀物过多使极板短路。

④电池长期放置不用，硫酸下沉。下部比重比上部大，极板上下部产生电位差引起自行放电等。

(2)修复方法。

①清除蓄电池表面溢出的电解液及杂质，保持表面清洁。

②检查电解液，若液内有杂质或极板脱出物，将蓄电池完全放电，使极板上的杂质进入电解液中，放出电解液，用蒸馏水反复清洗，再加注新的电解液。

③长期不用的蓄电池每月充电一次。

5. 蓄电池充电

修复后的蓄电池或新蓄电池，必须经过充电才能使用。充电的主要设备是充电机，如图 4-37 所示。

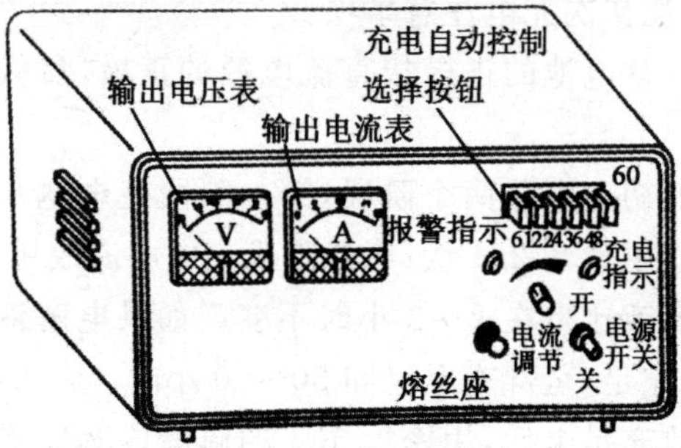

图 4-37　充电机

(1)充电机使用方法。

①用导线分别对应连接 220 伏交流电输入及接地。

②将补充电蓄电池连接(一般接为串联)成电池组，然后将电池组的正、负极对应连接充电机输出接线柱的正、负极(一般情况下，连接两正极的导线采用红色)。

③使用自动控制方式时，若要对一个 12 伏蓄电池充电，应按下 12 伏按键；若为两个 12 伏蓄电池串联，则应按下 24 伏按键，依此类推。

④若不使用自动控制，则不按自动控制键。

(2)充电过程。

①电路连接完毕，采用自动控制方式时，在按下相应键之前，先将电流调节旋钮逆时针旋至极限位置(充电电流为零)。扳动电源开关后，再旋动电流调节旋钮，输出电流表指示出充电电流大小，充电指示灯点亮。蓄电池充满电后，充电机自动停止充电，并发出警报声。

②若不选自动控制方式，蓄电池充满电时，需由操作人员根据

电池特征判断是否关机。

③若电路或充电机自身发生故障,故障警报灯点亮,同时发出报警声。

(3)蓄电池初次充电注意事项。

①充电时蓄电池的正极接直流电源的正极,负极接直流电源的负极。

②蓄电池初充电分两个阶段,第一阶段充电电流为10安,直到充电单格电压达到2.4伏;第二阶段充电电流改用5安,直至充电电压与电解液比重在2～3小时不变。如果电解液面冒大量气泡,表示电已充足,全部充电时间50～70小时。

③蓄电池充足电后,用密度1.4的硫酸或蒸馏水调至配制时规定的电解液浓度,并继续以第二阶段充电电流续充1小时,使之均匀。

④初次充足电的电池,断开电源搁置2～3小时,然后将加水帽旋紧,再以清水冲洗电池表面及四周,并用布擦干,即可交付使用,因为电池盖上如果有电解液,将会引起蓄电池的自放电增加,因此须加注意。

(二)硅整流发电机检修

1. 硅整流发电机检测

(1)硅整流发电机就车检验。就车检验法就是在拖拉机上进行检验。关闭点火开关,将一块0～50伏的电压表接到发电机B接线柱与E接线柱之间。起动发动机,并提高转速,当发电机转速为2 500转/分时,电压应在14伏以上,电流应为10安左右。此时打开前照灯、电动刮水器等电器设备,电流若为20安左右,则表明发电机工作正常。

(2)硅整流发电机进行整体检测。

①励磁绕组检测。用指针式万用表R×1挡(数字万用表R×200挡)测量F与E之间的电阻,若超过规定值,可能是电刷与集

电环接触不良;若小于规定值,可能是励磁绕组有匝间短路或搭铁故障;若电阻为零,可能是两个集电环之间有短路或者 F 接线柱有搭铁故障。

②定子绕组检测。用万用表 R×1 档(数字万用表二极管挡位)测量 B 与 E 之间的正反向电阻值(数字式万用表显示为二极管管压降),若正向示值在 40～50 欧(数字式万用表显示为二极管管压降),反向示值在 10 千欧(数字万用表显示为 1)可认为无故障;若正向示值在 10 欧(数字万用表显示值接近于 0)左右,说明有失效的整流二极管,需拆检;若万用表正向示值为 0(或接近于 0),则说明有不同极性的二极管击穿,需拆检。若交流发电机有中性抽头(N)接线柱,用万用表 R×1 档(数字万用表二极管挡位),测量 N 与 E 以及 N 与 B 之间的正反向电阻值(数字万用显示为二极管管压降),可进一步判断故障在正极管还是在负极管。

2. 解体硅整流发电机

(1)分解定子与前盖,用螺丝刀插入前盖与定子铁芯之间的间隙内,将前盖与定子分开,如果它们难于分开,用一个塑料锤轻轻地敲打前盖,同时用螺丝刀撬它们。注意:不要将螺丝刀插入太深以免损伤定子线圈。

(2)拆卸发动机皮带轮,时将皮带轮一端朝上,用台虎钳固定转子后拆卸皮带轮。

(3)拆卸定子总成及绝缘子和电刷架,拆卸定子时,将焊在整流器主二极管上的定子引线用电烙铁烫下,如图 4-38 所示。从电刷架上拆卸整流器时,将焊接在整流器上的地方用电烙铁烫下。

3. 硅整流发电机解体后检修

(1)整流二极管检测。检测二极管时,需将每个二极管的中心引线从接线柱上拆下或焊下,用万用表 R×1 档(数字万用表二极管挡位),分别将红表笔和黑表笔与二极管正、负极接触测量,然后更换表笔再测量,若指针式万用表两次测量值一次大(反向电阻,大于 10 千欧),一次小(正向电阻,8～10 欧),说明二极管性能良

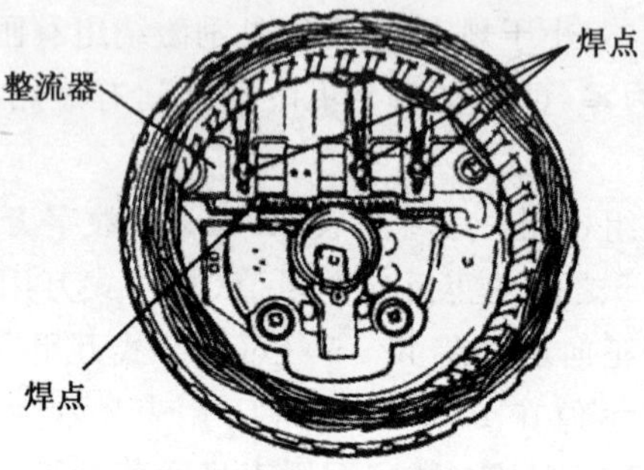

图 4-38　分解定子与电刷架

好，如图 4-39 所示。若两次均测得为“∞”，说明二极管断路，若均为“0”，说明此管已被击穿。

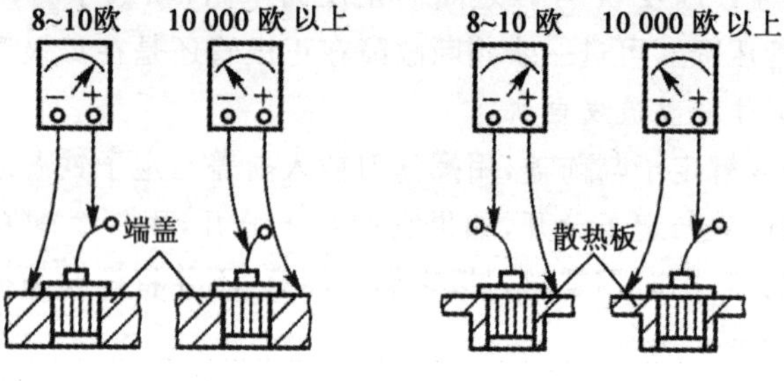

图 4-39　二极管的万用表检测

(2)定子绕组检测。

①用万用表最大欧姆挡位测量定子三相绕组任一端线与铁芯间的绝缘电阻，阻值应为“∞”，如果电阻值读数很小，说明定子绕组搭铁。

②用万用表 R×1 档分别检测定子绕组两个引线端子间的电阻，如万用表指示导通，说明定子绕组没有断路；如果万用表指示不导通，说明定绕组有断路，如图 4-40 所示。

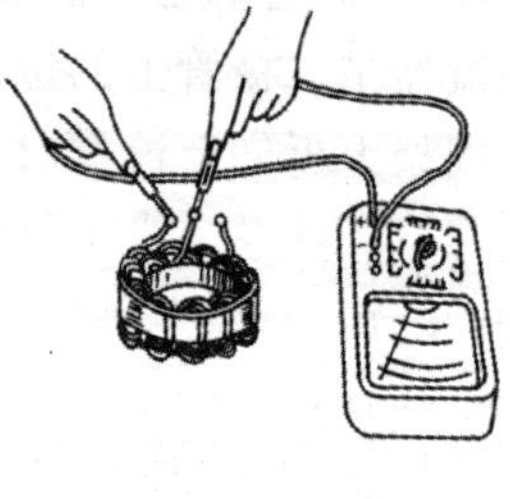

图 4-40　定子绕组的检测

(3)转子总成检修。

①清除两个集电环之间的炭粉，观察集电环表面有无明显的沟槽、裂纹或烧蚀现象。

②如图 4-41 所示，用万用表 R×1 档 ，将红黑两支表笔分别压在两个集电环上。如果电阻值在规定的范围内，则说明励磁绕组良好；如果测量电阻值偏小，则说明励磁绕组匝间短路；如果测量电阻值为"∞"，则说明励磁绕组断路。

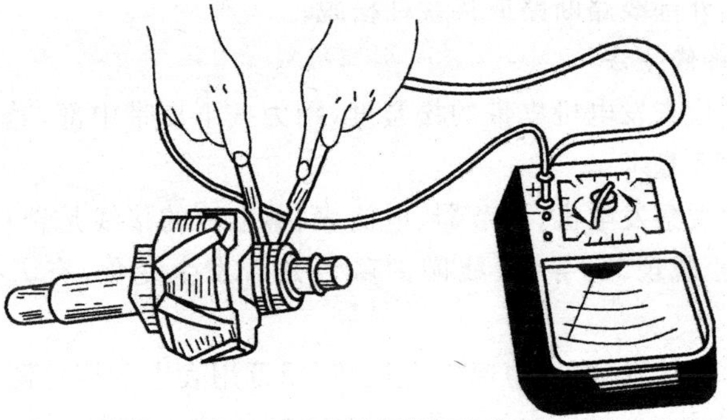

图 4-41　测量磁场绕组阻值

③用万用表最大欧姆挡位测量两集电环与转子轴之间的电阻值，应指示"∞"，否则说明励磁绕组有搭铁故障。

集电环的圆度偏差过大，或沟槽过深，或严重烧蚀，可在机床上进行加工修复，轻度烧蚀可有细砂布打磨抛光。

(4)电刷检测。用游标卡尺测量电刷的高度，电刷的高度低于 7 毫米时也应更换，更换时注意电刷的规格型号要求一致。

(三)发电机不充电检修

拖拉机在中等转速时，电流表仍指示放电或充电指示灯不熄灭。

1. 原因分析

(1)风扇皮带过松或断裂。

(2)发电机故障。定子绕组、励磁绕组断路或搭铁故障;电刷磨损过度或卡滞;集电环严重烧蚀、脏污或有裂纹;整流器二极管烧坏、脱焊。

(3)调节器故障。触点式振动式电压调节器触点严重烧蚀或烧结,电子式调节器损坏。

(4)外部线路断路或接线柱松脱。

2. 检修方法

(1)检查发电机皮带的松紧度,用力按下皮带中部,其挠度应为10～15毫米。

(2)观察发电机、调节器、电流表、蓄电池的接线是否良好,接头有无松脱现象,导线、线圈的颜色是否发生变化,有无烧焦的气味。

(3)起动发动机,中速以上运转,用万用表电压档检测发电机“B”接线柱与搭铁间电压。若为14伏左右,则说明发电机发电,应检查充电指示电路;若蓄电池电压不变,说明发电机不发电。

(4)打开点火开关,拿一螺丝刀碰触发电机轴,检查有无磁性吸力。

①若是无吸力,用示灯一端搭铁,另一端检查调节器“F”“+”是否有电。若“F”无电而“+”有电,则为调节器损坏;两接线柱都无电,检查线路、点火开关及保险。

②若是有吸力,则说明励磁电路良好,即点火开关、调节器到发电机转子部分都没问题,应拆检发电机定子及整流器部分。

(四)起动机解体检修

1. 励磁绕组检修

励磁绕组的常见故障有接头脱焊,绕组短路、断路或搭铁等。接头松脱故障,解体后可直接看到,判断绕组搭铁与否可用万用表的高阻值档测量绕组端子与外壳之间的电阻，应为“∞”。

2. 电枢绕组检修

电枢绕组的常见故障有匝间短路、断路或搭铁等。可用万用表高阻值挡检测电枢绕组是否搭铁。电枢绕组短路的检测应在专用实验台上进行。

3. 换向器检修

换向器故障多为表面烧蚀、脏污、云母片突出等。轻微烧蚀用细砂纸打磨即可，严重烧蚀或失圆（径向圆跳动>0.05 毫米）时应进行机加工，但加工后换向器铜片厚度不得少于 2 毫米。云母片如果高于钢片也应车削加工，然后将云母片割低，一般拖拉机用起动机云母片低于钢片，检修时，若换向器铜片间槽的深度小于 0.2 毫米，就需用锯片将云母片割低至规定的深度。

4. 电刷与刷架检修

检查电刷的高度，一般不应低于标准 2/3，电刷的接触面积不应少于 75%，并且要求电刷在电刷架内无卡滞现象，否则应进行修磨或更换。用万用表的高阻值档检测电刷架的绝缘性。最后用弹簧秤测量电刷弹簧的弹力，若不符合要求应予以更换。

5. 单向离合器检修

单向离合器常见的故障是打滑。如图 4-42 所示，可以用扭力扳手检测单向离合器的转矩，若转矩小于规定值，说明单向离合器打滑，应予以更换。对于摩擦片式单向离合器，如果转矩偏小，可以通过调整来修复。

6. 电磁开关检修

电磁开关的常见故障一般是吸拉线圈和保持线圈断路、短路和搭铁，导电盘（或接触盘）及触点表面烧蚀等。线圈的断路故障可用万用表的低阻值档检测其阻值、搭铁故障可用万用表的高阻值档测量其电阻来检查。导电盘及触点表面烧蚀轻微的可以用挫刀或砂布修整。回位弹簧过弱应予以更换。

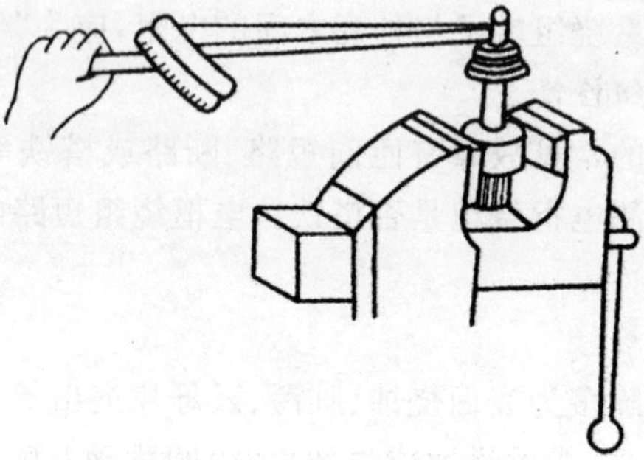

图 4-42　起动机单向离合器打滑检查

(五)起动机不转检修

将点火开关旋到起动位置,起动机不运转。

1. 原因分析

(1)电源及线路部分的故障。主要有蓄电池严重亏电、蓄电池接线柱上的电线接头松动或接触不良,控制线路断路。

(2)起动继电器的故障。继电器线圈烧毁断路、继电器触点严重烧蚀或触点不能闭合。

(3)起动机的故障。主要有起动机电磁开关触点严重烧蚀,换向器严重烧蚀而导致电刷与换向器接触不良、电刷弹簧压力过小或电刷卡死在电刷架中,磁场绕组或电枢绕组有断路,短路或搭铁故障,电枢轴的铜衬套磨损过多使电枢轴偏心或电枢轴弯曲,导致电枢铁心“扫膛”等。

2. 检修方法

(1)打开前照灯开关或按下喇叭按钮。若灯光较亮或喇叭声音洪亮,说明蓄电池存电较足,故障不在蓄电池;若灯光很暗或喇叭声音很小,说明蓄电池容量严重不足;若灯不亮或喇叭不响,说明蓄电池或电源线路有故障,应检查蓄电池火线及搭铁电缆的连接有无松动以及蓄电池储电是否充足。

(2)用导线将蓄电池正极与电磁开关 30 接线柱接通 3～5 秒，见图 4-43。如接通时起动机转动，说明点火开关回路或起动继电器回路有故障；如接通时起动机不转，进一步检查起动机与电磁开关。

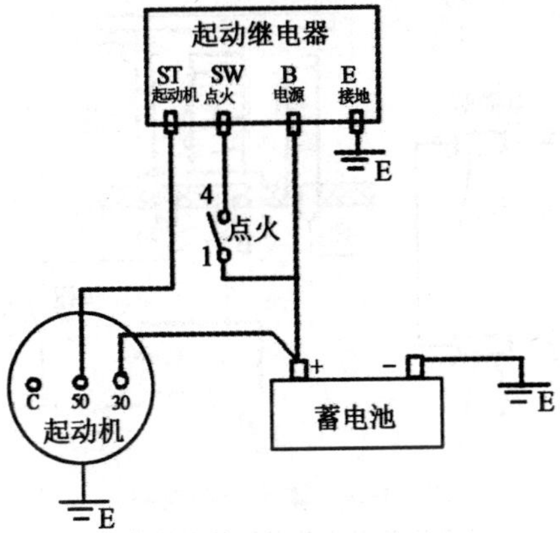

图 4-43　起动机接线示意图

(3)用螺丝刀将电磁开关的 30 接线柱与 C 接线柱接通。若起动机空转正常，说明电磁开关有故障；若起动机不转，则起动机有故障。可根据螺丝刀短接 30 接线柱与 C 接线柱时产生火花的强弱来辨别。若短接时无火花，说明磁场绕组、电枢绕组或电刷引线等有断路故障；若短接时有强烈火花而起动机不转，说明起动机内部有短路或搭铁故障，须拆下起动机进一步检修。

(六)喇叭不响检修

按动喇叭按钮，喇叭不发声，常见故障原因有喇叭插头端子松动、保险丝烧断、喇叭继电器触点烧蚀、喇叭按钮接触不良、喇叭调整不当或损坏等。

(1)找到喇叭的电源线，把电源线的接线插头拆装一次，检查是否接触不良。

(2)按下喇叭按钮,用试灯检查喇叭继电器 B、H 端子是否有电,如图 4-44 所示,若 H 端子无电,检查喇叭继电器触点是否烧蚀、喇叭按钮是否接触不良。

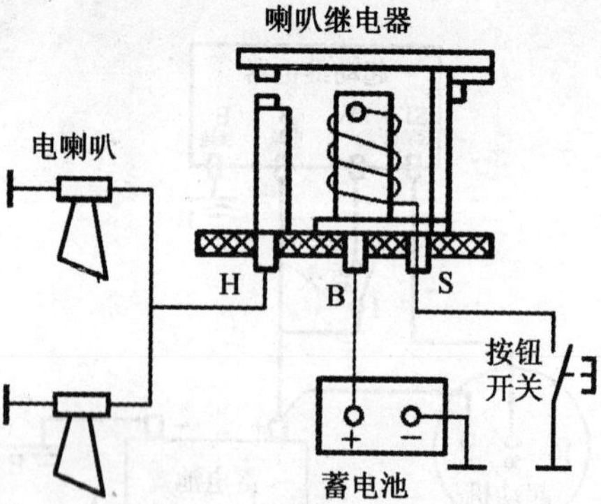

图 4-44 喇叭控制电路

(3)按下嗽叭按钮,若喇叭端子有电而喇叭不响,说明喇叭有故障,应进行维修调整或更换。

①检查喇叭触点,若有烧蚀,可用细砂纸磨修,用布条擦净;均若烧蚀严重,更换电喇叭。

②调整电喇叭

A. 音调的调整,通过调整衔铁与铁芯间的气隙来实现,铁芯气隙小时,膜片的振动频率高,音调高;气隙大时,膜片的振动频率低,即音调低。调整方法是:松开锁紧螺母,转动调整螺钉,音调符合要求时,拧紧锁紧螺母即可,如图 4-45 所示。

B. 音量的调整靠调整喇叭内触点接触压力来实现,触点的接触压力增大时,喇叭的音量则变大,反之音量变小。调整方法是:旋转音量调节螺钉,逆时针方向转动时,触点压力增大,音量增大,顺方向转动时,触点压力减小,音量减小。

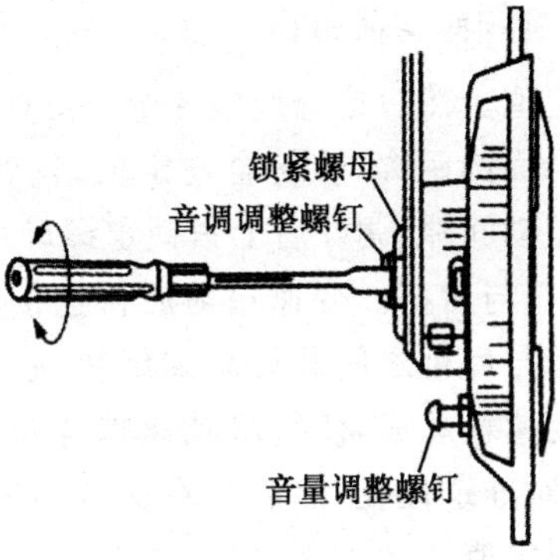

图 4-45　电喇叭调整

四、拖拉机总装和质量检验

(一)拖拉机总装

拖拉机总装就是把经过检修的发动机、变速箱、后桥、离合器、行走、转向及其他总成部件装成整台拖拉机，并进行外部调整。拖拉机总装步骤和要求如下：

(1)安装前桥。安装前桥，应将发动机垫高放平，把装好前轮和支座的前桥总成推到发动机正前方，使前桥支座的螺栓孔与发动机体上的螺栓孔对准，穿入固定螺栓，左右均匀拧紧固定螺母，拧紧力矩应符合规定。安装后，前桥应能自由摆动，前后窜动量不得超过 1 毫米，间隙过大应加平垫予以调整，然后检查调整前轮轴承间隙，将花形螺母拧到底后退回 1/8～1/3 圈，刚能用手转动前轮为宜。调好后穿上开口销，装上轴承盖。

(2)安装离合器。安装离合器应使用专用芯轴，以提高安装效率和安装质量。将离合器压盘总成和被动盘总成串在专用芯轴上，使被动盘轮毂凸缘短的一边靠近飞轮，将芯轴小端插入飞轮中心轴承内孔，转动离合器盖使螺栓孔对齐，均匀拧紧固定螺栓，拧紧力矩应符合规定值。然后检查调整 3 个分离杠杆内端球面到飞轮与中间压盘接合面的距离，应符合规定值，且处于同一平面上。检查调整离合器差动间隙，调好后上紧锁定螺母。

(3)连接变速箱与后桥。变速箱与后桥连接的关键是防止机油渗漏。在变速箱与后桥之间装好防漏纸垫，必要时可在纸垫上涂密封胶。移动变速箱总成，使行星减速啮合套与小圆锥齿轮轴啮合，并使定位销对准定位孔，然后左右交替均匀拧紧连接螺栓，拧紧力矩应符合规定值。

(4)安装转向器。将转向器总成用螺栓固定到变速箱体上，拧紧力矩应符合规定值。转动方向盘使其处于中间位置，检查左右转向垂臂，应向后倾斜 15°，否则应调整。

(5)安装分离轴承。将分离拨叉轴装入变速箱体，穿上分离拨叉，拧紧固定螺钉，拨叉轴与衬套的配合间隙应符合规定值；将注满钙基润滑脂的分离轴承压装到轴承座上，将分离轴承座装到轴承座支架上，配合间隙应符合规定值。分离轴承应旋转自如，沿轴向滑动灵活，没有卡滞和晃动现象，最后装上回位弹簧。

(6)安装离合器踏板和制动器踏板将踏板。将踏板轴穿入变速箱体，装上踏板，检查踏板轴与支承衬套、踏板与踏板轴的配合间隙，应符合规定值。踏板的轴向窜动量应不大于 0.5 毫米，装上离合器、制动器调节拉杆，穿上开口销，装上回位弹簧。

(7)安装驱动轮。将驱动轮装到驱动轴接盘上，分次均匀拧紧固定螺母，拧紧力矩应符合规定值。

(8)发动机与底盘连接。发动机与底盘的连接是飞轮与离合器轴的连接，是发动机与底盘在飞轮、离合器室位置互相衔合，当离合器轴花键与被动盘花键啮合不上时，可少许摇转曲轴，使其啮合，不要从结合面处伸手拨动离合器轴，以免挤伤。待定位销进入定位孔以后，均匀拧紧固定螺栓，拧紧力矩应符合规定值。安装左右转向纵拉杆，拧紧球形销固定螺母后，穿上开口销锁住。转动球头销密封盖，调整补偿弹簧的压力，保证球头销相对拉杆接头转动灵活，但不晃动。

(9)安装水箱、油箱。安装水箱、油箱时，一定要注意装好减震垫和减震弹簧，拧紧固定螺母后，用开口销锁住。安装后，水箱、油箱、水管、油管不得有渗漏现象。

(10)安装电器设备和仪表盘。所有用电设备应固定牢靠，所有线路的接头应连接可靠，接触良好，不得有松脱和漏电现象。

(11)安装其他附件。安装座位、挡泥板、牵引装置和机罩。安装全部黄油嘴，并注满润滑脂。

(12)外部检查调整。按规定要求检查调整各操纵机构、轮胎气压；检查调整离合器和制动器踏板自由行程；检查调整前轮前束等。

(二)磨合试运转

经过检修的拖拉机，在投入正常负荷作业以前要进行试运转，即按规定的润滑、速度和负荷规范进行摩擦表面的磨合，并仔细检查拖拉机的运转情况，及时排除各种故障，使拖拉机达到预定的技术状态。试运转分为修理单位修后的试运转和用户使用前的试运转。修理单位的试运转主要是检查拖拉机的装配和调整质量，排除故障，进行初步磨合和检查拖拉机的工作性能。在投入正常工作前，用户还必须进行由轻负荷到全负荷的试运转，以改善配合状况，及时排除各种负荷下可能出现的各种故障，使拖拉机达到规定的技术要求和延长使用寿命。

(三)试运转后检查、保养及质量检验

1. 试运转后检查

(1)将拖拉机外部泥土冲洗干净，停放在平坦地面上，倾听发动机有无不正常的响声，观察冒烟有无烧机油和油底壳有无窜气现象。

(2)检查变速箱、后桥、前轮毂和制动毂的温度是否正常。

(3)检查进排气管和气缸垫处有无漏气现象。

(4)检查水箱、水泵、气缸垫和水堵处有无漏水现象。

(5)检查油箱、输油泵、喷油泵、喷油嘴以及液压系统各油管接头有无漏油现象。检查曲轴箱、定时齿轮室盖、气门室盖、变速箱、分动箱、后桥、最终传动各衬垫处有无渗油现象。

(6)检查行走、转向和制动器等处连接螺栓是否松动。

(7)检查转向盘的自由行程、前轮前束、前轮轴承间隙、离合器踏板和制动器踏板的自由行程有无变化。

2. 试运转后保养

拖拉机磨合后，润滑油中含有大量的金属粉末和其他杂质，必须紧接着进行换油、清洗、保养。同时，还应对各个部分进行复查、添加、紧固和调整等工作。

(1)负荷试运转结束后，趁热放出传动箱、最终传动和液压油箱中的润滑油。加入柴油，首先清洗液压系统，用手柄操纵升降数次，然后将手柄放在下降位置，并脱开油泵传动装置，使油泵停止转动，接着用低速挡前后开动拖拉机数分钟，清洗传动箱，最后放出清洗柴油，清洗液压系统的吸油滤网，重新添加清洁的润滑油至规定油面。

(2)停止发动机运转后，趁热放出油底壳的润滑油，清洗润滑系统，然后添加新机油至规定油面。

(3)用扭力扳手拧紧气缸盖固定螺母，并检查调整气门间隙和减压杆间隙。必要时，校正喷油嘴的喷油压力。

(4)更换冷却水，必要时清洗冷却系统。

(5)检查蓄电池电解液面高度和密度，必要时进行补充充电。

(6)向所有润滑点注入钙基润滑脂。

3. 试运转后质量检验

试运转后的质量检验标准如下：

(1)发动机启动性能良好，在气温不低于5℃时，每次按下启动按钮不超过15秒,最多不超过3次应能启动。当气温低于5℃时,加热水或气温低于-5℃加热机油后能启动,即为正常。

(2)发动机工作平稳,无噪声和敲击声,无过热和冒烟现象。

(3)油门操纵机构应准确可靠,当操纵手柄在两个极端位置时,应保证怠速运转不大于700转/分,保证额定转速稳定在2 000转/分,拉出停车拉杆,发动机应停止运转。

(4)进气系统各连接处应严密不漏气,当封闭空气过滤器的进气管时,发动机应立即熄火。

(5)水箱、油箱、管道、进排气管等各连接处,必须清洁畅通,但不得有漏油、漏水和漏气现象。

(6)各仪表工作可靠,正常工作时的读数应符合规定值。

(7)电气系统完整无缺,连接可靠,各线路接触良好,不松动,不搭铁,喇叭不沙哑,灯光不发暗。

(8)离合器结合平稳,分离彻底,不打滑,不发抖,离合器踏板行程应符合规定值。

(9)变速箱应换挡轻便,无乱挡、跳挡和自动脱挡现象。在各挡工作时,不得有噪声和敲击声,不得有过热现象。

(10)转向机构应操纵轻便灵活,转向盘自由行程在直线行驶位置应不超过15°,左右最大回转角度应相等,转向盘打到极限位置时,拖拉机能以最小转弯半径作360°转弯。

(11)制动器踏板联锁时,踩下制动器踏板,应能左右同时迅速制动,不得有偏转和侧滑现象。松开踏板应能迅速复位。在20°斜坡上,上坡和下坡均能完全刹住不动。

(12)液压悬挂系统,操纵手柄应运动灵活,悬挂额定重量时,提升时间不超过3秒,提升过程中不得有抖动现象,油泵不得有过热现象。提升到最高位置后,30分钟内下沉量不得超过15~20分钟。

第5章 农机具维修技术

农机具种类繁多，作业条件差，使用中容易出现各种故障，因其结构不同，故维修方法各异。常用农机具维修主要包括旋耕机、播种机、机动插秧机、联合收割机、潜水电泵和机动喷雾器的维修。

一、旋耕机维修

旋耕机是常用的耕整地机械，主要由机架、传动装置、刀辊、挡土罩及平土拖板等组成。

1. 常见故障排除

(1)作业时旋耕机上下跳动。主要原因有土壤坚硬、负荷太大、万向节传动轴安装不正确、刀片安装不正确等。排除方法可采用适当降低机组前进速度和提高刀轴转速、重新检查、安装万向节传动轴、按使用说明书正确安装刀片和万向节传动轴等措施排除。

(2)旋耕后地块不平。主要原因有旋耕机左右未调平、拖板位置不正确、机组前进速度与刀轴转速匹配不当等。可采用调节旋耕机左右水平、调整拖板位置、改变拖拉机前进挡位或刀轴转速等方法排除。

(3)作业时有金属敲击声。主要原因有刀片固定螺丝松脱、刀轴两端刀片或罩壳变形、传动链条过松、万向节传动轴倾角过大等。可采用重新拧紧刀片紧固螺丝、校正罩壳或更换刀片、调节链条的松紧度、控制旋耕机提升高度、减小万向节传动轴倾角等方法排除。

(4)刀片弯曲、折断。主要原因是降落速度过快与硬物相碰、转弯时旋耕作业、刀片硬度太高或有裂纹等。可采用缓慢降落、转弯时升起旋耕机、更换合格刀片的方法排除。

2. 主要部件修理

(1)悬挂架、刀轴变形修理。可采用冷压校正修复,变形严重时则需更换新件。

(2)链条磨损或损坏修理。若局部磨损或损坏,可冲掉磨损或损坏链节,重新铆上新品;若链条整体磨损严重,应更换新件。

(3)刀片磨钝修理。可采用磨修方法达到标准刃厚。若仍不能修复,可用汽车钢板弹簧焊接后磨修达到标准。

(4)机壳破裂。可采用铸铁冷焊修复,破裂严重时更换新品。

3. 拆装注意事项

(1)应依次按传动装置、悬挂装置和罩壳、挡泥板、刀片、侧传动箱、刀轴、中间齿轮箱的顺序拆卸,并做好配合件、连接件标记。

(2)装配应按拆卸的相反顺序进行,并按标记装配。

(3)中间齿轮箱的齿轮啮合间隙,传动轴轴向间隙符合技术要求。

(4)刀片安装方向符合不同作业规定要求。安装时应注意两头的弯刀向内,左、右刀片各占一条线,弯刀朝向宽螺旋槽,在同一截面内都安装左、右刀。安装弯刀时的弯向应予转向相反,直勾刀则同向安装。

(5)相邻两刀座间的夹角应在60°以上。

旋耕机装配技术要求

* 安装传动轴时,方轴和方轴套的叉形接头应在同一平面内,万向节装好后,应将安全插销对准花键轴上的凹槽插入,再用开口销锁定。

* 装配时,变速箱的第一、二、三轴的轴向转动量应控制在0.05～0.10毫米。

* 侧边齿轮箱齿轮的啮合间隙或者链条松紧度应符合要求。

* 刀片拆装时要注意安装排列方向,并要安装可靠。

* 刀轴应平直,不应有变形现象。

* 刀片刃口符合规定要求,且厚度不应大于1.5毫米。

二、播种机维修

(一)小麦播种机维修

小麦播种机一般由机架、种肥箱、排种器、排肥器、输种输肥管、开沟器、覆土器、行走传动机构等组成。

1. 常见故障排除

(1)所有排种器不排种。主要原因是种子箱可能缺种子、传动链条脱落、排种轴头与排种齿轮方孔磨损等。可采用及时添加种子、将链轮调整到同一水平面、调整链条张紧轮、更换排种轴头、排种齿轮等方法排除。

(2)单体排种器不工作。故障主要原因有个别排种盒内种子棚架或排种器口被杂物堵塞、排种轴与个别排种槽轮的连接销折断、个别排种盒插板未拉开等。可通过及时清理种盒、排种器口杂物,应换用清洁种子、更换排种轴与排种槽轮的连接销、拉开排种盒插板等措施来排除。

(3)种子破碎率高。故障主要原因有作业速度过快,使传动速度过高、排种装置损坏、外槽轮尺寸和形状与种子规格不适应、排种舌离排种外槽轮太近等。可采用降低播种速度并匀速作业、更换排种装置、更换合适的排种外槽轮、调整好排种舌与外槽轮之间的距离等方法来排除。

(4)个别种沟内无种子。开沟器、输种管堵塞是造成个别种沟内无种子的主要原因。可通过应及时清理输种管内的堵塞物、清除缠绕在开沟器上的杂草等方法来排除。

2. 主要部件修理

(1)机架变形或断裂的修理。可采用冷压矫正方法修复机架变形,机架断裂可采用加强筋焊补机架的方法修复。

(2)行走轮变形断裂或辐条脱落的修理。可采用加热矫正变形，焊加强筋、焊接脱落辐条的方法予以修复。

(3)圆盘式、芯铧式开沟器刃口磨钝、缺口的修理。可采用车床或砂轮磨锐到标准尺寸、焊补修磨到规定标准。

(4)输种管拉长或弯折的修理。修理方法是用木槌敲打矫直扭弯的输种管；可将拉长的卷片或输种管压缩到原装后用铁丝固定，再进行淬火复原。

(5)链条磨损后的修理。修理方法是将磨损后的链节用样板分类为 6.5 毫米、5.5 毫米和 4.5 毫米三种，环部直径小于 4.5 毫米的链节做报废处理。再将链节放在专用设备上将其压弯，经过试运转后使用。

3. 拆装技术

(1)播种机拆卸。

①拆下开沟器总成，卸下输种管。

②用支架将机架支起，卸下行走轮和种、肥箱。

③拆下传动机构。

④拆下起落装置、踏板和座位。

⑤拆下牵引装置。

⑥解体总成。

(2)播种机装配。播种机装配时应先将部件组装为总成，然后进行总成装配。

①用支架支起机架，在机架上安装种肥箱和行走轮。

②安装传动机构。

③安装开沟器总成。

④安装播种机起落装置、踏板及座位。

⑤安装牵引架和划印器。

(3)装配技术要求。

①机架不应有变形，不准有断裂，牵引和悬挂连接板不得有扭曲和断裂现象。拉筋应拧紧，左右梁长度偏差不得超过 5 毫米。

②地轮的轴向间隙不得超过 2 毫米，地轮轮缘的轴向、径向摆

动量不得超过 10 毫米。地轮辐条不得有松动和断裂现象。

③种肥箱不应有开裂现象，内壁及箱底应光滑平整，与机架安装紧固，输种管不应有裂纹，排种盒与种箱接触处间隙不得大于 1 毫米。

④排种轮完整、边缘不得有损坏，各排种轮之间距离应一致，排种轴不得有变形。

⑤播量调节器的杠杆(螺母)移动灵活，无滑动空移现象。调节杠杆(螺母)置于任何位置，各排种(肥)轮的工作程都均应相等，其偏差不大于 1 毫米。

⑥链轮(齿轮)传动的两个链轮(齿轮)应位于同一平面内，偏差不得超过 1 毫米。齿轮啮合间隙应在 2～3 毫米，链条松紧度不大于 20 毫米。

⑦各开沟器间距偏差≤5 毫米。圆盘开沟器两圆盘接触间隙＜2～3 毫米。

⑧开沟器刃口厚度应大于 1 毫米。圆盘开沟器的径向磨损量不大于 25 毫米。

(二)玉米播种机维修

玉米精量播种机按排种器的结构不同分为机械式和气力式两大类。主要由机架、种肥箱、排种器、排肥器、输种输肥管、开沟器、覆土器、行走传动机构等组成。

1. 常见故障排除

(1)播种机地轮打滑。主要原因有排种链条上架、地轮过高、差速器反向、机器前低后高等。可通过调紧排种链条、顺时针旋转调深手轮、升起机具，倒转各个地轮，发现阻力较大时，调换该总成差速器方向、调长拖拉机中央拉杆等措施排除。

(2)播后各行深浅不一致。主要原因有播种开沟器深度不一致、开沟器入土角度不一致等。可通过松开开沟器螺钉，上下移动开沟器、松开 U 形丝，调整入土角等措施排除。

(3)播后露籽严重。故障主要原因有播种深度过小、覆土器角度不合适、播种开沟器入土角太大等。可采用调整播种深度、调整覆土盘、调长中央拉杆等措施排除。

(4)播种量过大。故障主要原因有输种管脱口,清种口盖掉落、双粒率高等。可通过接好输种管,盖好清种口、调整内外清种器位置等措施排除。

(5)勺轮式播种机空穴或漏播严重。故障主要原因有排种器内有异物或工作失常、勺轮被农药粘填、隔板位置过高、排种链条掉落、驱动轮顶丝失灵、排种器内缺种子、种子在输种管内被架空、离合器处于分离状态等。可通过及时取出排种器内异物、清洗勺轮、调低隔板、挂好链条、拧紧顶丝、添加种子、敲击振动输种管、清洗输种管、将离合器复位等措施排除。

(6)气吸式播种机空穴或漏播严重。故障主要原因有排种器内有异物、排种链条或变速箱内链条掉落、驱动轮顶丝松动、排种器内缺种子、种子在输种管内架空、发动机转速过低、管路密封性差、排种盘或密封垫圈磨损、内清种器或外清种器将吸附的种子刮下等。可通过及时取出排种器内异物、挂好链条、拧紧顶丝、添加种子,敲击振动输种管、清洗输种管、适当加大油门、检查整个密封管路及接口并及时填堵漏洞、排种盘反装或更换,更换密封垫圈、调整内外清种器的位置等措施排除。

(7)气吸式播种机风机多楔带磨损严重。故障主要原因有多楔带带槽或带轮槽内有毛刺或沙粒等杂物、多楔带过紧、风机轴承体内缺少润滑油或轴承损坏导致轴承体发烫等。可采用清除带槽或带轮内毛刺和杂物、适当调松多楔带、加注润滑油或更换轴承等措施来排除。

2. 主要部件修理

(1)排种器修理。排种轮窝眼磨损工作效能丧失,可用胶补法恢复。排种盒式排种滚筒变形,可用木榔头矫正。气力式排种器损坏则应更换新品;机械式排种盒破损则可用气焊焊补。

(2)开沟器修理。双圆盘式开沟器维修。圆盘刃口磨损后,应磨修后组装,刃口厚度应小于0.3毫米,两圆盘接触间隙不大于3毫米;如圆盘径向磨损量大于25毫米,应报废更换。轴承磨损应更换新品(超过0.5毫米)。圆盘铆钉松动时应及时铆接牢固;滑刀式、芯铧式开沟器磨损,在不影响开沟深度的前提下,可通过磨锐恢复;铧柱变形后应用冷矫正或加热后矫直、淬头。

(3)覆土器修理。覆土器零部件磨损后,一般采用电焊修补恢复;零部件变形,采用冷矫正。

(4)镇压轮修理。镇压轮铆钉松脱,可重铆恢复原来状态;镇压轮磨损或变形,应采用气焊修复,修复后的镇压轮必须平整光洁。镇压轮变形可用冷矫正,轻轻敲击使其复原。若轮损坏严重,应更换新品。

(5)气吸式播种机风机修理。风机叶轮磨损或壳体磨损,则更换新品。如果是钢板压的风叶,可用气焊修补,修后的风机叶轮一定要进行平衡后组装,组装后进行风压与风量试验测定,符合要求后方可装机使用。管道破裂或密封损坏,应用胶补或气焊修补,更换必要的密封件。

3.维修技术要求

(1)机架不应有弯曲和倾斜现象。安装开沟器的梁弯曲度不得超过10毫米;单体机安装开沟器的柄套不得有变形现象。

(2)牵引部件、悬挂部件应无变形或断裂现象。

(3)行走轮(驱动传动轮)的外缘应成正圆形,径向和轴向摆差不大于10毫米。轮子辐条不得断裂和松动,弯曲度不大于4毫米,轴向间隙不大于1.5毫米。

(4)传动链轮或齿轮应在同一平面内,两齿轮应全齿啮合,齿顶与齿根间应有2～3毫米间隙,链条松紧度应适当。

(5)种、肥箱安装应牢固,不得有晃动现象。

(6)排种器安装牢固,不得松动;间隙不大于3毫米。排种轮(盘)应完整,不得有损坏现象,各排种器排种间距(穴株距)应一致，刮种舌和排种轮间隙应一致。

(7)排肥器不得有阻塞现象，排肥量应准确可靠。

(8)开沟器的运输间隙应大于 100 毫米，开沟器之间(单体之间)距离应相等，偏差不大于 5 毫米。开沟器拉杆不应有变形。

(9)仿形轮轴向间隙应不大于 0.5 毫米，以保证有最大仿形量。

(10)气吸式播种机的风机应有足够的风量和风压，风管要严密。

三、机动插秧机维修

机动插秧机按驾驶操作方式分为手扶自走式、乘坐自走式和拖拉机悬挂式三种类型。自走式机动插秧机主要由动力机械、传动系统、行走装置、送秧机构、栽植机构五部分组成。

1. 常见故障排除

(1)立秧差或发生浮苗。故障主要原因有秧苗苗床水分过多或过少、插秧深度偏浅、水田表土过硬或过软、秧爪磨损、秧爪不能正确取秧等。可通过打湿秧苗土块、调整插秧深度、控制水田水深为 1～2 厘米、更换秧爪、减慢插秧速度、非乘坐式插秧机向下压手把等措施来排除。

(2)插秧后秧苗散乱。故障主要原因有推秧器推出行程小、苗床过干或水分过大、苗片与苗片接头间贴合不紧、水田表土过硬或过软等。可通过更换秧爪和降低插秧速度、打湿秧苗土块、清理或更换导秧槽、控制水田水深为 1～2 厘米等措施来排除。

(3)漏穴超标。故障主要原因有苗田播种不均匀，秧苗拱起或秧苗卡秧门、取秧口有夹杂物、秧苗盘超宽造成纵向送秧困难等。可采用重新装秧苗或将秧苗切割为标准宽度、清除秧苗杂物、更换密度不均匀秧苗等措施来排除。

(4)取秧量不均匀、忽多忽少。故障主要原因有取秧量调整螺栓松动、摆杆下孔与连杆轴磨损秧等。可通过重新调整取秧量并紧固调整螺栓、更换摆杆及连杆轴等措施来排除。

(5)夹苗。故障主要原因有分离针尖端磨损、分离针变形上翘、压板槽磨深、推秧器磨损、导套磨损、推秧弹簧折断、拨叉与凸轮磨损等。可通过检查相应部件是否有变形、磨损、折断等现象,采取变形矫正、更换新件的措施来排除。

(6)各行栽插深度不一致。故障主要原因有各栽植臂的拨叉、拨叉轴、推秧凸轮等磨损不一致、各个链箱不在同一水平面上等。可通过更换磨损的栽植臂、将各个链箱校正于同一水平面上的措施来排除。

(7)栽插深度调节机构失灵。故障主要原因有升降杆或升降螺母螺纹滑扣、固定销孔磨大、矩形管固定销轴座折断等。可通过更换升降杆和螺母、更换销轴、焊接固定销轴座的措施来排除。

2. 主要部件检修

(1)总锥形摩擦离合器检修。

①离合锥面上的摩擦片磨损失效,应重新铆上新摩擦片。方法与一般摩擦片铆修相同,铆接后摩擦片与离合锥面应铆贴牢靠,铆钉应在摩擦片凹孔中成开花状或扁鼓状,铆钉头沉入量不小于0.5毫米。摩擦片与带轮内锥接触面积不低于80%。

②制动摩擦带磨损失效,应重铆摩擦带,铆接应牢固可靠,铆钉头沉入量不小于0.5毫米,要求平整,没有污损。当离合手柄扳到制动位置时,动力迅速被刹车平稳制动,即为合适。

(2)定位离合器检修。

①分离销(分离拨叉)磨损引起分离不完全或不分离,应拆下进行焊补,然后用砂轮磨至原状后,组装使用。如果过量磨损,则应更换新品。焊补的销(或拨叉)必须用锉刀试其耐磨性,较难锉下时,说明强度满足要求。使用中,分离后应停机平稳、可靠。

②分离合牙嵌上的定位凸沿磨损会影响工作部分的传动可靠性,应拆下及时修补或更换。拉簧的弹力减弱或折断,应更换

新品。

(3)秧箱检修。当导槽和滚轮磨损或变形,致使秧箱移动发卡不能正常工作时,应拆下更换;压秧杆和拦秧杆变形,可通过冷矫正恢复原状。

(4)移箱机构检修。指销磨损,拆下焊修或更换新品;滑套和螺旋轴磨损后,造成秧箱两边有剩秧,拆下更换新品;移箱轴移动发卡、变形,应拆下矫直后装机使用。

(5)纵向送秧机构检修。桃形轮或送秧凸轮磨损,可拆下用硬质合金焊条堆焊后加工修理恢复原尺寸,必要时更换新品;棘爪变形或损坏,棘轮齿部磨损,拆下更换新品;棘爪座和抬把复位扭簧变弱失效或损坏,更换新品;送秧凸轮与送秧轴连接用锁圈和钢丝销脱落或损坏,拆下更换新品。

(6)分插机构检修。分离针、推秧杆变形,可用冷矫正,必要时更换新品;栽植推秧杆导套磨损,应更换导套;骨架油封损坏,应更换油封;栽植臂缓冲胶垫损坏,引起栽植臂内产生敲击声,应更换新品;栽植臂或摆杆裂纹或断裂,可用强力农机粘补胶粘补,必要时更换新品。

(7)插深调节机构检修。固定钢丝卡损坏,应更换新品;升降杆螺钉脱牙或损坏,应更换新品。

3. 维修技术要求

(1)各运动件应转动灵活,无碰撞、卡滞现象,润滑良好;所有紧固件应拧紧,不允许有脱牙现象。

(2)操向把手盘应转动灵活,机头转向角左右各为60°,油门控制机构应轻便灵活,并能准确地控制发动机低、高速。

(3)总离合器应分离彻底,结合平稳,刹车灵敏可靠;各栽植安全离合器在轴上所受扭矩大于49牛·米时,安全离合器能分开。

(4)水田叶轮片侧面与传动箱侧壁最突出部位的间隙为20毫米,偏差不得超过±5毫米。

(5)秧箱移动时应平稳可靠,无卡滞现象。秧箱移动到两端位置,分离针与秧箱侧壁间隙为1～1.5毫米。

(6)全部栽植臂应运动一致,曲柄应在轴上锁紧,不应有窜动。

(7)分离针与秧门两侧间隙为1.25～1.75毫米;摆杆调节到最大取秧量时,分离针进入秧门17毫米;摆杆轴应锁紧,不得有松动;各分离针取秧量一致,并处相同位置时,到尾拖板上面距离误差不大于3毫米。

(8)定位离合器分离彻底,接合可靠。分离时,分离针需定位在距尾板上平面不小于15厘米处。

(9)送秧时应保证秧箱移动到两端取秧后,分离针移动到秧门下10～14厘米时开始送秧。纵向送秧10次,送秧轮应旋转1周以上;秧箱移动到两端位置时,送秧凸轮与桃形轮对准,实现送秧,移箱时应互不干扰。

(10)传动各部位不允许有漏油现象。特别是链轮箱、栽植臂不允许有点滴渗油。

四、联合收割机维修

联合收割机械在农业机械中结构最为复杂,科技含量较高,制造工艺很严的产品。目前常用的联合收割机械是谷物联合收获机和玉米联合收获机。

(一)谷物联合收割机维修

谷物联合收割机主要用于小麦、水稻的收获作业,能一次完成收割、脱粒、分离茎秆、清粮等工序,直接获得清洁的籽粒。自走式谷物联合收获机一般由割台、倾斜输送器、脱粒装置、分离装置、清粮装置、卸粮装置、发动机、传动装置、行走装置、液压系统、电器系统、操纵控制装置等部分组成。

1. 常见故障排除

(1)喂入不均匀。故障主要原因有拨禾轮位置离割台喂入搅龙太远、中间段的搅龙叶片与底板间的距离太大、喂入链与伸缩齿尖的距离不符、作物倒伏或潮湿等。可通过在弹齿不碰割刀的前提下，拨禾轮应尽量后移、修复割台喂入搅龙叶片，使其高度恢复至正常值、喂入链与伸缩齿尖的距离保持在 10～15 厘米、割台喂入搅龙安全离合器的弹簧长度应合适，当喂入阻力过大时及时分离等措施来排除。

(2)输送槽堵塞。故障主要原因有输送带张紧度不够或有偏跑现象、输送槽杂物较多、谷物茎秆潮湿等。可通过清理输送槽中堵塞物、张紧传动带等措施来排除故障。在排除中，若检查发现皮带磨损而造成传递动力不够时，应及时更换，若发现麦秆过潮，可通过减少割幅宽度或待麦秆干后收割。

(3)脱粒滚筒堵塞。故障主要由传动带过松或喂入不均匀、作物厚、茎秆湿等原因造成。可通过张紧传动带、控制割台喂入量、采用大中油门工作、选择成熟干燥作物收割、提高割茬高度等措施来排除。

(4)脱粒不干净。故障主要由收割机前进速度过快、脱粒装置的纹杆与凹板之间间隙过大或两侧的间隙不一致、喂入不均匀、转速低，作物太湿等原因引起。可通过适当控制前进速度、减少割幅宽度(控制在 2/3 以内)、调整脱粒机脱粒间隙、及时更换磨损严重的脱离装置部件、张紧与动力机械连接的脱粒部件的皮带等措施来排除。

(5)田间失粒过多。故障主要由有麦子过于成熟、秸秆过于干燥、脱粒部件瓦筛开度过大等原因引起。可通过选择成熟适当的田块收获、缩小脱粒瓦筛间隙、上筛开度保持不大于 2/3，下筛开度一般不小于 1/3、当收割机到地头应迅速升起割台，大油门送脱槽内剩余麦子等措施来排除。一般田间标准失粒保持在 5%左右。

(6)破碎率过大。滚筒转速过高及脱粒间隙太小是造成籽粒破碎率过大的主要原因。在进行故障排除时，应先调大割台的脱粒间隙,并注意检查间隙是否一致。调大间隙后,如仍不能解决上述问题,再考虑降低滚筒转速。若经过调整后,仍不能改变上述情况,则可用降低行走速度来解决。因为行走速度太快时,过多的作物喂入也可引起上述情况的出现。

(7)精选损失大。风量和筛孔调整不合适是作业中颖壳中夹带较多籽粒、精选损失大的主要原因。排除故障时,首先可通过应调大筛孔,减小风量来排除故障。若通过调筛孔和风量仍不能解决问题,应在保证脱净的前提下调大割台的脱粒间隙,减少碎茎秆后,再进行其他调整。

2.主要部件检修

(1)割台平衡机构检修。平衡机构若有变形,可采用冷压矫正修复;压力不符合要求,可调整左、右弹簧组上的张紧螺栓。

(2)拨禾轮检修。拨禾轮轴变形可用矫直的方法修复,修复后的轴应保证其工作压板或弹齿与护刃器或推运器叶片间隙全线误差不超过 3 毫米;压板破裂应更换新品,应保证平直,不得有弯曲;安全弹簧折断,使拨禾轮打滑,必须更换新品,并达到 98 牛·米的打滑扭矩。

(3)切割器的刀片、护刃器检修。刀片的修理如松动应及时铆紧,如定刀片刃口厚度超过 0.3 毫米时,应拆下磨修,宽度小于护刃器时应更换。如动刀片有 5 毫米缺口,刃口磨损,拆下磨修后重新铆用;护刃器轻微的弯曲和扭曲,可用专用扳手矫正;如果弯扭变形严重,则将其拆下加热到 800～850℃,在专用锻模中压正;固定刀片的支承边缘磨损,可用锉刀修整,修后按技术要求检查合格即可。

(4)刀杆检修。

①刀杆弯曲、扭检修。可用锤击矫正,矫正时,先矫正最大弯曲处,不能用力过猛,不能在刀杆上留下敲痕、不能有毛刺和凹陷。最好用木块垫上后,再锤打矫正,如有扭曲,将刀杆不扭曲的部位

固定在台虎钳上，用大活扳手夹住扭曲部位，慢慢地向扭曲的反方向扳转，直至松开后刀杆平直为止。

②刀杆裂纹、断裂检修。可用焊接法修复，焊接时，把刀杆固定在焊接夹具上。刀杆待焊处的两侧，应分别加工出35°的斜面，把需焊接的刀杆套在夹具的定位销钉上，在刀杆与夹具缺口之间垫上石棉板，再进行焊接。如用黄铜钎焊，可将刀杆断裂处锉成斜面，在斜面间夹以黄铜片，并以铜铆钉铆住，在焊接处撒上硼砂，而后加热，当温度达到800～850℃时，刀杆就焊好了。修好的刀杆不应有裂纹、弯曲和扭曲现象；刀杆上的销轴不应有严重磨损，应与刀杆保持90°角。矫正的刀杆应在检查梁上检查，要求每米长度上刀杆不得有超过0.5毫米的弯曲和扭曲。

(5)割台搅龙检修。搅龙叶片变形、螺距改变可用木榔头敲击矫正；若叶片断裂，可用气焊焊修；轴变形可用冷矫正矫直。修后轴弯曲度不得超过0.75毫米。叶片等组装后，应符合技术要求，不应有相互剐蹭摩擦的杂音。

(6)倾斜输送器检修。

①传动链与链耙齿板的修理。齿板铆钉松动可重新铆紧。链条伸长，经试验如不超过4%～6%即可装用；如超过应修理。首先将链节销子的圆头在砂轮上磨掉，与外节片面平齐，然后冲出销子头，选择完好的链条零件，重新装配。注意：打入节片孔的套筒必须反转180°，使磨损面朝里，并且节片套筒冲紧配合。修后的链条链节的铰链部分应手动活动自如，链条的伸长试验应符合要求。

②一般链轮轮齿允许齿面磨损减少到原齿厚的40%～50%，齿厚不小于7.5毫米。断裂的链轮必要时更换新品。可用堆焊、焊补、换装齿圈的方法在工作前检修时应急采用。

(7)脱粒装置检修。

①纹杆式滚筒纹杆磨损达到全长2/5～1/2时就应更换新品。

应急使用时可将凸纹大小端方向倒换后使用。

②钉齿平面磨损可将其翻转 180°后重新锻压其变形面，利用另一面工作。方法是：将钉齿加热到 1 000℃左右，将原工作面向下放入锻模中，用大锤用力锤击上模（即将另一面锻压成工作面）。然后从锻模中取出钉齿，再加热到 800℃左右使工作面一边淬火，最后再以 180～200℃回火，以减少淬火部分的脆性。弯曲度超过 0.2 毫米的滚筒轴必须矫正。

③修后的滚筒应矫正钉齿位置，并做静平衡试验。滚筒和凹板上钉齿的高度相差不得超过 1 毫米，而达重量平衡后，方认为修理合格，可装机使用。

(8)分离装置检修。逐稿器的曲拐轴断裂或变形一般都要更换新品，如有条件可用模具来加热矫正修复；键箱磨损裂纹可用气焊焊补，变形可用木槌敲打修复；修复后的逐稿器组装在达到技术要求后，方能投入使用。

(9)清选装置检修。鱼鳞筛变形后可用木槌轻轻敲击矫正。筛片若在轴的焊接处开脱，可用焊锡焊在轴上，并除去焊锡的凸瘤。折断的鱼鳞片要更换。修好的应矫直，并能旋转自如，其长度差不大于 1 毫米，开度要一致，允许达 2 毫米；框筛的木框损坏应更换，修复的筛框应平直、牢靠；风扇叶片破损应更换新品，修复后必须检查风扇的平衡。

(10)输送搅龙和升运器检修。升运器链修复组装后，可用手从窗口拉转升运器带，应向每一面旋转 30°左右为适宜；输送搅龙叶片变形可用木槌敲击矫正，使其恢复原状，修复的搅龙安装后与壳体间隙及安全离合器扭矩应符合要求。

(11)粮箱及卸粮机构检修。爪形离合器的齿磨损后可用堆焊方法加高齿，然后打磨恢复到原尺寸，用锉锉爪齿时，有打滑感时说明其硬度合乎要求，装机使用在“切离”位置的齿间间隙不小于 5 毫米；壳体裂缝可用气焊补焊。

(12)液压系统检修。

①液压泵的轴套磨损后,可采用更换新品来恢复原间隙。

②液压泵齿轮磨损后,一般采用更换新的齿轮副来恢复原工作间隙。

③轴套端面磨损可采用安装补偿垫片来恢复,但厚度不宜超过 2 毫米。安装补偿垫片后,要求前轴套的轴肩端面与壳体环槽底平面平齐,即与泵体端面有 2.4 毫米的距离,以保证密封圈安装时有 0.3～0.6 毫米的预压缩量。

④截止阀关闭不严,可将阀芯和阀体进行互研,直至密封良好为止。修后装机检查,当其关闭时,收割台不因自重下沉即可。

3. 主要装置调整

(1)拨禾轮调整。

①拨禾轮高低位置调整。在收割直立作物时,拨禾轮的弹齿或压板应作用在被割作物高度的 2/3 处为宜。收割高秆作物时,拨禾轮的位置应高些;收割矮秆作物时,拨禾轮的位置应低些,但不能使拨禾轮碰到割刀或割台搅龙。

②拨禾轮前后位置调整。拨禾轮与切割器、割台搅龙是相互配合工作的。拨禾轮往前调,拨禾作用增强,铺放作用减弱;往后调,作用相反。一般要求拨禾轮在不与割台搅龙相碰的条件下,使拨禾轮轴位于割刀的稍前方。当其调到最后位置时,要求拨禾轮弹齿与割台搅龙间距不小于 20 毫米。

③拨禾轮弹齿倾角调整。当收获直立或轻微倒伏作物时,拨禾轮弹齿一般垂直向下或向前呈 15°左右。当收割倒伏作物时,拨禾轮弹齿应向后倾斜 15°～30°。

④拨禾轮转速调整。拨禾轮转速一般用无级变速轮来调节。收割一般作物,拨禾轮圆周速度与机器的前进速度相当;收割植株高、密度大的作物,拨禾轮圆周速度应略小于机器的前进速度。收割低矮、稀疏的作物,拨禾轮的圆周速度应稍快于机器的前进

速度。

(2)脱粒装置调整。影响脱粒分离质量的主要因素是滚筒转速、脱粒间隙等。不同种类的作物脱粒时,滚筒转速、脱粒间隙不同。一般要求是在脱净的前提下,尽量使脱粒间隙大些。在收获成熟度和潮湿度正常的麦类作物时,凹板入口处的间隙为15～25毫米,出口处的间隙为4～6毫米。在收获潮湿和难脱作物时,脱粒间隙应小些。在调整时,应使滚筒轴向脱粒间隙应保持一致。

(3)清粮装置调整。

①送风量的调整。若粮食的清洁度差,粮中有糠,说明风量小;若在颖糠中有籽粒,则风量过大。一般收获籽粒大的作物,潮湿、杂草多、成熟度差的作物风量应大些。因此收获的早期,早晨和晚上的收割,要比收获的晚期和中午收割的风量应大些。

②鱼鳞筛开度调整。上下筛开度调整时,上筛开度应尽可能大些,下筛比上筛开度小一些。当作物潮湿、青杂草过多时,应将止筛全部打开;当作物干燥、籽粒较小时可适当减小,但不应小于全开度的1/2,以防没有脱净的穗头会从上筛后部的尾筛上跑掉。下筛的开度应比上筛开度小一些,如上筛片全开,则下筛可开1/3～2/3。筛片开度合适的标志是筛片无堆积、无跑出杂余。

③清粮筛角度调整。一般尾筛和下筛的倾斜角度可以调整,若杂余中混入大量籽粒,调整下筛开度和风量无效,应将下筛后部抬高,增大下筛倾斜角度;或籽粒清洁度差,而调整下筛开度和风量无效,应将下筛后部放低,减小下筛倾斜角度。

(4)割茬高度调整。割茬高有利于提高生产效率,减轻滚筒等工作部件的负荷,但不利于以后的翻耕。割茬过低,割刀容易“吃泥土”,使割刀损坏,同时使生产效率降低,滚筒等工作部件的负荷增加。全喂入联合收割机留茬高度一般在10～15厘米为宜。

(5)行走速度调整。联合收割机作业速度的快慢直接影响生产效率和作业质量。行走速度选择的原则是在保证收获质量的前提下，争取最大的生产效率。对于产量高、成熟度差、秆长的作物可选用低速挡工作；反之，可适当提高作业速度。在收倒伏作物时，除尽可能减小割茬外，还要降低行走速度。

谷物联合收割机维修技术要求

* 整机及其各部件应完整，不得有缺件、错件和残损。

* 木制的零件应有光洁的加工表面，且没有污损。

* 逐稿器、筛子、风扇应完整无变形，工作可靠，鱼鳞筛的筛孔、风扇的风量、风向应能灵活调节。

* 全部传动机构不能有松动、杂音、碰擦等现象；各种轴承间隙合乎技术要求，润滑良好；各传动带、链条应完好无损，紧度合适；各调节机构应灵活方便。

* 行走部分操纵灵活，气压符合标准。

* 液压系统无渗漏，操纵灵活、可靠，压力符合规定。

* 用手转动主动带轮，应使一人就能转动主传动带轮，使全部工作机构运转，并无碰擦、卡滞等现象。

* 发动机工作正常、电气系统工作正常，报警系统准确无误。

4. 修后试运转

为充分发挥收割机效能，保证维修质量，延长机器使用寿命，防止意外事故。修后的收割机都必须按照说明书规定进行试车。试车应按如下步骤进行。

(1)发动机空载试运转。发动机起动后，先以低速（600～800转/分）空转 5 分钟，然后逐渐增到额定转速，空转 15 分钟。发动机运转中，应仔细倾听有无异常声音，检查仪表的读数，查看有无漏油、漏水、漏气的地方。运转中若发现不正常的情况时，应立即停止发动机，查明原因，及时排除。

(2)收割机空转试运转。空转试运转指收割在静止状态下接合主离合器，让发动机带动工作装置空运转，从低速、中速至额定转速，共运转 20 分钟。试运转时应注意发动机工作情况，联合收割机各部件运转情况、传动情况、固定螺栓紧固情况，轴承有无发热情况等。发现问题，应立即停车，查明原因，及时排除。

(3)行走试运转。行走试运转指驾驶收割机在一平整的路面空载行驶，按 1 挡、2 挡、3 挡、倒挡顺序依次行驶，分别左、右转弯，检查转向机构、制动器是否灵敏，离合器联锁机构是否可靠。试运转中，定时地升降割台和拨禾轮，检查升降的及时性和准确性，检查行走离合器和制动器的工作情况，注意倾听行走部分有无异常声音，检查变速箱，驱动轮和液压系统有无漏油和过现象，发现异常声音和不正常现象，应立即停车，查明原因，及时排除。

(4)试割。试割应选择地面平坦，杂草少，生长一致，不倒伏的地块或捡拾已晒干的谷物条铺进行。试割应从 1 挡开始，逐渐提高速度，逐渐增加负荷。每收割 50～100 米，停车检查作业质量调整工作部件一次，直至达到作业质量要求。试割过程中，经常注意观察，倾听、检查和调整各工作部件，发现问题，查明原因，及时排除，在确保联合收割机有良好的技术状态下，方可正式投入正常作业。

(二)玉米联合收获机维修

自走式玉米联合收获机主要由摘穗割台、升运器、剥皮装置、籽粒回收装置、果穗箱、秸秆粉碎装置、发动机、液压系统、传动系统、电器系统、操作系统等部分组成。

1. 常见故障排除

(1)摘穗机构不转动。故障主要原因有拉茎辊堵塞卡滞、过载保护器打滑、分动箱联轴器连接链条脱落、传动链条脱落、传动轴滚键等。可通过清除拉茎辊堵塞物、调紧过载保护器压紧弹簧(如果弹簧失效，更换弹簧)、补装脱落的分动箱联轴器连接链条应和传动链条、将传动轴滚键重新换键，或换轴等措施来排除。

(2)搅龙输送果穗不顺畅。故障主要原因有搅龙与底壳间隙过大、搅龙叶片变形严重等。可采用调整搅龙与底壳的间隙、矫正变形的搅龙叶片或更换搅龙等措施来排除。

(3)搅龙向升运器拨送果穗不顺畅。故障主要原因有搅龙与底壳间隙过大、搅龙拨板变形严重、拨板脱落等。可通过调整搅龙与底壳的间隙、矫正变形的搅龙拨板、补装搅龙拨板等措施来排除。

(4)升运器入口处堆积物过多。故障主要是由于喂入量过大、断茎秆太多等原因造成的。可采用降低作业速度、检查调整摘穗机构工作间隙、及时清除升运器入口堆积物等措施来排除。

(5)秸秆粉碎效果差。故障主要原因有皮带松弛打滑,使秸秆粉碎装置刀轴转速降低、刀具磨损严重、损坏或丢失、工作负荷太大(主要是刀具打土),使秸秆粉碎装置刀轴转降低、作业速度太快、粉碎装置壳体内壁黏泥后使定刀失去作用等。可通过重新调整皮带的张紧度、更换粉碎装置刀具、适当提升粉碎装置、适当降低其作业速度、清理粉碎装置壳体内壁泥土等措施来排除。

(6)割台、秸秆粉碎装置提升缓慢。故障主要原因有液压泵供油量不足、换向阀上的安全阀开启压力低、分流阀阀芯卡滞,致使多路换向阀来油不足、进油管内层爆皮或吸扁等。可通过检修或更换液压泵、缓慢调整安全阀开启压力至割台,能够正常提升为止(切忌将安全阀开启压力调得过高,否则易导致液压管爆裂,甚至损坏液压泵)、清洗分流阀、修复或更换液压泵进油管等措施来排除故障。

2.主要部件维修

(1)摘穗割台维修。

①检查摘穗板(或摘穗辊)、拨禾输送链、分动箱联轴器双排链是否有严重变形的情况、链接头的装配完整情况、各紧固螺栓的固定情况、轴承的转动情况。紧固松动的螺栓,换下转动异常的轴承,当链条严重拉长时,应更换链条或链轮。

②检查分动箱工作情况，看轴承转动是否灵活，有无齿轮磨损、磕齿、滚键、滚轴现象，发现后及时修复或更换。

③检查拉茎辊与分动箱球铰的配合，传动销与拉茎辊销孔的配合，配合面磨损严重时，及时修复或更换。

(2)升运器刮板链条维修。

①检查升运器刮板链条有无扭曲变形，并及时冷压矫正；检查刮板固定螺栓钉是否松弛、脱落，发现有松弛螺栓应及时紧固，有脱落螺栓时及时加装新螺栓；检查刮板是否破损、丢失，破损刮板可以采用焊修的方法修复，刮板丢失时应及时加装新刮板。

②重新装配刮板链条时，刮板择板要装在工作面的背面，翻边方向应与升运器链条运动方向相反；刮板固定螺栓安装方向应与链条运动方向相反，即螺栓头在工作面，尾在非工作面。

(3)秸秆粉碎装置维修。

①检查刀具的磨损及完整情况。检查开口销是否完整、刀座有无开裂和轴承温升情况；检查轴承座油杯的完好情况，根据情况修复或更换。

②检查皮带磨损情况。若皮带、链条磨损严重，应及时更换。同一传动路线用 2 条或 3 条皮带时，其长度应该一致。

③检查链条的磨损情况。作业中若经常出现链条爬到链轮齿顶上，或常出现跳齿现象，说明链条、链轮节距磨损严重，不能继续使用，应更换新的链条和链轮。

④链轮磨损后在保证传动面的安装精度时可翻转过来使用，但新旧链轮不可在同一链条中混用，新链条不可与磨损严重的链轮配用。

⑤检查变速箱，有无齿轮磨损、断齿、滚键、滚轴现象，发现后及时修复或更换。

3. 维修后调整

(1)拉茎辊间隙调整。调整以能在拉茎辊中前部将玉米穗摘下为宜，同时保证将果穗以上的茎秆也拉到辊的下方，防止断茎杆。一般控制在让两拉茎辊相邻两棱在其总长 1/2 偏前部处立体交叉为宜。调整时要使两拉茎辊同时等距离靠近或远离，以保证拉茎辊对称中心不偏斜。

(2)清除刀间隙调整。调整时严禁拉茎辊与清除刀碰撞，并检查调整清除刀间隙，使其在前后方向上间隙一致，以能保证拉茎辊上不缠杂草及茎叶为宜，切实发挥清除刀的作用。

(3)摘穗板间隙调整。调整以入口处不堵秸秆、不卡穗、拉茎辊不啃穗、拨禾链能正常拨动秸秆和果穗，并顺利向后输送为宜。作业前应检查果穗的粗细情况，选择中等粗细的果穗，测量其中间部位的直径。摘穗板后部的间隙应比这个数值小 3～6 毫米，前部间隙应比后部小 3 毫米。

(4)拨禾链张紧调整。收获机工作一段时间后，链条会伸长，使链条传动变松。调整方法是：松开前张紧板固定螺栓，将张紧板向前移动，使张紧板上的两条链条张紧一致，拧紧固定螺栓即可。

(5)割台安全离合器调整。割台安全离合器的作用是，当摘穗机构发生堵塞时，安全离合器起作用，使摘穗机构停止工作，保护摘穗机构传动部件。当割台安全离合器的压簧弹力减小时，正常工作时也可出现摩擦片打滑现象，此时应拧紧螺母调大压簧压力或更换压簧。如果摘穗机构经常堵塞，而摩擦片不发生打滑，则说明压簧压力调整过大，离合器难以起到过载保护作用，应适当放松压簧螺母调低压簧压力。

(6)留茬高度调整。一般留茬高度为 8 厘米左右即可，调得太低刀具易打土，导致刀具磨损过快，动力消耗大，机具寿命低。

(7)剥皮装置调整。每对剥辊间在整个长度上的贴紧力应一致，否则会造成剥皮效果下降或堵塞。剥辊间压紧力一般是通过调节螺母来调整的，每对剥辊间压力不可太大，否则会使胶辊磨损过快。

4. 维修注意事项

(1)为保证整机的可靠性，玉米收获机上重要零部件的固定均采用了高强度螺栓、螺母紧固组件，安装维修时不得得用普通螺栓代替。在使用此类紧固组件时，必须按规定扭矩紧固。扭矩小易引起零部件松动，造成脱落或其他事故；扭矩过大易引起零部件断裂、紧固件断裂等事故。

(2)用万向节传动轴连接割台与割台小齿轮箱时，应用销轴固定好万向传动轴，防止损坏工作部件甚至发生伤人事故。

(3)安装完毕后，检查各紧固部位螺栓，防止部件松动或脱落，造成部件损坏甚至发生伤人事故。

(4)检查起动、电源、照明灯、信号、指示灯等电气系统是否安装正确，工作可靠，线路与机体有无擦碰接触现象。

(5)检修摘穗辊(板)、拨禾输送链、秸秆粉碎装置、开式齿轮、链轮和链条等传动和运动部位的故障时，严禁随意转动。

(7)支起玉米收获机时，驱动桥支点应靠近驱动轮，转向桥支点应放在铰点下方，并挡好未支起的轮胎，支撑应可靠；检修、清理割台和秸秆粉碎装置底部时，油缸升起后必须将油缸安全卡放下或用其他物品垫牢，以防液压件失灵伤人。

(8)检查动刀片与刀座的固定情况，以防因刀片松脱造成脱落飞出后伤人；动刀因长期使用出现弯曲变形后要及时进行更换，更换时要注意刃口方向。

(9)检查转向油缸活塞杆的锁紧螺母固定情况，保证其螺母紧固可靠，避免由松脱引起转向失灵事故。

(10)拆装轮胎时一定要注意安全。拆卸驱动轮时，应先拆下轮毂固定螺栓卸下总成，如有需要再拆内外轮固定螺栓。轮胎拆卸前应先放气至常压状态，以免轮飞出伤人。

(11)玉米收获机长期存放时，应彻底清理各装置表面和内部杂物，对金属裸露部位做涂油或涂漆防锈处理；拆下所有链条用汽油清洗、机油浸泡后装回原处，并使其处于放松状态；摘下所有传动皮带用水清洗干净晾干，装回原处并使其带保持松弛状态；所有轴承部位黄油嘴加注润滑脂；放干净机油散热器、发动机机体、水箱等处冷却水、油箱内燃油；将驱动轮胎气压放至常压状态，用木块支起前桥，使轮胎支离地面。

五、潜水电泵维修

潜水电泵就是泵和电机合二为一的输送液体的机械，它结构简单，使用方便。一般是由泵体、扬水管、泵座、潜水电机和起动保护装置组成。根据泵与电机的相对位置不同，可分为上泵式和下泵式。上泵式潜水泵泵在上面，电机在下面，多用于井用潜水电泵和小型作业潜水电泵；下泵式潜水泵电机在上面，泵在下面，它又分为内装式和外装式两种。

1.常见故障排除

(1)潜水电泵漏电。故障现象是工作时闭合开关，漏电保护器立即起作用自动断开。故障主要原因是潜水电泵的电机绕组的绝缘电阻降低，浸湿电机绕组形成漏电，导致保护器动作。修理时，应先将拆下的潜水泵电机绕组浸绝缘漆后放在烘箱中(或用100～200 瓦的白炽灯泡)烘干，再用兆欧表检测绝缘电阻无穷大后，更换新的密封件，最后将泵装好即可投入使用。

(2)充油式潜水电泵漏油。故障现象是在进水节处出现油迹、在电缆根部有油化现象。故障主要原因是由于密封盒磨损严重，造成密封盒油室漏油或出线盒处密封不良所致，说明密封盒密封不良；若潜水电泵电缆根部有油化现象，属于电机内漏油说明密封胶塞密封不良。故障排除时，若进水节处出现油迹，更换密封盒；若电缆根部有油化现象，应更换电缆密封胶塞。

(3)通电后叶轮不转。故障现象是通电后潜水电泵有嗡嗡的交流声，但叶轮不转。故障主要原因有电机轴承严重磨损或滚珠破碎导致卡死转子、电源缺相、叶轮内有异物与泵体卡死等。排除方法是检查、更换轴承，拨动叶轮确认其转动灵活后修复缺相电路，清除泵内异物。

(4)潜水电泵突然出水中断。故障现象是运行中的潜水电泵突然出水中断,电动机停转。主要原因有空气开关断开或保险丝烧断、电源断电、定子绕组烧坏、叶轮卡死、湿式潜水泵电机内缺水、充油式湿式潜水泵电机内缺油等。排除方法是检查线路并排除故障、修理电机定子绕组、清除叶轮内杂物、拧松注水螺栓、往泵内注水后拧紧、检修充油式湿式潜水泵。

(5)潜水电泵出水量异常。故障现象是泵起动运行后出水量少或间歇出水。故障原因有管路堵塞、管路破裂、滤水网堵塞、潜水电泵吸水口露出水面、叶轮反转、泵壳密封圈和叶轮损坏等。排除的方法是清除管路堵塞物、补焊或更换破损管路、清除滤网堵塞物、重新调整水泵安装位置、调换电源线接线位置、更换密封圈和叶轮。

(6)定子绕组烧坏。故障现象是潜水电泵不转。故障原因有接地线错接电源线、断相工作、保护开关失效、机械密封损坏漏水、叶轮卡住、电泵脱水运转时间太长、电泵停开时间间隔太短、电泵超负荷启动等。排除方法是重绕定子绕组。

定子绕组修复工艺要点

记录定子绕组原始数据拆除旧绕组,清理铁芯,制作绕线模,绕制线圈,嵌线,绕组连线,各相绕组电阻检测,试运转测试,浸漆烘干处理。

2. 潜水电泵拆装技术

(1)拆卸要点。

①潜水电泵在拆卸前,应在前、后端盖与机体的结合处做好相对应标记,以免装配时出错。

②拆掉管路部分。

③拆下电缆,取下护线板。

④拧下放水螺栓，放出电机内腔清水。

⑤拆下滤水网，拧下进水节与导流壳连接螺栓，松开联轴器定位顶丝，使水泵和电机分离，取下联轴器。

⑥水泵部分的拆卸。用拆装套筒轻轻敲打锥形套，依次从泵轴上拆下叶轮、导流壳。

⑦将电机正向放置，依次拆下键及甩沙器、进水节、上导向轴承座。

⑧将电机反向倒置，依次拆下调压室、底盖、止推轴承、推力盘、下导轴承座、转子组件。

⑨拆卸后应仔细清除各零件表面的锈蚀、油泥和污垢。检查和测量易损件和磨损情况。如发现止推轴承、推力盘、轴承、叶轮等部件磨损较大，应及时进行更换。

(2)装配要点。

①装配前准备。将所有零件的摩擦表面、滑动接触表面、配合表面(橡胶轴承除外)以及紧固件应涂上润滑脂。

②装配电机。将电机倒立放置，装入电机转子，使电机上轴头端面与连接法兰上端面在同一平面上。用调整垫片调整上止推轴承端面与推力盘对应的端面间隙为 0.3～0.5 毫米，并用左旋铜螺母紧固。装入止推轴承座组件，将底座紧固在机壳上。旋入球面支柱，使推力盘与上止推轴承压紧，将球面支柱退回 1/3 圈后，用螺母锁紧，松开底座螺母，装上调压盖。将电机正向放置，依次安装上导向轴承坐、进水节、甩沙器和键、联轴器。从注水孔进行压力为 0.05 兆帕的耐水试验，5 分钟内不应有渗漏现象。安装时，当轴伸油封唇口朝外安装时，允许轴伸表面有微量渗漏。

③装配水泵。先将叶轮安装在泵轴上，再将带叶轮的泵轴压入电机总成的联轴器内，拧紧顶丝，使泵轴通过联轴器与电机轴连在一起，然后拧紧进水节与叶轮壳的连接螺栓，最后安装滤水网、电缆、护线板等外部零件。

六、机动喷雾机维修

机动喷雾机是一种轻便、灵活、高效的植保机械，主要适用于大面积农作物病虫害防治。常用的是背负式机动喷雾粉机和喷射式机动喷雾机。

(一)背负式机动喷雾喷粉机维修

背负式机动喷雾喷粉机以小型汽油机为动力，既可喷粉又可喷雾的多用植保机械，也称为弥雾机。主要有二冲程汽油机、离心式风机、油箱、药箱、喷管和机架组成，具有结构简单，重量轻，背负作业舒适、工作效率高等特点。

1. 汽油机常见故障排除

汽油机常见故障大多出现在电气部分（火花塞、磁电机、高压线）、油路（油箱、油开关、化油器）和机体部件（缸体、活塞、活塞环、曲轴连杠）。检查方法是由简到繁，由外到里，冷静分析，查找原因，不可盲目拆卸。

(1)不能起动或起动困难。主要的原因有气缸压力不足、电路和油路问题，其故障分析方法是检查电路，卸下火花塞后，将高压帽与火花塞上紧，并将火花塞与汽油机金属，如缸体接触搭铁，拉动火花塞看跳火是否正常，不能正常跳火则是电路问题；如果火花塞跳火正常，可将火花塞处倒少许纯汽油，上紧火花塞后起动几下，如果汽油机能起动，说明油路故障；如果经过检查排除油路和电路都良好，仍无法起动，可进一步判断压缩力不足，可将消声器卸下，从排气口观察活塞是否有拉伤。故障排除方法如下：

①如果油箱内没有燃油，加注燃油即可。

②如果油路不畅通，应清理油道。

③如燃油太脏，油中有水等，需更换燃油。

④如果发生气缸内进油过多现象，拆下火花塞空转数圈并将

火花塞擦干即可。

⑤火花塞不跳火，积炭过多或绝缘体被击穿，应清除积炭或更新绝缘体。

⑥火花塞、白金间隙调整不当，应重新调整。

⑦电容器击穿，高压导线破损或脱解，高压线圈击穿等，须修复更新。

⑧白金上有油污或烧坏，清除油污或打磨烧坏部位即可。

⑨火花塞未拧紧，曲轴箱体漏气，缸垫烧坏等，应紧固有关部件或更新缸垫。

⑩曲轴箱两端自紧油封磨损严重，应更换。主风阀未打开，打开即可。

(2)功率不足。

①加速即熄火或转速下降，一般是由主量孔堵塞，供油不足造成的，疏通主量孔、清洗油路。

②加不起油，排烟很淡，汽化器倒喷严重，一般是由消音器积炭或混合汽过稀造成的，需清除消音器积炭或调整油针。

③高压线脱落、重新接好高压线，并固定。

(3)运转不平稳。

①爆燃有敲击声，因发动机发热造成的，停机冷却发动机，避免长期高速运转。

②发动机断火，浮子室有水和沉积机油造成的，清洗浮子室；燃油中混有水也可造成发动机断火，更换燃油。

(4)突然熄火。

①燃油用尽，加油后再起动使用。

②火花塞积炭短路不能跳火使发动机熄火，旋下火花塞清除积炭，重新起动。

2. 雾化不良

若因进水球阀被污物搁起，可拆下进水阀，用布清除污物；若因皮碗破损，可更换新皮碗；若因连接部位未装密封圈，或因密封圈损坏而漏气，可加装或更换密封圈。

若因喷头体的斜孔被污物堵塞，可疏通斜孔；若因喷孔堵塞可拆开清洗喷孔，但不可使用铁丝或铜针等硬物捅喷孔，防止孔眼扩大，使喷雾质量变差；若因套管内滤网堵塞或过水阀小球搁起，应清洗滤网及清洗搁起小球的污物。

3. 喷粉不良

若不出粉或时有时无应检查粉门打不开时，调整粉门拉杆；粉剂中混有异物时，进行清除；粉剂结块时，砸碎；粉剂潮湿时，晒干；粉门操纵不灵，调整粉门拉杆。若漏粉应检查药箱底部夹紧板松时，重新旋紧；粉盖密封垫损坏时，更换即可。

4. 漏药液

若因开关帽未拧紧漏液，应旋紧开关帽；若因开关芯上的垫圈磨损漏液，应更换垫圈；若因接头松动漏液，应旋紧螺母；若因垫圈未放平或破损漏液，应将垫圈放平，或更换垫圈；若因垫圈干缩硬化漏液，可在动物油中浸软后再使用。

二冲程汽油机拆装注意事项

＊汽油机大部分零件为铝合金，装紧固件时不宜拧得过紧，以防损坏螺纹。

＊拆卸活塞时，先取出活塞销挡环，再将活塞置于机油加热至160℃左右，活塞销即可轻轻推出。活塞安装有一定方向性，顶部箭头朝向排气口。

＊拆卸活塞环，不可使开口张开过大，以免产生变形或折断。

＊安装缸体时，活塞环切口应对准活塞环槽中的定位销，再将活塞推入气缸，气缸进气管端与曲轴箱高压线引出缺口方向一致。

＊磁电机飞轮和冷却风扇必须用拉拔器拆卸，磁电机飞轮装上后，必须检查半圆键配合质量，同时检查是否在键槽中。

＊将活塞、连杆、曲轴运动件装入前后半曲轴箱时，前后半曲轴箱须放在机油中加热至 170℃，保持 3 分钟，取出后立即压入运动件上右滚珠轴承。先装后半曲轴箱，后装前半曲轴箱。

＊曲轴箱一般不拆卸，如拆卸，在安装前后半曲轴箱接合面时，必须涂以绝缘清漆，以保持密封。

＊热机时严禁拆卸。

(二)喷射式机动喷雾机维修

喷射式机动喷雾机是指由柴油机、汽油机或拖拉机动力输出轴带动液压泵产生高压，用喷枪进行宽幅远射程喷雾的机动喷雾机。主要有机架、发动机、液压泵、吸水部件、药箱和喷射部件组成。它采用液压喷雾、喷雾压力高、射程远、工效高等优点。喷射式机动喷雾机根据配套动力可分为便携式、担架式和车载式三种。

喷射式机动喷雾机常见故障排除方法如下：

1. 吸不上药液或吸力不足

(1)新泵或长期放置不用的泵，有气在里面循环而吸不上药液时，把调压柄扳到“加压”位置，切断空气循环途径，并打开截止阀排除空气。

(2)吸水滤网露出液面或滤网堵塞时，检查或清洗。

(3)吸水管路上密封垫未装，漏气时，增加密封垫，检查或更换漏气管或吸水管。

(4)进出水阀磨损、损坏或被杂物卡住时，更换或清除杂物。

(5)V 形密封圈未压紧或损坏时，调整或更换。

2. 压力不足，出水无冲力

(1)调压阀手柄未扳到底，调压弹簧顶起，使回水增多，压力调不高时，进行调整。

(2)调压阀的锥阀与阀座之间有杂物或磨损时，清洗或更换。

(3)调压阀的阻尼塞因污垢卡死，不能随压力上下活动时，检查并清洗。

3.喷头、喷嘴雾化不良

(1)喷嘴、喷头有杂质堵塞或喷孔磨损,喷孔增大时,清洗或更换。

(2)泵转速过低,压力未调高时,进行调整。

(3)进出水阀有杂物,压力上不去时,进行清洗。

(4)吸水滤网露出水面,接头未拧紧,吸水管破损,空气进入管路时,调控或更换吸水管。

4.漏水、漏油

(1)压力指示针的柱塞上密封环损坏或方向装反时,更换或重新安装。

(2)调压阀阻尼塞上密封环损坏,套管处漏水时,进行更换。

(3)曲轴油封损坏,轴承盖处漏油时,更换油封。

(4)螺纹未拧紧或垫片损坏,油管漏油时,重新拧紧或更换垫片。

5.液泵运转有敲击声

滚动轴承损坏时,更换轴承。连杆或曲轴磨损间隙大时,进行更换。连杆小端与柱塞销磨损间隙大,检查并更换。

6.液泵温升过

润滑油量不足或牌号不对时,加润滑油,或更换合适牌号的润滑油。润滑油太脏时,更换清洁的润滑油。

第6章 农机维修技术服务

农机维修技术服务就是农机维修人员依照市场经济经营模式为有机户提供维修业务的服务，它是农机社会化服务的重要组成部分。农机维修行业已成为吸引农村剩余劳动力就业，增加农民经济收入的重要服务产业。

一、农机维修管理法规

农机维修管理法规主要包括《中华人民共和国农业机械化促进法》《中华人民共和国产品质量法》《中华人民共和国消费者权益保护法》《中华人民共和国合同法》《农业机械安全监督管理条例》《农业机械维修管理规定》《农业机械产品修理、更换、退货责任规定》等相关法律、规定和《农业机械维修业开业技术条件》《农机修理工国家职业标准》《农业机械修理质量标准》等相关标准。

(一)农机维修管理规定

从事农业机械维修经营及相关的维修配件销售活动，应当遵守《农业机械维修管理规定》，本规定共6章30条，主要内容包括：

1. 资格审批

农机维修者应具备有关农业行业标准规定的条件，取得《农业机械维修技术合格证》后，方可办理工商注册登记手续，从事农业机械维修业务。

(1)申领《农业机械维修技术合格证》，应当向县级农机维修管理部门提出书面申请。农机维修管理部门应当自受理申请之日起

20 个工作日内做出是否发放决定。

《农业机械维修技术合格证》申领材料：

* 农业机械维修业务申请表。
* 申请人身份证明、企业名称预先核准通知书或者营业执照复印件。
* 相应的维修场所和场地的合法使用证明，并标明其占地面积。
* 主要维修设备和检测仪器清单，标明其名称、规格和数量。
* 主要从业人员名单和职业资格证明复印件。

(2)《农业机械维修技术合格证》的使用规定。

①有效期为 3 年。有效期届满需要继续从事农业机械维修的，应当在有效期届满前 30 日内按原申请程序重新办理申请手续。

②悬挂在经营场所醒目位置，并公开维修工时定额和收费标准。

③需变更许可事项的，应当按照规定向农机维修管理部门申请办理。

④在核准的维修类别和等级范围内从事维修业务，不得超越范围承揽无技术能力保障的维修项目。

2. 分类分级管理

农业机械维修业务分为综合维修和专项维修两类。综合维修根据技术条件和服务能力，分为一、二、三级。

(1)取得一级农业机械综合维修业务资格的，可以从事整机维修竣工检验工作，以及二级农业机械综合维修业务的所有项目。

(2)取得二级农业机械综合维修业务资格的，可以从事各种农业机械的整车修理和总成、零部件修理，以及三级农业机械综合维修业务的所有项目。

(3)取得三级农业机械综合维修业务资格的，可以从事常用农业机械的局部性换件修理、一般性故障排除以及整机维护。

(4)取得农业机械专项维修业务资格的，可以从事农业机械电器修理、喷油泵和喷油器修理、曲轴磨修、气缸镗磨、散热器修理、轮胎修补、电气焊、钣金修理和喷漆等专项维修。

3. 日常管理

农业机械维修实行质量保证期制度，农机维修者应当依法从事农机维修业务，不得有销售、使用假劣农机维修配件等违法行为，并要填写维修记录，保证维修质量。

禁止农机维修者和维修配件销售者的 5 种活动

* 销售不符合国家技术规范强制性要求的农业机械维修配件。

* 使用不符合国家技术规范强制性要求的维修配件维修农业机械。

* 以次充好、以旧充新，或者作引人误解的虚假宣传。

* 利用维修零配件和报废机具的部件拼装农业机械整机。

* 承揽已报废农业机械维修业务。

(1)维修农业机械，应当执行国家有关技术标准、规范或者与用户签订的维修协议，保证维修质量。

(2)农业机械维修实行质量保证期制度。在质量保证期内，农业机械因维修质量不合格的，维修者应当免费重新修理。整机或总成修理质量保证期为 3 个月。

(3)农业机械维修配件销售者对其销售的维修配件质量负责。农业机械维修配件应当用中文标明产品名称、生产厂厂名和厂址，有质量检验合格证。在质量保证期内的维修配件，应当按照有关规定包修、包换、包退。

(4)农业机械维修者应当使用符合标准的量具、仪表、仪器等检测器具和其他维修设备,对农业机械的维修应当填写维修记录,并于每年1月份向农业机械化主管部门报送上一年度维修情况统计表。

因维修质量发生争议怎么办

农机维修当事人可以向农业机械化主管部门投诉,或者向工商行政管理部门投诉,农业机械化主管部门和工商行政管理部门应当受理,调解质量纠纷。调解不成的,应当告知当事人向人民法院提起诉讼或者向仲裁机构申请仲裁。

4.监督检查

(1)农机化管理、工商行政管理部门按照各自职责做好对农机维修者的从业资格、维修人员资格、维修质量、维修设备和检测仪器技术状态以及安全生产情况监督检查工作,并要确保执法的公开、公平、公正。

(2)农业机械维修者和维修配件销售者应当配合农业机械化主管部门、工商行政管理部门依法开展监督检查,如实反映情况,提供有关资料。

(二)农机维修开业技术条件

我国农业行业标准《农业机械维修业开业技术条件》(NY/T 1138.1—2006 第一部分:机械综合维修点和;NY/T 1138.2—2006 第2部分:农业机械专项维修点)是开业资格评定和年度审验的依据。它对各类农机维修点开业应具备的设备、设施、人员、质量管理、安全生产及环境保护等条件,都分类作了具体规定。如规定了农机维修点应具备哪些维修设备、量器具和工具;应配备什么样的人员，多少人，他们需具有哪一级的职业资格证书等。

(三)农机三包规定

在我国境内从事农机产品的生产、销售、修理活动的，应当遵守《农业机械产品修理、更换、退货责任规定》，简称为农机三包规定。三包是指农机产品生产者、销售者、修理者应当履行“修理、更换、退货”责任和义务，即通常所说“包修、包换、包退”的简称。本规定共 8 章 46 条。

您知道什么是产品质量问题吗

质量问题是指在合理使用的情况下，农机产品的使用性能不符合产品使用说明中明示的状况；或者农机产品不具备应当具备的使用性能；或者农机产品不符合生产者在农机或其包装上注明执行的产品标准。

* 严重质量问题。指农机产品的重要性能严重下降，超过有关标准要求或明示的范围；或者农机产品主要部件报废或修理费用较高，必须更换的；或者正常使用的情况下农机产品自身出现故障影响人身安全的质量问题。

* 一般质量问题。指除严重质量问题外的其他质量问题，包括易损件的质量问题，但不包括农机用户按照农机产品使用说明书的维修、保养、调整或检修方法能用随机工具可以排除的轻度故障。

1. 修理者的义务

三包规定中对农机修理者规定了 7 条义务：

(1)修理者应当与生产者或销售者订立代理修理合同，按照合同的约定，保证修理费用和维修零部件用于三包有效期内的修理。代理修理合同应当约定生产者或销售者提供的维修技术资料、技术培训、维修零部件、维修费、运输费等。

(2)修理者应当承担三包期内的属于本规定范围内免费修理业务,按照合同接受生产者、销售者的监督检查。

(3)修理者应当严格执行零部件的进货检查验收制度,不得使用质量不合格的零部件,认真做好维修记录,记录修理前的故障和修理后的产品质量状况。

(4)修理者应当完整、真实、清晰地填写修理记录。修理记录内容应当包括送修时间、送修故障、检查结果、故障原因分析、维护和修理项目、材料费和工时费,以及运输费、农机用户签名等;有行驶里程的,应当注明。

(5)修理者应当向农机用户当面交验修理后的农机产品及修理记录,试机运行正常后交付其使用,并保证在维修质量保证期内正常使用。

(6)修理者应当保持常用维修零部件的合理储备,确保维修工作的正常进行,避免因缺少维修零部件而延误维修时间。农忙季节应当有及时排除农机产品故障的能力和措施。

(7)修理者应当积极开展上门修理和电话咨询服务,妥善处理农机用户关于修理的查询和修理质量的投诉。

2.修理者的责任

(1)三包有效期内,农机产品出现质量问题,农机用户凭三包凭证在指定的或者约定的修理者处进行免费修理,维修产生的工时费、材料费及合理的运输费等由三包责任人承担。

(2)三包有效期内,农机产品存在本规定范围的质量问题的,修理者一般应当自送修之日起30个工作日内完成修理工作,并保证正常使用。

(3)整机三包有效期内,联合收割机、拖拉机、播种机、插秧机等产品在农忙作业季节出现质量问题的,在服务网点范围内,属于整机或主要部件的,修理者应当在接到报修后3日内予以排除;属于易损件或是其他零件的质量问题的,应当在接到报修后1日内予以排除。在服务网点范围外的，农忙季节出现的故障修理由销售者与农机用户协商。

不承担三包责任的七种情况

* 农机用户无法证明该农机产品在三包有效期内的。

* 产品超出三包有效期的。

* 因未按照使用说明书要求正确使用、维护，造成损坏的。

* 使用说明书中明示不得改装、拆卸，而自行改装、拆卸改变机器性能或者造成损坏的。

* 发生故障后，农机用户自行处置不当造成对故障原因无法做出技术鉴定的。

* 因非产品质量原因发生其他人为损坏的。

* 因不可抗力造成损坏的。

3. 争议处理

(1)生产者未按本规定履行义务的，由产品质量监督部门依法予以处理。销售者未按本规定履行三包义务的，由工商行政管理部门依法予以处理。维修者未按照本规定履行三包义务的，由农业机械化主管部门依法予以处理。

(2)农机用户因三包责任问题与销售者、生产者、修理者发生纠纷的，可以按照公平、诚实、信用的原则进行协商解决。协商不能解决的，农机用户可以向当地工商行政管理部门、产品质量监督部门或者农业机械化主管部门设立的投诉机构进行投诉，或者依法向消费者权益保护组织等反映情况，当事人要求调解的，可以调解解决。

(3)因三包责任问题协商或调解不成的，农机用户可以依照《中华人民共和国仲裁法》的规定申请仲裁，也可以直接向人民法院起诉。

(4)需要进行质量检验或者鉴定的，农机用户可以委托依法取得资质的农机产品质量检验机构进行质量检验或者鉴定。质量检验或者鉴定所需费用按照法律、法规的规定或者双方约定的办法解决。

(四)农机修理工国家职业标准

国家职业标准属于工作标准。国家职业标准是在职业分类的基础上，根据职业（工种）的活动内容，对从业人员工作能力水平的规范性要求。它是从业人员从事职业活动，接受职业教育培训和职业技能鉴定以及用人单位录用、使用人员的基本依据。

《农机修理工国家职业标准》对农机修理工的职业定义、职业等级、职业环境条件、职业能力特征、基本文化程度、培训要求、各级鉴定要求都分别作了详细规定。

1. 职业定义

使用工具、量具和机械加工、焊接设备以及修理专用设备等，对用于农业生产、农产品产后处理、农用运输以及其他农事活动的机械和设备进行维护和修理，使其保持、恢复技术状态和工作能力的人员。

2. 职业等级

农机修理工职业共设五个等级，分别为：初级（国家职业资格五级）、中级（国家职业资格四级）、高级（国家职业资格三级）、技师（国家职业资格二级）、高级技师（国家职业资格一级）。

3. 鉴定对象

初中毕业，从事或准备从事农机修理的人员。

4. 培训期限

全日制职业学校教育，根据其培养目标和教学计划确定。晋级培训期限：初级不少于360标准学时；中级不少于300标准学时；高级不少于200标准学时；技师不少于120标准学时；高级技师不少于120标准学时。

职业技能鉴定

按照国家制定的职业标准或任职资格条件，通过政府认定的鉴定评价机构对劳动者的技能水平或职业资格进行客观公正、科学规范的评价和鉴定，对合格者授予相应的国家职业资格证书。

5. 申报条件

(1)初级(具备下列条件之一者)。

①经本职业初级正规培训达规定标准学时数，并取得结业证书。

②在本职业连续工作 2 年以上。

(2)中级(具备下列条件之一者)。

①取得本职业初级职业资格证书后，连续从事本职业工作 1 年以上，经本职业中级正规培训达规定标准学时数，并取得结业证书。

②取得本职业初级职业资格证书后，连续从事本职业工作 3 年以上。

③连续从事本职业工作 4 年以上，经本职业中级正规培训达规定标准学时数，并取得结业证书。

④连续从事本职业工作 6 年以上。

⑤取得经劳动保障行政部门审核认定的、以中级技能为培养目标的中等以上职业学校本专业毕业证书。

(3)高级(具备下列条件之一者)。

①取得本职业中级职业资格证书后，连续从事本职业工作 2 年以上，经本职业高级正规培训达规定标准学时数，并取得结业证书。

②取得本职业中级职业资格证书后，连续从事本职业工作 4 年以上。

③连续从事本职业工作 9 年以上，经本职业高级正规培训达

规定标准学时数，并取得结业证书。

④取得经劳动保障行政部门审核认定的、以高级技能为培养目标的高等职业学校本专业毕业证书。

⑤取得本专业或相关专业大专以上毕业证书，经本职业高级正规培训达规定标准学时数，并取得结业证书。

⑥取得本专业或相关专业大专以上毕业证书后，连续从事本职业工作2年以上。

(4)技师(具备下列条件之一者)。

①取得本职业高级职业资格证书后，连续从事本职业工作4年以上，经本职业技师正规培训达规定标准学时数，并取得结业证书。

②取得本职业高级职业资格证书后，连续从事本职业工作6年以上。

③高级技工学校或高等职业学校本专业毕业生、本专业或相关专业大专以上毕业生，取得本职业高级职业资格证书后，连续从事本职业工作2年以上。

④取得中级专业技术职务资格，并有本职业生产实践经历累计2年以上。

(5)高级技师(具备下列条件之一者)。

①取得本职业技师职业资格证书后，连续从事本职业工作2年以上，经本职业高级技师正规培训达规定标准学时数，并取得结业证书。

②取得本职业技师职业资格证书后，连续从事本职业工作4年以上。

6.鉴定方式

职业技能鉴定分为理论知识考试和技能操作考核。理论知识考试采用闭卷笔试方式，技能操作考核采用现场实际操作方式。理论知识考试和技能操作考核均实行百分制，成绩皆60分及以上者为合格。技师和高级技师还须进行综合评审。各等级理论知识考试时间为 120 分钟；技能操作考核依考核项目而定，但不应少于 90 分钟。

二、农机维修人员职业素养

农机维修人员是农业机械高效、安全运行的保障者，是农机社会化服务的重要力量。近年来，先进、大型、复杂农业机械的不断推广应用，对农机维修人员的职业素养也提出更高的要求。农机维修人员的职业素养是指在农机维修服务过程中表现出来的职业素质、职业道德、职业技能、职业行为、职业作风和职业意识等方面的综合品质。

（一）职业素质

农机维修人员职业素质是指对农机维修服务了解与适应所表现的兴趣、能力、个性等方面基本品质。主要包括：

（1）身心素质。指体质和健康方面的素质。

（2）思想道德素质。指思想认识、价值观念、道德行为、道德修养、组织纪律观念等。

（3）科技文化素质。指科学知识、技术知识、文化知识、文化修养等。

（4）专业素质。指专业知识、专业理论、专业技能、必要的组织管理能力等。

（5）社会交往和适应素质。主要是语言表达能力、社交活动能力、社会适应能力等。

（6）学习创新素质。主要是学习能力、信息能力、创新意识、创新精神、创新能力、创业意识与创业能力等方面的素质。

（二）职业道德

职业道德，就是与人们的职业活动紧密联系的符合职业特点所要求的道德准则、道德情操与道德品质的总和，它既是对本职人员在职业活动中行为标准和要求，同时又是职业对社会所负的道德责任与义务。职业道德是人们在职业生活中应遵循的基本道德，属于自律范围，它通过公约、守则等对职业生活中的某些方面加以规范。职业道德既是本行业人员在职业活动中的行为规范，又是行业对社会所负的道德责任和义务。

农机维修人员职业道德就是农机维修服务所要求的职业品德、职业纪律、职业能力及职业责任等的总称，它是农机维修服务中的行为规范，也是农机维修服务行业对社会所负的道德责任和义务。

1. 基本道德规范

农机维修人员职业道德基本规范如下：

(1)爱岗敬业，忠于职守。爱岗敬业就是以认真恭敬的态度对待自己所从事的农机维修职业岗位，爱岗敬业是人类社会最为普遍的奉献精神，它看似平凡，实则伟大，因为伟大出自平凡，没有平凡的爱岗敬业，就没有伟大的奉献。爱岗敬业作为最基本的职业道德规范，是对人们工作态度的一种普遍要求。只有爱岗敬业的人，才会在自己的工作岗位上勤勤恳恳，不断地钻研学习，一丝不苟，精益求精，才有可能为社会为国家做出崇高而伟大的奉献。爱岗敬业是平凡的奉献精神，因为它是每个人都可以做到的，而且应该具备的；忠于职守就是忠诚地对待自己的农机维修职业岗位工作。爱岗敬业，忠于职守是农机维修人员实现自我价值、走向成功必备的第一心态。

(2)诚实守信，办事公道。诚实守信做人的基本原则，也是农机维修人员职业道德规范的必然要求，守信主要是要求农机维修人员在与人交往、对待工作等方面，要做到诚实无妄，讲究信誉，遵守诺言。办事公道是对于人和事的一种态度，也是人们所称道的职业道德。它要求人们待人处事要公正、公平，要想真正做到办事公道，平时就要有意识地培养自己追求真理、追求正义的精神，培养自己对人公平、正直、平等的品格。

(3)服务群众,奉献社会。服务群众就是为人民群众服务,我们每一个农机维修人员在自己的本职岗位上通过自己具体的工作为他人、为社会服务。农机维修人员要服务好广大农民,首先,心中时时要有他们,始终把他们的根本利益放在心上。其次,要充分尊重他们,尊重他们的人格和尊严,一视同仁,千方百计方便群众,热情为农民服务,让农民满意。

奉献社会就是积极自觉地为社会做贡献。奉献社会是社会主义职业道德的最高境界,也是做人的最高境界。奉献社会自始至终体现在爱岗敬业、诚实守信、办事公道、服务群众之中。奉献社会是社会主职业道德的最高要求和最终目的,奉献越大,收获越多,只有乐以奉献,勇于奉献,农机维修事业才会蓬勃发展。

(4)遵纪守法,廉洁奉公。没有规矩,不成方圆。要建设高度文明、高度民主的社会主义国家,实现中华民族的伟大复兴,就必须在全社会形成"以遵纪守法为荣、以违法乱纪为耻"的社会主义道德观念,让遵纪守法成为我们的荣誉。作为农机维修人员,遵纪守法是我们法定的义务,坚持法律法规至上,实际上就是坚持人民意志至上,体现最广大人民的根本利益。

2.职业守则

农机维修人员职业守则如下:

(1)遵纪守法,爱岗敬业;

(2)诚实守信,公平竞争;

(3)文明待客,优质服务;

(4)遵守规程,保证质量;

(5)安全生产,注重环保。

(三)服务质量

农机维修服务就是以使用仪器设备为手段,并通过对农业机械的正确维修、保养等技术方式,使农业机械达到保障、恢复其应有技术状态和工作能力之目的,从而保证其具有较高的作业效率的服务性活动。农机维修服务质量在很大程度上取决于农机维修人员的素质,主要是服务意识和技术水平。农机户是农机维修的服务对象。服务质量是衡量农机维修人员服务水平的重要标志,服务质量的好坏直接影响农机维修人员的信誉和收入,特别是在维修量少的情况下,谁的服务质量好,谁就能赢得更多的客户。农机维修人员要提高服务质量需做好以下几点:

1.提高维修技能

农机维修服务不但要求在经济上可行,而且还需要以一定的技术条件作支撑。只有当技术水平达到一定程度时,才能够提供更好的服务。要注重学习机械常识、构造原理,掌握农机维修的基础知识和基本技能,学习掌握农机维修技术标准等相关的法律法规,并取得相应等级职业资格证书,特别要重视农机产品的新知识、新技术、新工艺的学习,不断提高文化素质和维修技能水平。

2.自觉遵纪守法

严格遵守《农业机械化促进法》《农业机械维修管理规定》等相关法律、法规,牢固树立法制观念,诚实守信,公平竞争,优质服务,维护行业的共同声誉和利益。严格执行国家有关技术标准,保证维修质量。

3.提供优质服务

认真履行维修协议,按照农机维修合同约定的内容,圆满完成送修机具的维修与保养工作,履行承诺,确保质量,为用户提供快捷、方便、满意的优质维修服务。

4.收费合理公开

坚持"合理、公开"的收费原则,维修工时定额、收费项目及标准,明码实价,公示上墙。不使用恶意竞价等非正当手段扰乱农机维修市场。

5.坚持诚信经营

坚持"质量第一、信誉至上"。严格按照产品质量要求销售维修配件，不使用不符合要求的配件维修农机；杜绝以次充好、以旧充新或作引人误解的虚假宣传行为；不借故夸大农机故障，变相牟利。

6. 做到文明维修

维修设备齐全，机具摆放有序，工作环境整洁。做到持证上岗讲规范，态度和蔼讲文明，维修服务重质量，遵章办事不违规，做好回访讲信誉。

7. 完善规章制度

自觉接受政府主管部门对农机维修活动的指导和监管。建立健全各项制度，设立维修服务电话，及时受理托修方的报修事宜，做好信息反馈工作。

8. 搞好安全防范

自觉协助做好农机维修区域内的安全防范工作，做到安全防范设施齐全，设施设备完好。发生事故应及时向有关部门报告，协助做好安全救助工作。

9. 树立品牌意识

要增强事业心，不断树立农机维修服务的品牌意识，自觉依靠优质服务赢得用户信誉。

三、农机维修服务形式

从当前农机维修市场看，各地农机维修服务网点“分布不合理、维修设备简陋、技术水平低、服务质量差”等现象普遍存在，农机维修市场还处于“散、乱、差、小”的初级阶段，与升级换代快速增长的农业机械对维修服务的需求极不适应。有机户多采取自修、送修和请人修理方式，即大部分小型农业机械主要依靠使用者自己换件维修，大型或高性能的农业机械主要是依托有较高水平的修理人员维修，农忙时修理工在田间地头进行巡回维修服务，农闲时或将机器送到维修点修理或请修理工到农机户家中维修。

(一)农机维修服务组织

目前,农机维修服务组织的主要形式有农机生产及营销商的售后服务、农机修理及配件营销店、专项维修点、农机服务组织维修和农机维修专业户等从事农机维修服务。

1. 售后服务维修

农机生产及营销商的售后服务,主要承担三包期的农机维修。用户对他们比较信赖,认为他们熟悉产品,维修技术比较专业,即使过了保修期,也愿意到这里自费维修和保养农机具。虽然他们的零配件、技术水平等都具有优势,但在布局上处于劣势,不能及时满足农忙季节农机维修的需求。

2. 修配店维修

目前,主要以规模较小的路边店铺形式经营。多数兼营农机配件,配有一些小型的拆装工具、电气焊等简单修理设备。对技术含量不高的小型农机具,主要采用换件和焊修。

3. 专项维修点维修

专项维修网点,较多的是农机电器修理、喷油泵修理、曲轴磨修、液压系修理、轮胎修补等专项维修服务,承接一项或多项维修业务,大多以面向汽车和工程机械为主。

4. 农机服务组织维修

农机合作社、农机大户和规模经营的农机服务组织,基本上都有自己的农机维修技术人员自行维修保养。他们凭多年的使用经验能够对农业机械的常见故障进行判断,对机械构造比较了解,能使用专业工具进行更换零配件和维修。

5. 农机维修专业户维修

农机维修专业户是指由一些专业化的维修队伍,对过了三包期的农机具进行有偿服务的农机维修形式。目前主要组建形式有:厂家委托当地的代理商组织一些专业的农机维修人员;厂家委托当地农机公司或个人由他们组织并提供专业培训的农机维修人员；厂家委托当地农机管理部门培训的农机维修人员，还有民间自发的农机维修人员。其主要特点：

(1)专业化优势。因有经厂家培训的专业维修技术人员，针对本厂的机型或某一系列机型进行维护，容易保证维修质量。

(2)配件质量优势。农机专业化维护大多是由厂家发起的，他们的配件也都从厂家组织货源，所以，纯正的原厂配件为提高维护质量提供了保障。

(3)维护地点优势，农机专业化维护的维护地点基本上都是在各管理区或作业站的农具场，这极大地方便了农户，既降低了费用又节省了时间，更受惠于有机户。

6. 农机维修服务中心

近年来，不少地区在政府或行业引导下，整合农机维修服务资源，组建适合本地发展的“农机维修、配件供应、技术服务、技术培训”等多位一体区域性的农机维修服务中心，极大地方便有机户的维修。

(二)农机维修前景展望

农机维修服务业是农机化服务体系的主要组成部分，农机化可持续发展给农机维修业提供了更为广阔的市场，是农机维修服务业发展的原动力。农业机械已成为广大农民改变生产方式、生活方式和增加收入的重要手段。农业机械的广泛使用，必将拉动农机维修服务市场的繁荣发展。

1. 农机维修符合国家产业政策

随着农村土地流转和规模经营的推广，国家必将加快农业机械化发展的步伐，而农机维修服务与农业机械化的发展是互相依赖，互相促进，农业机械化的发展，必然带动农机维修服务业的结构调整，因而迎来了新的发展机遇。农机维修业的发展，是节能的需要，也是农业机械可持续发展的一部分。相关资料显示，维修一台拖拉机的能源消耗仅为制造一台拖拉机能源消耗量的 7.9%，可见维修业是最经济的二次性开发产业。在农机作业成本中，油料费和维修费约占60%，而维修费中换件费50%左右。如果采用旧件修复更换新件，会大大降低维修费用，从而降低成本节约能源。由此可见，农机维修业符合国家环保节能节材的产业发展政策。

2.农机维修市场前景广阔

随着大量自动化控制、智能化控制等高技术含量的新型农机产品进入市场广泛应用，农机维修服务业将出现巨大的发展空间。特别是近年来，国家农业机械购置补贴投入力度不断加大，越来越多的结构复杂的新型大中型农业机械被广大农民群众所青睐，其保有量不断增加。这些农业机械主要部件的修理再像以前那样靠机手换件是解决不了的，必须由专业技术人员，使用专用设备进行修理，才能保证修理质量，恢复技术状态。因此，随着这些产品逐步进入维修高峰期，农机维修服务业，无论是维修服务技术手段，还是维修专用设备，以及维修技术和服务人员，都有大量的需求，都存在着巨大商机。

3.农机维修需要多元化服务

近年来，随着我国社会主义农村经济改革的不断深化和新农村建设的快速发展，使得农民对高新农机具的要求与日俱增。尤其是大中型拖拉机、联合收割机及先进农机具的大量应用，这就要求农机经营者迫切需要高质量、专业化的农机维修技术服务，确保农机安全高效地正常运行，以获得更好的经济效益。农机生产企业以产品销售为主，很多企业希望用户尽快更新换代，购买他们推出的新产品。因此，单纯靠其售后服务是不能全面彻底地解决用户维修难的问题。农机维修服务企业需要多样化，需要更多的有识之士加入到这一行业，形成国家、企业、个人相结合共同发展的农机维修市场。农机户的农机维修需求决定了农机维修服务供给的质量和规模，不同农机户对农机维修服务的要求是不一样的，因此，不断拓宽服务业务，满足农机户多元化的服务需求。农机维修服务不仅限于对故障农机修理服务的需求，还包括对农业机械保养与操作技巧的需求，以及对农业机械管护咨询等服务需求。

4. 打造农机维修服务品牌

市场具有竞争属性，因为只有竞争，才能促进发展。有了发展可形成自己的服务品牌，在维修服务市场中获得先机，发挥更大的作用，取得更大收益。在农机维修服务市场中，出售的不是具体的产品而是服务，要打造农机维修服务品牌就要从维修技术、产品信息和用户服务等几方面下功夫，做到让用户满意。

四、农机维修技术管理

农机维修技术管理是农机维修企业管理的重要组成部分。农机维修技术管理就是通过计划、协调、控制和激励等方式对维修技术工作实施的管理。技术管理工作的对象是技术工作和从事技术工作的人员。其基本任务：一是研究和掌握技术工作的规律，加以改进和提高；二是发挥技术人员的积极性，做好组织协调和管理工作。

(一)技术管理主要内容

农机维修技术管理的主要内容：

(1)合理组织企业的技术工作，充分发挥技术人员的作用。

(2)制订合理的修理工作程序和修理工艺路线。

(3)提高工时利用率，降低修理成本。

(4)积极采用新技术、新工艺、新材料、新设备，提高修理质量。

(5)保证设备处于良好的技术状态。

(6)做好技术档案管理。

(二)农机维修技术规程

农机维修技术规程是对农机修理生产工艺所制定的技术规定

或行为准则。它是指导维修生产活动的基本文件，是保证产品和修理质量，搞好技术管理的重要条件。

制定技术规程应遵循的基本原则：符合国家技术政策，严格执行有关技术标准；以实际出发，总结先进的生产经验；合理利用现有条件，尽可能采用先进技术等。

农机维修技术规程主要有维修工艺规程、设备操作规程和安全技术规程三种。

1. 维修工艺规程

农机维修工艺规程是对机器拆卸、修理、装配、试验等工艺过程的步骤、方法、技术要求，应使用的设备、工具等的规定。

(1)编制主要依据。

①本单位的实际生产条件和技术水平。

②机器使用说明书和各总成、部件的需要修理的技术标准。

③机器生产厂规定的各零、部件和配合件的技术标准、修前磨损允许尺寸、极限尺寸和修理尺寸等技术资料。

④现行国家有关的技术标准(技术条件)。

(2)工艺规程内容。

①按作业工艺过程的顺序，规定工序和工步内容及中间检验的技术条件和要求。

②为保证操作安全和作业质量，必须遵守的操作方法和工具设备的使用要求。

③每道工序完成后必须达到的质量和技术要求。

④本项作业完成后的质量和技术性能要求。

(3)机器装配工艺规程编制。

①在分析机器装配图并详细了解其结构、技术条件及有关尺寸链的基础上，确定装配的顺序、画出装配单元系统图。

②确定装配工序及各工序的工时定额。

③选择各工序所用的设备和工、夹具。

④确定零、部件和总成、整机的装配质量要求。

⑤填写工艺文件,包括装配工艺卡片、工序卡片、定额卡片和工艺规程说明书等。

2. 设备操作规程

设备操作规程是对维修设备的操作、维护保养、检查调整方法及安全注意事项等所制定的规定。是为保障仪器设备安全运行和保持良好的工作状态操作人员需要掌握操作技能的技术性规范。

各类设备的结构不同,操作设备的要求也会有所不同,编制设备操作规程时,应该以制造厂提供的设备说明书内容为主要依据。

设备操作规程内容一般包括以下内容:操作设备前对现场清理和设备状态检查的内容和要求;操作设备必须使用的工具;设备运行的主要参数;常见故障原因及排除方法;开始操作程序和注意事项;润滑等维护具体要求;停止程序和注意事项;安全防护装置使用和调整要求;交、接班的具体工作和记录内容。

操作人员认真执行设备操作规程,可保证设备正常运转,减少故障,防止事故发生。

维修设备操作要求

*熟悉设备性能。掌握设备的电路、油路、传动结构、性能特点。

*正确维护保养。标牌、线路、管路、照明灯架完整,可靠,好用;设备内外和工作场地周围无杂物,干净整洁,各滑动面无油污;按照设备润滑部位、油质、油量等要求进行润滑。

*遵守安全操作规程。电器绝缘良好,保持接地装置正常,限位开关、安全挡板处于正常状态,且信号仪表等灵敏安全可靠,发现故障,立即停车。

*严格禁止超载、超压、超负荷使用设备。

*钻研操作技能,提高操作水平。

3. 安全技术规程

安全技术规程是对农机维修生产安全所制定的规定，包括人身安全和机器、设备安全等。是为防止和消除生产中的伤亡事故，保障劳动者安全而制定的各种规范。如电焊安全技术规程。

(三)农机维修技术定额

农机维修技术定额是指在维修技术操作科学合理化的基础上，采用技术分析计算或实地观测技术的方法来制定定额。其优点是技术依据充分，定额的精确度高，易于使定额水平达到先进合理的要求；缺点是工作量大，较为费时费力，对定额人员的专业素质要求高，在制定定额时很难达到“快”和“全”的要求。它适用大量大批生产工序、重要或主要工序、关键设备的工序定额，以及工时定额标准的制定。

技术定额主要内容包括工时定额、配件及原材料消耗定额、辅助材料消耗定额等。

(1)工时定额。均衡协调生产，评价维修人员完成任务好坏，并作为确定工资和奖金的依据，有利于建立岗位责任制。

(2)配件及原材料消耗定额。作为企业制定配件及原材料储备、供应计划的主要依据之一，有利于加强企业物资管理，节约原材料消耗，降低维修成本。

(3)辅助材料消耗定额。有利于企业组织有计划地供应，保证生产需要，节约辅助材料消耗，降低维修成本。

五、农机维修经济核算

农机维修经济核算是指对维修经营服务全过程中劳动消耗、物资消耗和生产成果等，进行记录、计算、分析和对比，其目的是为是改善经营服务，提高经济效益，增加资金积累。它主要包括维修成本核算、生产成果核算、资金核算和利润核算等。

(一)维修成本核算

成本核算就是对农机维修作业实际发生各种费用进行审核和计算。

1. 农机维修成本组成

农机维修成本是指在一定时期内以货币形式表现的修理生产过程所支出的各项费用的总和。主要由材料费、能源消耗费、人工费、固定资产折旧费、管理费、资金占用费等组成。

(1)材料费。包括维修作业过程中所耗用的各种原材料、油料、辅助材料、配件等。

(2)能源消耗费。包括作业过程中所消耗的电、气、煤各种能源费用之和。

(3)人工费。维修人员工资及按一定比例提取的附加费。

(4)固定资产折旧费是指进行生产的固定资产在使用年限内，固有形和无形损耗减少价值，转入成本后形成的费用。

(5)管理费。指管理和组织生产中所发生的费用，包括非生产人员的劳动报酬、办公费，保险费、工商管理费、年检费等规费。

(6)资金占用费。是指农机维修过程中因占用资金(如贷款利息，房屋租金等)而形成的费用。

2. 控制维修成本措施

影响维修成本的因素很多，归纳起来有外部因素和内部因素两个方面。外部因素有机器的价格、质量、零配件、维修材料等的供应及价格等。在外部因素不变的情况下，降低维修成本主要从内部寻找途径。

(1)控制材料消耗。加强管理，厉行节约，如降低配件、原材料、辅助材料和能源消耗费用，采用新材料，开展材料的节约代用和综合利用。配件费一般占修理费的 70%以上，降低配件费的主要措施：一是尽量修复价格昂贵的旧零件，继续使用；二是严格质量检验，保证配件规格、尺寸和技术性能符合修理技术要求；三是精心拆卸和安装零部件，以减少零件损伤所带来不必要的损失。

(2)控制劳动消耗。严格控制修理工时(即作业人数和作业小时数的乘积)消耗；改进生产设备，配备必要的专用工具和计量器具；采用新工艺、新技术、新材料；合理安排劳动力，优化劳动组织，提高劳动生产率和工时利用率，减少停工和返工损失。

(3)控制各类费用支出。严格控制非生产性支出，节约管理费用，加强设备维护保养，提高设备使用效率，减少设备维修费用等。

(4)控制固定资产购置。合理购置固定资产，加强维修，使各项固定资产经常处于完好的状态，提高利用率。

(5)控制质量成本。优化的质量成本应该是合理增大预防性质量成本支出，如通过技术培训，提高维修人员的技术水平等，以减少返修、废品等损失。

(6)控制维修生产周期和维修数量。维修生产工期是从农机修前交接开始到修后验收为止，整个修理过程持续的时间。

(二)技术经济指标

技术经济指标是指用来反映技术经济效果的名称和数值。农机维修经济核算内容是通过技术经济指标数值来体现的。

1.技术经济指标作用

技术经济指标是核算指标的基础。通过技术经济指标的核算，可以促使维修企业在经营活动中，以最少的劳动消耗获得最大的经济效益。技术经济指标可反映生产经营活动的技术水平、管理水平和经济成果。

2.常用技术经济指标

一般指标是指农机维修企业现存实物指标的统计数字，它是核算指标的基础。其内容包括：职工数量及年工资总额；年修车台数及年产值；修理设备、检测仪器总数与能源耗费；修理车间面积。它和修车量进行比较，可以看出厂房利用情况。

农机维修企业常用经济核算指标：

(1)资金。维修企业资金可分为固定资金和流动资金两部分，固定资金的实物形态是固定资产，它又分为生产用固定资产和非生产用固定资产。流动资金是在维修过程和社会流通过程中，各种流动着的物质资料所占用的资金。如修理拖拉机用的原材料和配件的购置，职工工资和其他杂费都要从流动资金中开支。

(2)维修成本。是维修过程的总耗费，它综合反映修理企业生产经营各方面工作质量的一项指标，是制订修理收费标准的重要依据。

(3)利润。指维修收费和维修成本之间的差额。

(4)劳动生产率。指劳动者在单位时间内维修数量或产值。

做好原始记录是经济核算的前提和基础。实行经济核算，有利于加强企业管理，调动职工的积极性，促进维修企业改善经营。

(三)提高经济效益

提高农机维修经济效益的主要途径：

(1)适度扩大经营项目和规模。

(2)做好维修服务，提高维修质量，树立良好的信誉和形象，吸引有机户送修，增加修理量，向规模、品牌要效益。

(3)科学管理，降低维修总成本。

(4)选择合理修理方法，积极采用先进维修技术。

六、农机维修质量控制

农机维修质量不仅关系到农业机械的技术状况和资源节约，也关系到维修当事人的切身利益，更关系到人身安全。农机维修质量是指维修后的农机满足农机维修技术条件规定的程度。农机维修质量既包含机器的修理质量，又包含服务质量。一方面要树立质量第一的思想，把好修理质量关，确保所承修的项目符合修理质量标准要求：另一方面要树立为农业服务、为用户服务的思想，严格遵循农机修理工职业守则，不断提高服务水平，以达到机器修理质量和服务质量的全优。

(一)农机修理质量标准

农机修理质量标准是技术文件规定的，对不同修理类别的农机修后性能指标应达到的标准。它是农机修理、检验和评定质量的技术依据。

农机修理质量标准主要包括：国家标准(GB)、行业标准(NY或部颁标准)地方标准(DB)和企业标准等。国家标准是在全国范围内统一的技术要求的标准，如GB/T 21964—2008《农业机械修理 安全规范》等；行业标准又称为部颁标准，是在没有国家标准而在全国行业范围内统一的技术要求的标准，如NY/T 1926—2010《玉米收获机 修理质量》。地方标准一般是当地或本行业内部质量控制的标准；企业标准是由企业制定的作为组织生产的标准。

我国现已发布的农业机械修理质量标准主要有：GB/T 21964—2008《农业机械修理 安全规范》；GB/T 22129—2008《农机修理通用技术规范》；GB/T 19209.1—2003《拖拉机修理质量检验通则 第一部分：轮式拖拉机》；GB/T 19209.2—2003《拖拉机修理质量检验通则 第2部分：履带拖拉机》；NY/T 504—2002《秸秆还田机修理技术条件》；NY/T 998—2006《谷物联合收割机修理技术条件》；NY/T 1134—2006《农用柴油机喷油泵总成 修理质量》；NY/T 1926—2010《玉米收获机 修理质量》；NY/T 2087—2011《小麦免耕施肥播种机 修理质量》；NY/T 2197—2012《农用柴油发动机 修理质量》；NY/T 2196—2012《手扶拖拉机 修理质量》等。

(二)提高维修质量途径

1.提高维修人员素质

加强维修人员的思想教育，树立为农业服务、为送修客户服务的意识。加强维修人员的技术学习和培训，掌握好技术标准和正确的工艺操作方法，提高操作的熟练程度。

2. 建立维修技术档案

维修技术档案是承修及送修双方存档备查的关于农业机械损坏情况、修理情况、修理质量检验及试验结果等记录资料。要重视机器的修理质量，建立机车修理技术档案，做好修竣机车的质量信息反馈，接受客户监督。

3. 建立质量责任制

明确承修人、质检人员和有关负责人的质量责任。建立自检、互检制，层层把关。把维修质量好坏与经济利益挂钩，实行合理的奖惩。

4. 改善维修技术条件

改善作业条件，配备专用的拆装工具、设备，配备与检验项目相应的仪表和计量器具，对使用的工卡量具、仪器仪表和各种设备都要建立维护保养制度，并经常进行自检和送计量部门检验。加强修理设备的管理和维修，保证设备精度，提高设备利用率。严格履行对维修设备的操作、维护保养、检查调整方法及安全注意事项等所制定的设备操作规程。

5. 严把配件质量关

严把外购件、自制件和修复件的质量关，不合格的零件严格不装机。加强装配修理过程中的各工序质量以及安装后的总成质量的检验。

6. 执行修理质量标准

严格执行农机维修技术规程及修理质量技术标准，农机维修技术规程是对农机修理生产工艺所制定的技术规定或行为准则。要树立质量第一、用户至上的思想，严格按照修理技术标准和工艺规范进行修理。只有这样，才能确保修理机器的质量。严格质量检查和验收制度。

(三)维修配件质量控制

在现实农机维修中,普遍采用换件修理,维修质量的好坏,很大程度上取决配件的质量,控制维修配件质量是保证修理质量的重要环节。维修配件质量的控制要做好如下几点:

1.把好配件选购关

要选购质量可靠的合格产品,不仅要防"以次充好",还要特别注意"以旧充新"的翻新件和假冒伪劣产品。

2.做好配件选用关

配件在装机之前,除了要通过感官鉴别配件的质量是否符合要求外,还要检查配件是否符合所装机的技术要求(如规格、型号、分组配合的组号、材质等),做到不使用与产品技术要求和质量要求不符的零配件。

3.做好安装调整关

这是配件质量控制的延伸环节。要正确进行配件的安装与调整,才能使合格的配件质量在换件修理中得到体现。往往由于安装不当,如缸套因阻水圈扭曲安装使其变形超限,虽然选用的是合格配件,但修理质量却不合格。

七、农机维修安全和环保要求

(一)农机维修安全要求

1.农机维修设施符合安全生产要求

(1)维修厂房的结构、设施应满足相应等级农机维修作业的安全要求。

(2)配备符合安全、环境保护、卫生或消防等有关规定的设备设施,使用和存储有毒、易燃、易爆、腐蚀剂、污染物、压力容器等物品应有安全防护措施。

(3)建立健全维修作业有关的安全管理制度和安全操作规程。

2.农机维修人员安全文明生产要求

(1)维修技术人员必须取得相应的国家职业资格证书,持证上岗。必须严格遵守《安全生产制度》和《安全技术操作规程》,严防安全事故发生。

(2)保持车间及工作场地的清洁。

(3)按生产要求和劳动保护要求进行工作地点的建设。

(4)机器、部件、零件要有指定地点停放,不得凌乱堆放。

(5)配齐专用和通用工具,实行分置管理,不得野蛮操作。

(6)搞好设备管理,修理设备及工、卡、量、具,经常保持良好技术状态。

(7)按技术标准和修理工艺规程进行修理操作。

3.农机维修人员安全防护要求

(1)配备应符合有关规定的个人劳动保护用品。

(2)在起重机械旁边工作应戴安全帽。在有旋转部件的机器旁边工作应戴工作帽。

(3)在有强光、飞溅的金属碎屑、强酸、制冷剂的场合工作,应配戴相应的防护眼镜。

(4)当工作中产生的噪声超过规定限度时,应使用护耳器(耳塞或耳罩)。

(5)在存在有害气体的场合作业应戴防毒面具。

(6)进行农机拆装及金属焊接、切割等作业时,应戴好防护手套。

(7)不应戴手套接近机器的旋转部件。机械加工产生的金属切屑应及时用毛刷等工具清理,不应用手直接清理。

(8)在不同工种作业时,应穿相应的防护鞋。

(9)工作中应按工种需要穿着规定的工作服,不穿不符合安全要求的服装上岗工作。

4. 农机维修作业安全要求

(1)工作前应检查所使用工具是否完整无损,施工中工具必须整齐,不得随地乱放,工作完成后应将工具清点检查并擦拭干净,按要求放入工具车或工具箱内。

(2)使用千斤顶进行底盘维修作业时,必须选择平坦、坚实场地并用三角木将前后轮塞稳,然后用搁车凳将机械支撑稳固,严禁单纯用千斤顶顶起机械在车底作业。放松千斤顶时,须事先检查机械底部及周围是否有人或物,在确认安全后,方可放松千斤顶。

(3)发动机进行起动试运转前,应先检查各部位装配工作是否全部结束,是否按规定加足润滑油、冷却水,起动时须置变速器于空挡位置,拉紧手制动。机械底部有人时,严禁发动机械。起动时,任何人都不能处于机械的旋转位置或工作部件。

(4)发动机在运转中禁止进行检修工作。进行底盘检修时,要防止被排气管烫伤。发动机过热时,不能打开水箱盖,谨防沸水喷出烫伤。

(5)承接整车修理或底盘车身焊修等作业时,应先拆下油箱,并放置到指定的安全地点存放,修理结束后方可装回。

(6)零部件进行校正作业时应正确挟持、固定、牵制,并使用适合的顶杆、拉具、夹具及站立位置,谨防物件弹跳伤人。

(7)使用车床、点焊机、电焊机时,事前必须检查各部件及焊机接地情况,确认无异常情况后,方可按启动程序开动使用。电焊条要干燥、防潮,工作时应根据焊件大小选择适当的电流及焊条。电焊作业时,操作者必须佩戴面罩等防护用品。

(8)氧气瓶、乙炔气瓶要放置在离火源较远的地方,不得在太阳下暴晒,不得撞击,所有气焊工具不得沾上油污、油漆,并要定期检查焊枪、气瓶、表头、气管是否漏气。搬运氧气瓶及乙炔气瓶时必须使用专门搬运小车,切忌在地上拖拉。

(9)进行氧焊点火时应先开乙炔气阀,后开氧气阀,熄火时先关乙炔气阀,再关氧气阀。定期检查、保持水封回火防止器的水位，发生回火（回燃）现象时应迅速卡紧胶管。

（10）严禁无证驾驶农业机械，机具设备在运转过程中操作人员不得离岗，在农业机械行驶、移位时，不得站在机械正前与后方，并注意周围障碍物。

5. 农机维修车间安全防火要求

（1）汽油、油漆等易燃、易爆品应远离火源、热源和电源。

（2）维修用过的旧抹布、废棉丝应集中存放在金属容器中。

（3）车间内禁止吸烟、使用明火。

（4）应备用有效的消防用具。

（5）电器设备应符合用电安全规定。

6. 农机维修车间安全用电要求

（1）车间电源线路总容量大于设备电器总容量，并单独设置分支独立电源插座。

（2）为保护人身安全，避免触电事故的发生，电气设备或电气系统中应采用保护接地和保护接零措施，并要使用漏电保护器。

（3）临时使用的配电设置应采用绝缘橡胶线作为连接导线，并且该配电装置需直立放置，电器维修工具要有良好的绝缘措施。

（4）备有安全电压（36 伏以下）供电装置供手提工作灯用，检修设备切断电源是，要有专人看管，严守操作规程。

（5）电动维修工具要有良好的绝缘措施。

（二）农机维修环保要求

1. 农机维修环境污染物

农机维修中，清洗时的清洗剂、有机溶剂、废油；修理蓄电瓶的酸液、铅蓄电瓶；胶补用的有机胶粘剂，表面处理溶剂；焊接时产生的焊接粉尘及有毒气体；喷漆时的废漆、废旧溶剂；电镀化合物和表面处理制剂等都会造成对环境破坏的污染物。

2. 环境污染物治理方法

（1）固态废弃物需分类收集、固定地点挖坑填埋，数量大的应专门部门处理。

(2)废液需挖坑填埋，数量较多时应用化学试剂处理后再排放。

(3)量大的废油应送去精炼处理。

(4)污水可采用污水净化装置处理。

3.农机维修环境保护措施

(1)认真贯彻执行国家《环境保护法》《大气污染防治法》《环境噪声污染防治法》等法律法规，积极防治废气、废水、废油、废渣、垃圾等有害物质和噪声污染。

(2)维修农机的废气应达标排放。严禁使用不合格的净化装置进行农机维修作业。

(3)严格执行农机噪声抑制技术标准，确保修复机械的消声器和喇叭技术性能良好。

(4)维修清洗农机应在规定的固定地点进行，每天应对维修清洗地点进行清扫，保持下水道疏通，场地整洁。

(5)维修农机时应保持场地清洁，拆卸应做到油、水不落地，拆下的零件应放置在零件盆中清洗，废油接入油盆中，拆修完毕后，立即清扫场地。

(6)农机维修废旧料应分类放置在规定的收集地点，对废油、废气、废液、废蓄电池、废轮胎及垃圾等有害物质集中收集，定期有效处理。

(7)农机维修作业中应防止锉削打磨等产生的有害粉尘扩散，危害人体健康，有条件的应装置防尘罩或去尘装置。

(8) 农机喷漆和发动机调试等产生污染源的车间应设有环境保护措施。喷漆应在喷漆间内进行，防止漆尘飞扬，污染环境。

(9)积极参加环保教育和环保常识培训，落实各项环保制度，主动接受有关部门监督检查。

附录　农业机械维修业开业技术条件

第一部分:农业机械综合维修点

(NY/T 1138.1—2006)

1　范围

本部分规定了农业机械综合维修点应具备的设备、设施、人员、质量管理、安全生产及环境保护等条件。

本部分适用于对农业机械综合维修点(一、二、三级)开业资格评定和年度审验。

2　术语和定义

下列术语和定义适用于本部分。

2.1　农业机械综合维修点 the multiple unit of agricultural machinery maintenance and repair

从事农业机械的整机、各个总成和主要零部件综合维修业务的企业和业户。农业机械综合维修点按维修作业的复杂程度分为三个等级。

2.2　一级农业机械综合维修点 the first grade of multiple unit of agricultural machinery maintenance and repair

从事农业机械整机维修竣工检验,以及二级农业机械综合维修业务的所有项目的农业机械综合维修点。

2.3　二级农业机械综合维修点 the second grade of multiple unit of agricultural machinery maintenance and repair

从事各种农业机械的整车修理和总成、零部件修理,以及三级农业机械综合维修业务的所有项目的农业机械综合维修点。

2.4 三级农业机械综合维修点 the third grade of multiple unit of agricultural machinery maintenance and repair

从事常用农业机械的局部性换件修理、一般性故障排除以及整机维护工作的农业机械综合维修点。

2.5 整车修理 a complete set of equipment repair

用修理或更换零部件(包括基础件)的方法,恢复农业机械整车的完好技术状况和完全(或接近完全)恢复农业机械寿命的恢复性修理。

2.6 总成修理 assembly repair

为恢复农机总成完好技术状态、工作能力和寿命而进行的修理。

2.7 农机维护 agricultural machinery maintenance

为保持农业机械完好技术状态或工作能力而进行的维护性作业。

2.8 局部性修理 a part of equipment repair

用局部更换或修理个别零件的方法,保证或恢复农业机械工作能力而进行的修理。

3 设备条件

3.1 农业机械综合维修点配备的设备型号、规格和数量应与其生产规模、生产工艺相适应;设备技术状况应完好,满足加工、检测精度要求和使用要求;检测设备及量具应按规定经有资质的计量检定机构检定合格;允许外协的设备应具有合法的技术经济合同书。

3.2 农业机械综合维修点应配备附表1和附表2中所列的仪器、设备和工具。

附表1　计量器具、通用设备和手工具

序号	设备名称		农业机械综合维修点级别		
			一级	二级	三级
1	计量器具	外径千分尺	√	√	√
2		游标卡尺	√	√	√
3		内径百分表	√	√	√
4		平尺、直角尺	√	√	√
5		厚薄规	√	√	√
6		电解液比重计	√	√	◇
7		转速表	√	√	—
8		万用电表	√	√	◇
9		轮胎气压表	√	√	◇
10	通用设备	普通车床	√	—	—
11		台钻	√	√	—
12		电焊设备	√	√	◇
13		氧—乙炔焊设备	√	√	◇
14		钎焊设备	√	√	◇
15		压力机	√	√	—
16		空气压缩机	√	√	—
17		砂轮机	√	√	√
18		钳工工作台及设备	√	√	√
19		除锈设备	√	—	—
20		剪板机或剪具	√	√	—
21	手工具	千斤顶	√	√	√
22		扭力扳手	√	√	√
23		常用扳手	√	√	√
24		拆装工具	√	√	√
25		手电钻	√	√	√
26		手动绞刀	√	√	—

注：“√”表示必须具备的设备；“◇”表示必要时应具备的设备；“—”表示不要求的设备。

附表 2　清洗、修理及试验、检测设备

序号	设备名称		农业机械综合维修点级别		
			一级	二级	三级
1	清洗拆装设备	外部清洗设备	√	√	—
2		零件清洗设备	√	√	√
3		专用拆装设备	√	√	—
4		举升设备或地沟	√	√	—
5		起重、搬运设备	☆	☆	☆
6	发动机修理专用设备	立式精镗床	☆	—	—
7		立式珩磨机	☆	—	—
8		磨气门机	☆	—	—
9		气门座铣削设备	√	—	—
10		气门与气门座研磨设备或工具	√	√	√
11		连杆校正设备	√	—	—
12		连杆衬套加工设备	☆	☆	—
13		轴瓦加工设备	☆	☆	—
14		曲轴磨床	☆	—	—
15		曲轴校正设备	☆	—	—
16	试验、检测设备	气缸体、气缸盖和散热器水压试验设备	√	—	—
17		发动机磨合设备	☆	—	—
18		气缸压力表	√	√	—
19		润滑油分析仪	√	—	—
20		功率油耗测试仪	√	☆	—
21		无损探伤设备	☆	—	—
22		喷油泵试验台	☆	—	—
23		喷油器试验器	√	√	√
24		动平衡机	☆	—	—
25		检查平台	√	—	—

续附表 2

序号	设备名称		农业机械综合维修点级别		
			一级	二级	三级
26	底盘修理设备	制动修理设备	√	√	—
27		离合器修理设备	√	√	—
28		润滑油脂加注设备	√	√	—
29		液压系统检测试验台或液压系统检测仪	☆	—	—
30		车架校正设备	☆	—	—
31		轮胎修补设备	√	√	—
32		喷漆设备	√	☆	☆
33	电器修理设备	充电机	√	√	—
34		电器试验台或电器性能测试仪	√	—	—
35		前照灯检测设备	☆	—	—

注："√"表示必须具备的设备；"☆"表示允许外协的设备；"—"表示不要求的设备。

4 设施条件

4.1 生产厂房的结构、设施应满足相应等级农业机械综合维修点作业的要求，水电、暖气(需供暖地区)等供给可靠；并符合安全、环境保护、卫生或消防等有关规定，地面应坚实、平整。

4.2 停车场地面应坚实、平整，区域界定标志明显，不得占用道路和公共场所进行作业和停车。

4.3 生产厂房面积应与其生产规模和生产工艺相适应，并符合附表 3 中的规定。

4.4 主要总成和零部件的修理、加工、装配、磨合试验、检测作业应在生产厂房内进行。

附表 3　生产厂房和停车场的面积　　米²

名称	农业机械综合维修点		
	一级	二级	三级
生产厂房	≥400	≥100	≥20
停车场	≥100	≥60	有停车泊位

5　人员条件

5.1　农业机械综合维修点工种设置应与其从事的生产范围相适应；技术人员和技术工人人数应与其生产规模、生产工艺相适应，并符合附表 4 中的规定。

附表 4　技术人员与技术工人数量　　人

名称	农业机械综合维修点		
	一级	二级	三级
技术人员	≥2	≥1	≥0
技术工人	≥8	≥3	≥1

5.2　一、二级农业机械综合维修点应有助理工程师或高级工以上的技术人员负责技术管理工作；三级农业机械综合维修点应有专人负责技术管理工作。

5.3　相应工种技术工人应经过专业培训，取得职业资格证书，持证上岗。一级农业机械综合维修点应至少具有高级工 3 人，二级农业机械综合维修点应至少具有高级工 1 人。

6　质量管理条件

6.1　应具备并执行农机维修国家标准、行业标准及相关标准。

6.2　应具备所修农业机械的维修资料。

6.3　应具有质量检验、维修配件管理、技术档案管理和设备管理等相关制度。

7　安全生产条件

7.1　应具有与其维修作业有关的安全管理制度和安全操作规程。

7.2　使用和存储有毒、易燃、易爆、腐蚀剂、污染物、压力容器等物品应有安全防护措施和设施。

7.3　个人劳动保护用品的配备应符合有关规定。

7.4　应符合消防法律、法规和规章，有自身消防安全急救措施。

8　环境保护条件

8.1　应符合国家的环境保护法律、法规和环境保护部门的规章。

8.2　对废油、废气、废液、废蓄电池、废轮胎及垃圾等有害物质集中收集，有效处理。

8.3　喷漆和发动机调试等产生污染源的车间应设有环境保护措施。

第二部分：农业机械专项维修点

(NY/T 1138.2—2006)

9　范围

本部分规定了农业机械专项维修点应具备的设备、设施、人员、质量管理、安全生产及环境保护等条件。

本部分适用于对农业机械专项维修点开业资格评定和年度审验。

10　术语和定义

下列术语和定义适用于本部分。

农业机械专项维修点 the special-items-unit of agricultural machinery maintenance and repair。

从事农机电器修理、喷油泵和喷油器修理、曲轴磨修、气缸镗磨、液压系修理、散热器修理、轮胎修补、电气焊修理、钣金修理和喷漆等一项或多项农机专项维修的业户。

11 设备条件

11.1 农业机械专项维修点配备的设备型号、规格和数量应与其生产规模、生产工艺相适应；设备技术状况应完好，满足加工、检测精度要求和使用要求；检测设备及量具应按规定经有资质的计量检定机构检定合格；允许外协的设备应具有合法的技术经济合同书。

11.2 农业机械专项维修点应配备附表5中所列的设备。

附表5 设备、技术工人和作业间面积

维修项目	设备名称	技术工人数（人）	作业间面积（米²）
农机电器修理	a) 电器试验台或电器性能测试仪 b) 万用电表 c) 兆欧表 d) 电解液比重计 e) 台钻或手电钻 f) 钎焊设备 g) 充电机 h) 钳工工作台及设备	≥1	≥30
喷油泵、喷油器修理	a)喷油泵试验台 b)喷油器试验器 c)钳工工作台 d)外径千分尺 e)厚薄规	≥1	≥30
液压系修理	a)液压系统检测试验台或液压系统检测仪 b) 钳工工作台 c) 修理工具	≥1	≥30

续附表 5

维修项目	设备名称	技术工人数(人)	作业间面积(米²)
曲轴磨修	a) 曲轴磨床 b) 曲轴校正设备 c) 无损探伤设备(允许外协) d) 动平衡机(允许外协) e) 检查平台 f) 磁性底座百分表 g) 外径千分尺	≥1	≥40
气缸镗磨	a) 立式精镗床 b) 立式珩磨机 c) 压力机 d) 吊装起重设备 e) 内径百分表 f) 外径千分尺 g) 厚薄规	≥1	≥40
散热器修理	a) 清洗及管道疏通设备 b) 氧—乙炔焊设备 c) 钎焊设备 d) 散热器密封试验设备	≥1	≥20
轮胎修补	a) 空气压缩机 b) 漏气试验设备 c) 轮胎气压表 d) 轮胎修补设备 e) 千斤顶	≥1	≥20
电气焊修理	a) 电焊设备 b) 氧—乙炔焊设备 c) 钎焊设备 d) 砂轮机 e) 砂轮切割机	≥1	≥20
钣金修理和喷漆	a) 空气压缩机 b) 喷漆设备 c) 调漆设备(允许外协) d) 砂轮机 e) 除锈设备 f) 吸尘、通风设备 g) 剪板机或简易剪具 h) 焊接设备	≥2	≥30

12 设施条件

12.1 生产厂房的结构、设施应符合农机专项修理作业的要求，水、电、气等供给可靠，符合安全、环境保护、卫生和消防等有关规定，地面应坚实、平整。

12.2 喷油泵、喷油器修理的作业间应洁净，有防尘隔风措施；农机电器修理的充电间应与作业间分隔开，其地面和水池应用耐酸材料建造。

12.3 生产厂房面积应与其生产规模和生产工艺相适应，并符合表1的规定。应有车辆暂停泊位。

13 人员条件

13.1 农业机械专项维修点工种设置应与其从事的生产范围相适应；应有专人负责技术管理和质量管理工作。技术工人人数应与其生产规模、生产工艺相适应，并符合表1中的规定。

13.2 相应工种技术工人应经过专业培训，取得职业资格证书，持证上岗。

13.3 喷油泵和喷油器修理、曲轴磨修、农机电器维修点应至少有中级工1人。

14 质量管理条件

14.1 应具备并执行农机维修国家标准、行业标准及相关标准。

14.2 应具备所修农业机械的维修资料。

14.3 应具有质量检验、维修配件管理、技术档案管理和设备管理等相关制度。

15 安全生产条件

15.1 应具有与其维修作业有关的安全管理制度和安全操作规程。

15.2 使用和存储有毒、易燃、易爆、腐蚀剂、污染物、压力容器等物品应有安全防护措施和设施。

15.3　个人劳动保护用品的配备应符合有关规定。

15.4　应符合消防法律、法规和规章，有自身消防安全急救措施。

16　环境保护条件

16.1　应符合国家的环境保护法律、法规和环境保护部门的规章。

16.2　对废油、废气、废液、废蓄电池、废轮胎及垃圾等有害物质集中收集，有效处理。

16.3　喷漆等产生污染源的专项维修车间应设有环境保护措施。

参 考 文 献

[1] 农业部农机行业职业技能鉴定教材编审委员会.农机修理工（初级　中级　高级）.北京:中国农业科技出版社,2003.

[2] 路进乐.拖拉机构造与维修.北京:中国农业出版社,2011.

[3] 王世杰.拖拉机修理工.北京:中国农业出版社,2013.